Python数据挖掘与机器学习实战

Python Data Mining and Machine Learning in Action

方巍◎编著

图书在版编目（CIP）数据

Python数据挖掘与机器学习实战/方巍编著. —北京：机械工业出版社，2019.5（2023.3重印）

ISBN 978-7-111-62681-7

Ⅰ. P…　Ⅱ. 方…　Ⅲ. ①软件工具－程序设计 ②机器学习　Ⅳ. ①TP311.561 ②TP181

中国版本图书馆CIP数据核字（2019）第087830号

本书作为数据挖掘和机器学习的读物，基于真实数据集进行案例实战，使用Python数据科学库，从数据预处理开始一步步介绍数据建模和数据挖掘的过程。书中主要介绍了数据挖掘的基础知识、基本工具和实践方法，通过循序渐进地讲解算法，带领读者轻松踏上数据挖掘之旅。本书采用理论与实践相结合的方式，呈现了如何使用逻辑回归进行环境数据检测，如何使用HMM进行中文分词，如何利用卷积神经网络识别雷达剖面图，如何使用循环神经网络构建聊天机器人，如何使用朴素贝叶斯算法进行破产预测，如何使用DCGAN网络进行人脸生成等。本书也涉及神经网络、在线学习、强化学习、深度学习和大数据处理等内容。

本书以人工智能主流编程语言Python 3版作为数据分析与挖掘实战的应用工具，从Pyhton的基础语法开始，陆续介绍了NumPy数值计算、Pandas数据处理、Matplotlib数据可视化、爬虫和Sklearn数据挖掘等内容。全书共涵盖16个常用的数据挖掘算法和机器学习实战项目。通过学习本书内容，读者可以掌握数据分析与挖掘的理论知识及实战技能。

本书内容丰富，讲解由浅入深，特别适合对数据挖掘和机器学习算法感兴趣的读者阅读，也适合需要系统掌握深度学习的开发人员阅读，还适合Python程序员及人工智能领域的开发人员阅读。编程爱好者、高校师生及培训机构的学员也可以将本书作为兴趣读物或教材使用。

Python 数据挖掘与机器学习实战

出版发行：机械工业出版社（北京市西城区百万庄大街 22 号　邮政编码：100037）

责任编辑：欧振旭　李华君　　责任校对：姚志娟

印　　刷：北京捷迅佳彩印刷有限公司　　版　　次：2023 年 3 月第 1 版第 6 次印刷

开　　本：186mm×240mm　1/16　　印　　张：17.5

书　　号：ISBN 978-7-111-62681-7　　定　　价：79.00 元

客服电话：（010）88361066　68326294

前言

Python 是一个高层次的结合了解释性、编译性、互动性和面向对象的脚本语言。作为一门编程语言，其魅力远超 C#、Java、C 和 C++等编程语言，被昵称为“胶水语言”，更被热爱它的程序员誉为“最美丽的”编程语言。从云端和客户端，再到物联网终端，Python 应用无处不在，同时它还是人工智能（AI）首选的编程语言。

近年来，人工智能在全世界掀起了新的科技浪潮，各行各业都在努力涉足人工智能技术。而机器学习是人工智能的一种实现方式，也是最重要的实现方式之一。深度学习是目前机器学习比较热门的一个方向，其本身是神经网络算法的衍生，在图像、语音等富媒体的分类和识别上取得了非常好的效果。数据挖掘主要利用机器学习界提供的技术来分析海量数据，利用数据库界提供的技术来管理海量数据。例如，在对超市货品进行摆放时，牛奶到底是和面包摆放在一起销量更高，还是和其他商品摆在一起销量更高，就可以用相关算法得出结论。由于机器学习技术和数据挖掘技术都是对数据之间的规律进行探索，所以人们通常将两者放在一起提及。而这两种技术在现实生活中也有着非常广阔的应用场景。例如，分类学习算法可以对客户等级进行划分，可以验证码识别，可以对水果品质自动筛选等；回归学习算法可以对连续型数据进行预测，以及对趋势进行预测等；聚类学习算法可以对客户价值和商圈做预测；关联分析可以对超市的货品摆放和个性化推荐做分析；而深度学习算法还可以实现自然语言处理方面的应用，如文本相似度、聊天机器人及自动写诗作画等应用。

纵观国内图书市场，关于 Python 的书籍不少，它们主要偏向于工具本身的用法，如关于 Python 的语法、参数、异常处理、调用及开发类实例等，但是基于 Python 数据挖掘与机器学习类的书籍并不是特别多，特别是介绍最新的基于深度学习算法原理和实战的图书更少。本书将通过具体的实例来讲解数据处理和挖掘技术，同时结合最新的深度学习、强化学习及在线学习等理论知识和实用的项目案例，详细讲解 16 种常用的数据挖掘和机器学习算法。

本书有何特色

1. 全程使用Python 3编程语言

本书通过 Anaconda 和 Spyder 提供的 Python 编程功能实现各种算法：

- 介绍了 Scrapy 框架和 XPath 工具；
- 重点介绍了 TensorFlow 工具的开发和使用；

- 以票务网为例，实现了网站票务信息的爬虫案例。

2．剖析回归分析的基本原理

回归分析是一种应用极为广泛的数量分析方法。本书中的回归分析相关章节实现了如下几个重要例子：

- 对于线性回归，介绍了如何使用一元线性回归求解房价预测的问题；
- 实例演示了使用多元线性回归进行商品价格的预测，以及使用线性回归对股票进行预测；
- 通过环境检测数据异常分析与预测这个实验，用实例具体实现了逻辑回归的过程。

3．详解分类和聚类机器学习算法

在数据挖掘领域中，对分类和聚类算法的研究及运用非常重要。书中着重研究了决策树、随机森林、SVM、HMM、BP 神经网络、K-Means 和贝叶斯等算法，并实现了以下例子：

- 使用决策树算法对鸢尾花数据集进行分类；
- 使用随机森林对葡萄酒数据集进行分类；
- SVM 中采用三种核函数进行时间序列曲线预测；
- HMM 模型用于中文分词；
- 用 TensorFlow 实现 BP 神经网络；
- 朴素贝叶斯分类器在破产预测中的应用。

4．详细地描述了常用的深度学习算法

本书相关章节中详细地描述了卷积神经网络、循环神经网络、生成对抗网络等。主要有如下实例演示：

- 采用卷积神经网络实现了雷达剖面图识别实例；
- 使用 LSTM 模型实现了一个聊天机器人的程序；
- 通过 DCGAN 网络来训练数据，从而产生人脸图像。

5．讨论了其他常用机器学习算法

本书中还讨论了在线学习和强化学习等常见的机器学习算法，例如：

- 演示在线学习 Bandit 算法与推荐系统；
- 使用 Adaboost 算法实现马疝病的检测。

6．提供了丰富而实用的数据挖掘源代码，并提供了操作视频和教学PPT

本书详尽地描述了各种重要算法，并提供了很多来源于真实项目案例的源代码。另外，还特别为本书制作了相关操作的教学视频和专业的教学 PPT 和操作视频，以方便读者学习。

- 卷积神经网络雷达图像识别项目；
- LSTM 聊天机器人项目；
- HMM 中文分词系统；
- DCGAN 的人脸生成模型。

本书内容及知识体系

第 1 章主要对机器学习的基本概念进行了概述，介绍了 5 种 Python 开发工具，分别是 IDLE、IPython、PyCharm、Jupyter Notebook、Anaconda 和 Spyder，对它们的特点进行了阐述，并选择 Anaconda 和 Spyder 作为本书的开发工具。

第 2 章主要介绍了 Python 开发环境、计算规则与变量，并详细介绍了 Python 常用的数据类型，分别是字符串、列表、元组和字典；还介绍了爬虫的基本原理，其中重点介绍了 Scrapy 框架和 XPath 工具，并且以票务网为例实现了网站票务信息的爬取。

第 3 章首先介绍了数据挖掘中的回归分析和线性回归的基本概念，然后介绍了如何使用一元线性回归求解房价预测的问题，最后介绍了使用多元线性回归进行商品价格的预测。本章通过环境检测数据异常分析与预测这个实验，对逻辑回归做出了具体的表现分析。

第 4 章是关于常用分类算法的讲解，主要对决策树和随机森林的基本概念和算法原理进行了详细阐述。本章使用决策树对鸢尾花数据集进行分类，并使用随机森林对葡萄酒数据集进行分类。通过学习本章内容，读者会对决策树算法和随机森林算法有更进一步的认识。

第 5 章主要介绍了基于统计学习理论的一种机器学习方法——支持向量机，通过寻求结构风险最小来提高泛化能力，实现经验风险和置信范围的最小化，从而达到在统计样本较少的情况下也能获得良好的统计规律的目的，可利用 SMO 算法高效求解该问题。针对线性不可分问题，利用函数映射将原始样本空间映射到高维空间，使得样本线性可分，进而通过 SMO 算法求解拉普拉斯对偶问题。

第 6 章介绍了隐马尔可夫模型要解决的三个基本问题，以及解决这三个基本问题的方法，带领读者深入学习解码问题，并掌握解决解码的 Viterbi 算法，运用 Viterbi 算法思想精髓“将全局最佳解的计算过程分解为阶段最佳解的计算”，实现对语料的初步分词工作。此外，本章还介绍了 HMM 模型用于中文分词的方法。

第 7 章介绍了人工神经网络（Artificial Neural Network，ANN）的基本概念、特点、组成部分和前向传播等内容；阐述了单层神经网络、双层神经网络及多层神经网络的概念和原理；使用 TensorFlow 实现 BP 神经网络，进一步强化对 BP 神经网络的理解和使用。

第 8 章主要介绍了卷积神经网络的原理及其在图像识别领域中的应用。本章带领读者掌握卷积神经网络的各层，包括输入层、卷积层、池化层、全连接层和输出层；利用卷积神经网络进行雷达图像识别，实现了对雷暴大风灾害性天气的识别，并以地面自动站出现 7 级大风作为出现灾害性雷暴大风天气的判据，从而建立一套集雷暴大风实时识别、落区预报及落区检验于一体的综合系统。

第 9 章从自然语言处理的基础知识引入了循环神经网络，并详细阐述其原理及强大之处，最后使用它来实现聊天机器人。循环神经网络常用于处理序列数据，例如一段文字或声音、购物或观影的顺序，甚至可以是图片中的一行或一列像素。

第 10 章介绍了聚类与集成算法的相关知识。K-Means 聚类是一种自下而上的聚类方法，其优点是简单、速度快；Adaboost 算法是 Boosting 方法中最流行的一种算法。集成算法便是将多个弱学习模型通过一定的组合方式，形成一个强学习模型，以达到提高学习正确率的目的。

第 11 章介绍了贝叶斯分类器分类方法，在一个真实数据集上执行了朴素贝叶斯分类器的训练预测，取得了理想的效果；在围绕实时大数据流分析这一需求展开的研究中，对在线学习 Bandit 算法的概念进行了阐述，并用 Python 进行了实验分析；还对生成对抗网络（GAN）进行了讲解，同时也介绍了 DCGAN 网络模型，并且使用 DCGAN 网络进行了人脸生成实验。

本书配套资源获取方式

本书涉及的源代码文件、教学视频、教学 PPT 视频和 Demo 需要读者自行下载。请在 www.cmpreading.com 网站上搜索到本书，然后单击“资料下载”按钮，即可在本书页面上找到“配书资源”下载链接。

本书读者对象

- Python 程序员；
- 对数据挖掘感兴趣的人员；
- 对机器学习和深度学习感兴趣的人员；
- 想转行到人工智能领域的技术人员；
- 想从其他编程语言转 Python 开发的人员；
- 喜欢编程的自学人员；
- 高校计算机等专业的学生；
- 专业培训机构的学员。

本书阅读建议

- 没有 Python 开发基础的读者，建议从第 1 章顺次阅读并演练每一个实例。
- 有一定 Python 数据挖掘基础的读者，可以根据实际情况有重点地选择阅读各个模块和项目案例。对于每一个模块和项目案例，先思考一下实现的思路，然后再亲自动手实现，这样阅读效果更佳。

- 有基础的读者可以先阅读书中的模块和 Demo，再结合配套源代码理解并调试，这样更加容易理解，而且也会理解得更加深刻。

本书作者

本书由方巍主笔编写。其他参与编写和程序调试工作的人员还有王秀芬、丁叶文和张飞鸿。本书能得以顺利出版，要感谢南京信息工程大学计算机与软件学院 2017 级的全体研究人员，还要感谢在写作和出版过程中给予笔者大量帮助的各位编辑！

由于笔者水平所限，加之写作时间有限，书中可能还存在一些疏漏和不足之处，敬请各位读者批评指正。联系邮箱：hzbook2017@163.com。

最后祝大家读书快乐！

编著者

目录

第 1 章　机器学习基础

人工智能（Artificial Intelligence，AI）是智能机器，如计算机所执行的与人类智能有关的功能，如识别、判断、证明、学习和问题求解等思维活动。这反映了人工智能学科的基本思想和内容，即人工智能是研究人类智能活动规律的一门学科。1956 年在 Dartmouth 学会上首次提出了“人工智能”这一概念，而人工智能开始迅速发展是在计算机出现后，因为人们真正有了可以模拟人类思维的工具。现如今，人工智能已经不再是一个小众化的研究课题了，全世界几乎所有的理工科类大学都在研究这门学科，甚至为此设立了专门的研究机构。越来越多的学习计算机、自动化控制和软件工程专业的本科生或研究生，将人工智能作为自己的研究方向。在科学家的不懈努力下，如今的计算机与原来相比已经变得十分“聪明”了，某些时候计算机已经可以完成原来只属于人类的工作，并且其高速性和准确性是人类远不可及的。

机器学习（Machine Learning，ML）是人工智能研究领域中最重要的分支之一。它是一门涉及多领域的交叉学科，其包含高等数学、统计学、概率论、凸分析和逼近论等多门学科。该学科专门研究计算机应如何模拟并实现人类的学习行为，以获取人类所不了解的新知识，并使计算机能够使用已有的知识或经验，不断改善自身的性能以得到更加精确的知识。它是人工智能的核心，是使计算机具有智能的根本途径。其应用遍及人工智能的各个领域。它主要使用归纳、综合而不是演绎。

数据挖掘（Data Mining）是从海量数据中获取有效的、新颖的、潜在有用的、最终可理解模式的非平凡过程。数据挖掘中用到了大量的机器学习界所提供的数据分析技术和数据库界所提供的数据管理技术。从数据分析的角度来看，数据挖掘与机器学习有很多相似之处，但不同之处也十分明显。例如，数据挖掘并没有机器学习探索人的学习机制这一科学发现任务，数据挖掘中的数据分析是针对海量数据进行的。从某种意义上说，机器学习的科学成分更重一些，而数据挖掘的技术成分更重一些。数据挖掘中用到了大量的机器学习界所提供的数据分析技术和数据库界所提供的数据管理技术。简单地说，机器学习和数据库是数据挖掘的基石。

本章要点：

- 机器学习概述；
- 机器学习的发展历程；
- 机器学习分类及其应用；

1.7.2 IPython 简介

IPython 是一个面向对象的 Python 交互式 shell，用了它之后或许你就不想再用自带的 Python shell 了。IPython 支持变量自动补全、自动缩进，支持 bash shell 命令，内置了许多实用功能和函数，同时它也是科学计算和交互可视化的最佳平台。IPython 图形用户界面如图 1-4 所示。

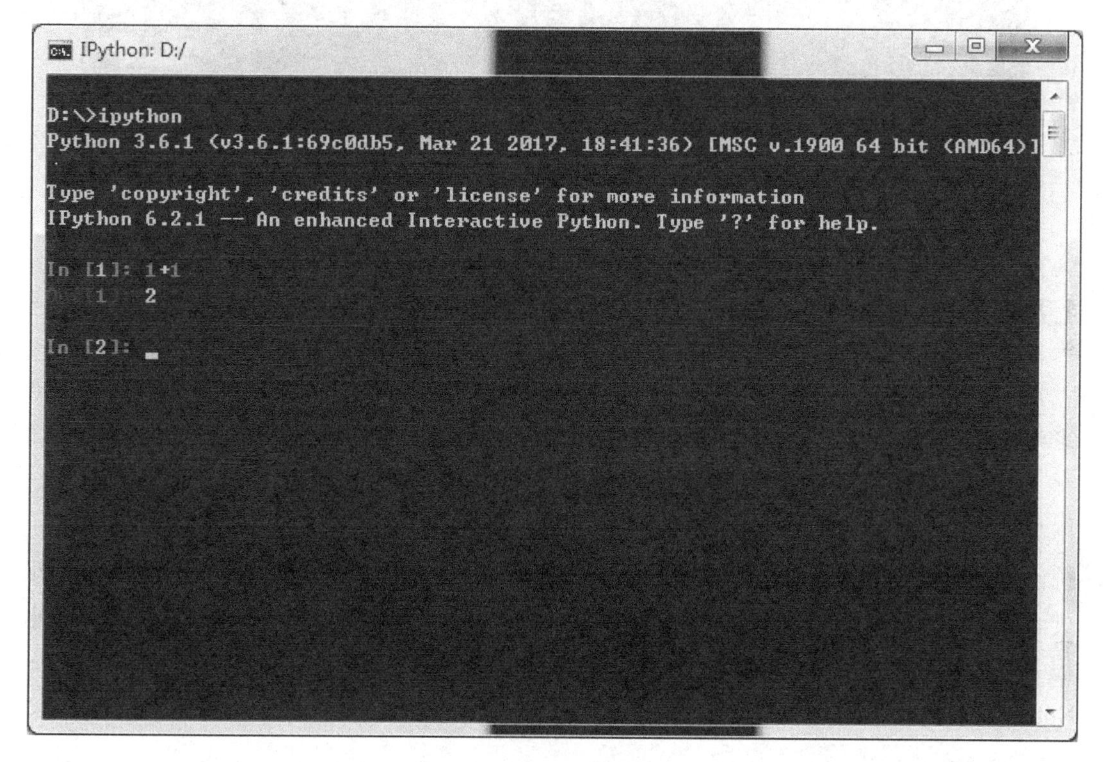

图 1-4　IPython 图形用户界面

1.7.3 PyCharm 简介

PyCharm 是由 JetBrains 打造的一款 Python IDE，是使用比较广泛的 Python IDE，其功能十分强大，具备一般编译器的特点，如调试、语法高亮、Project 管理、代码跳转、智能提示、自动完成、单元测试和版本控制等。PyCharm 分成了两个系列，专业版（需付费）和社区版（免费），对于学习和部署一般的中小型项目，社区版完全可以满足基本需求。PyCharm 图形用户界面如图 1-5 所示。

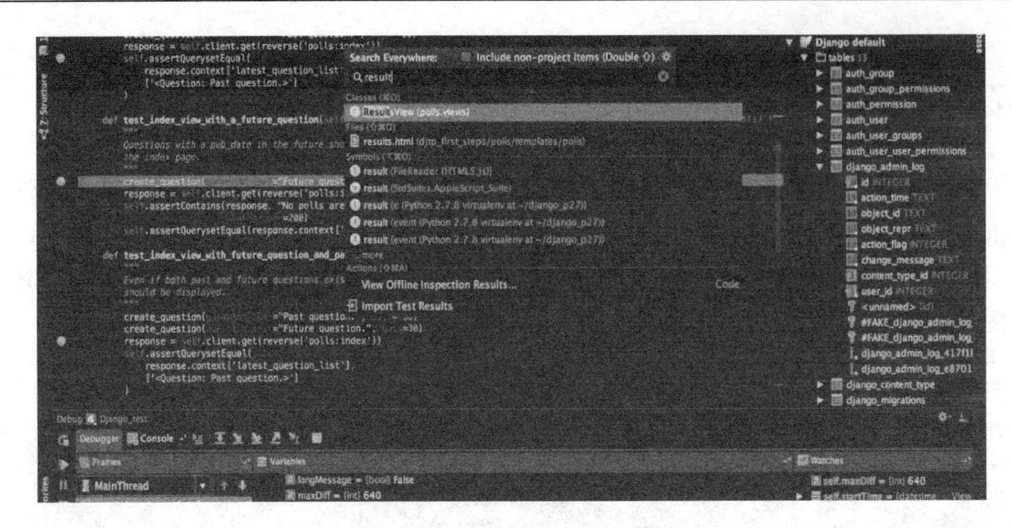

图 1-5　PyCharm 图形用户界面

1.7.4　Jupyter Notebook 简介

Jupyter Notebook（此前被称为 IPython Notebook）是一个交互式笔记本，支持运行 40 多种编程语言。

Jupyter Notebook 的本质是一个 Web 应用程序，便于创建和共享文学化程序文档，支持实时代码、数学方程、可视化和 Markdown。用途包括：数据清理和转换、数值模拟、统计建模和机器学习等。简而言之，Jupyter Notebook 是以网页的形式打开，可以在网页页面中直接编写代码并运行代码，代码的运行结果也会直接在代码块下显示。如在编程过程中需要编写说明文档，可在同一个页面中直接编写，便于做及时的说明和解释。Jupyter Notebook 图形用户界面如图 1-6 所示。

图 1-6　Jupyter Notebook 图形用户界面

1.7.5　Anaconda 和 Spyder 简介

Anaconda 是一个用于科学计算的 Python 发行版，支持 Linux、Mac OS 和 Windows 系统，提供了包管理与环境管理的功能，可以很方便地解决多版本 Python 并存、切换及各种第三方包安装问题。Anaconda 利用工具/命令 conda 进行 package（包）和 environment（环境）的管理，并且已经包含了 Python 和相关的配套工具。

这里先解释 conda 和 Anaconda 的差别。conda 可以理解为一个工具，也是一个可执行命令，其核心功能是包管理与环境管理。包管理与 pip 的使用类似，环境管理则允许用户方便地安装不同版本的 Python 并可以快速切换。Anaconda 则是一个打包的集合，里面预装好了 conda、某个版本的 Python、众多 package 和科学计算工具等，所以也称为 Python 的一种发行版。conda 将几乎所有的工具和第三方包都当做 package 对待，甚至包括 Python 和 conda 自身。因此，conda 打破了包管理与环境管理的约束，能非常方便地安装各种版本的 Python 和各种 package 并能方便地切换。Anaconda 的安装包和环境管理界面如图 1-7 所示。

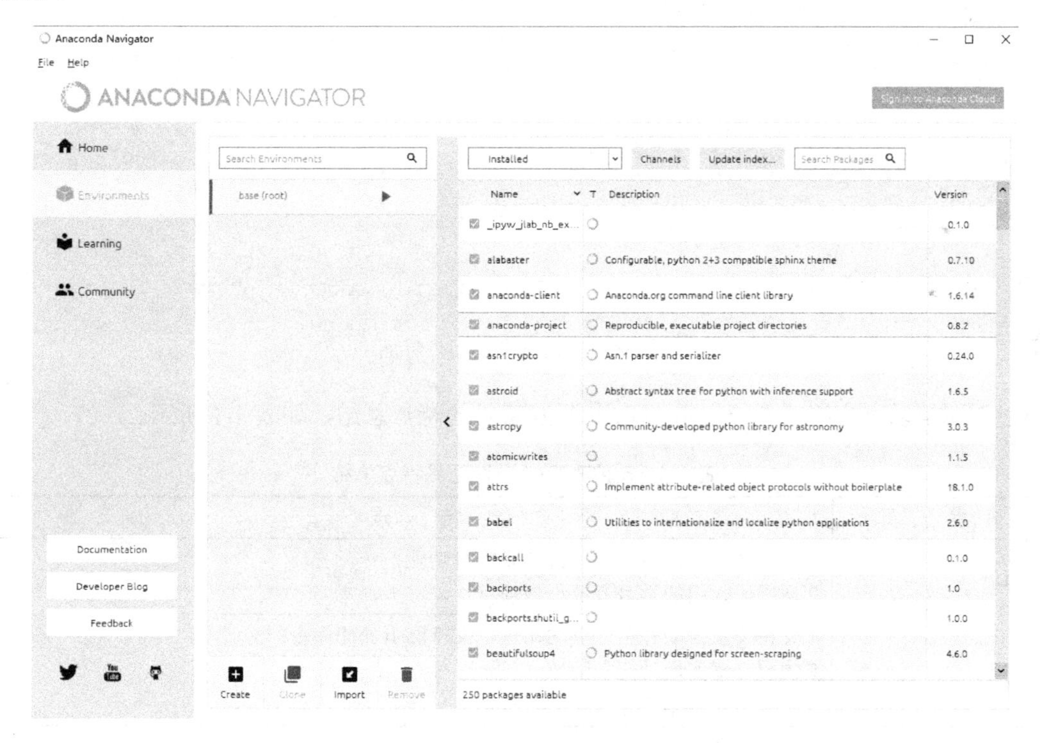

图 1-7　Anaconda 安装包和环境管理界面

Spyder（前身是 Pydee）是一个强大的交互式 Python 语言开发环境，提供了高级的代码编辑、交互测试和调试等特性，支持包括 Windows、Linux 和 OSX 系统。和其他的 Python

开发环境相比，Spyder 最大的优点就是模仿 MATLAB 的“工作空间”的功能，可以很方便地观察和修改数组的值。安装了 Anaconda 后会同时集成 Spyder 开发工具。Spyder 图形用户界面如图 1-8 所示。

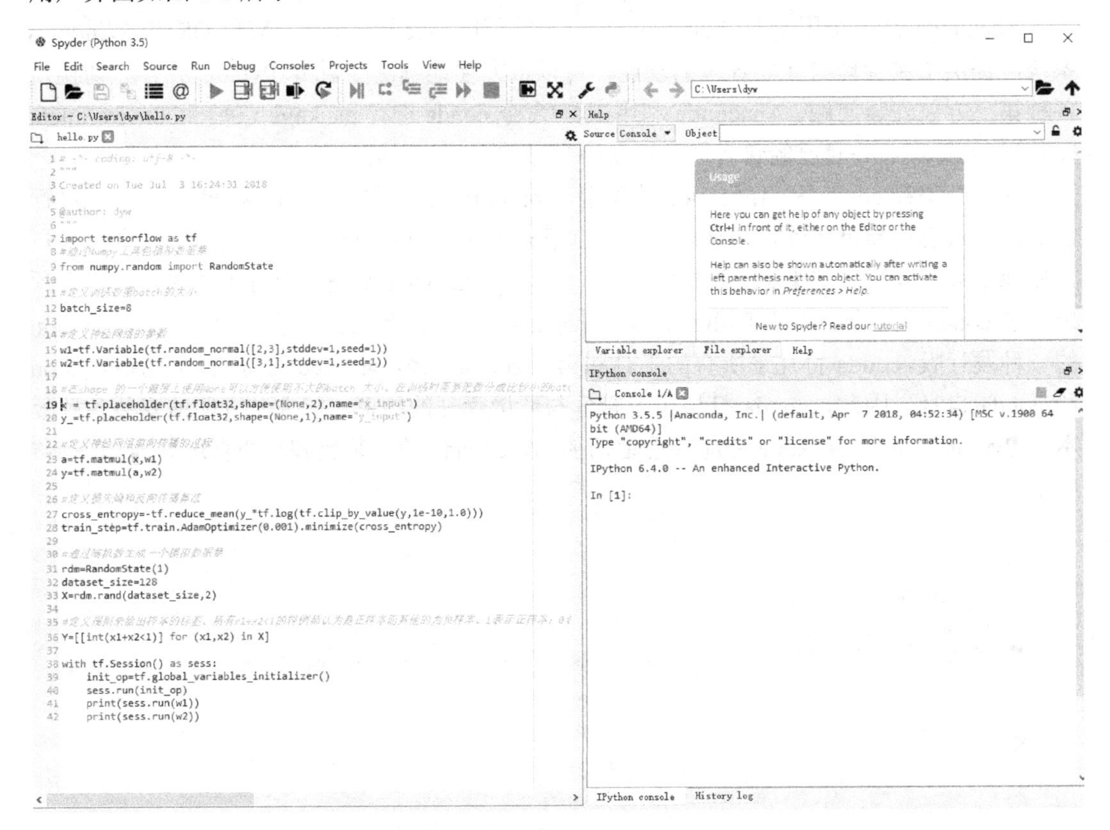

图 1-8　Spyder 图形用户界面

下面是以上介绍的 5 种常用 Python 开发工具的特点总结，如表 1-1 所示。

表 1-1　5 种Python开发工具特点总结

开 发 工 具	特　　点
IDLE	1.智能缩进，调用提示，自动完成等功能； 2.适用于入门的学习者及小型项目
IPython	1.支持变量自动补全、自动缩进，支持bash shell命令； 2.内置许多实用功能和函数； 3.可以进行科学计算和交互可视化
PyCharm	1.编码协助； 2.项目代码导航； 3.用户可使用其编码语法，错误高亮，智能检测，以及一键式代码快速补全建议； 4.集成的单元测试

（续）

开 发 工 具	特　点
Jupyter Notebook	1.编程时具有语法高亮、缩进、Tab键补全的功能； 2.可直接通过浏览器运行代码，同时在代码块下方展示运行结果； 3.以富媒体格式展示计算结果； 4.支持使用LaTeX编写数学性说明
Anaconda&Spyder	1.包括Python和很多常见的软件库； 2.含有包管理器conda； 3.适用于企业级大数据分析的Python工具； 4.在数据可视化、机器学习和深度学习等多方面都有应用； 5.完全开源和免费

根据表 1-1 中的比较可知，Anaconda&Spyder 更加简洁，功能更强大，适用于初学者，所以本书主要使用 Anaconda&Spyder 作为实例程序的开发工具，具体的安装及详细介绍将在下章中讲解。

1.8 本章小结

在开始学习 Python 数据挖掘之前，先要搞清楚人工智能、机器学习、深度学习、数据挖掘和数据分析等概念。人工智能的研究领域在不断扩大，各个分支主要包括专家系统、机器学习、进化计算、模糊逻辑、计算机视觉、自然语言处理、推荐系统等。那么如何实现这种人工智能的智慧呢？这就需要机器学习了。

机器学习是关于理解与研究学习的内在机制，建立能够通过学习自动提高自身水平的计算机程序的理论方法的学科，是一种实现人工智能的方法。近年来，机器学习理论在诸多应用领域得到了成功的应用与发展，已成为计算机科学的基础及热点之一。采用机器学习方法的计算机程序被成功应用于语音识别、信用卡欺诈监测、自主车辆驾驶和智能机器人等应用领域。除此之外，机器学习的理论方法还被用于大数据集的数据挖掘这一领域。实际上，在任何可以积累经验的行业，机器学习方法均可发挥作用。

本章对机器学习的概念进行了解释，介绍了机器学习的主要任务，学习机器学习的原因，以及使用 Python 语言进行机器学习开发的原因。此外，本章还详细介绍了 Python 语言的优势，介绍了 6 种 Python 开发工具，分别是 IDLE、IPython、PyCharm、Jupyter Notebook、Anaconda 和 Spyder，并且对它们的特点进行了总结，而本书选择 Anaconda 和 Spyder 作为开发工具。

第 2 章　Python 语言简介

Python 是一门面向对象的、解释型和动态数据类型的高级程序设计语言。Python 语法简洁而清晰，具有丰富而强大的类库，因而在各种行业中得到了广泛的应用。对于初学者来讲，Python 是一款既容易学又相当有用的编程语言，国内外很多大学也都开设了 Python 语言课程，甚至将 Python 作为人工智能开发的首选编程语言。近年来，随着网络应用的逐渐扩展和深入，如何高效地获取网络上的相应数据成为了无数公司和个人的追求。在大数据时代，谁掌握更多的数据，谁就有条件获得更高的利益，而网络爬虫是其中最常用的一种从网络上爬取数据的手段。

本章将介绍如何安装 Python 开发环境，Python 的基本计算和变量，以及一些基本的 Python 类型，如字符串、列表和元组等。此外，本章还涉及 Python 函数及模块的介绍，以及爬虫原理及其实现流程。

本章要点如下：

- 安装 Python 开发环境；
- 掌握基本的计算和变量；
- 了解基本的 Python 类型；
- 了解 Python 函数及模块；
- 了解爬虫的原理及工作流程；
- 数据爬虫框架介绍；
- 网络爬虫的设计与实现。

2.1　搭建 Python 开发环境

Python 可应用于多平台，包括 Linux 和 Mac OSX。本节主要介绍如何在 Windows 平台搭建 Python 开发环境，以及运行和保存相应的 Python 程序。

2.1.1　安装 Anaconda

Anaconda 是 Python 的一个开源发行版本，主要面向科学计算，内含有诸多机器学习算法框架、图像处理模块及经典算法集成模块。Anaconda 的主要优点是预装了很多第三方库，而且增加了 conda install 命令，除了使得安装新的 package 非常方便外，还自带了 Spyder IDE 和 Jupyter Notebook 等编译环境。

单击下载链接 https://www.anaconda.com/download/，选择 Windows Python 3.6 版本进行下载并安装，如图 2-1 所示。

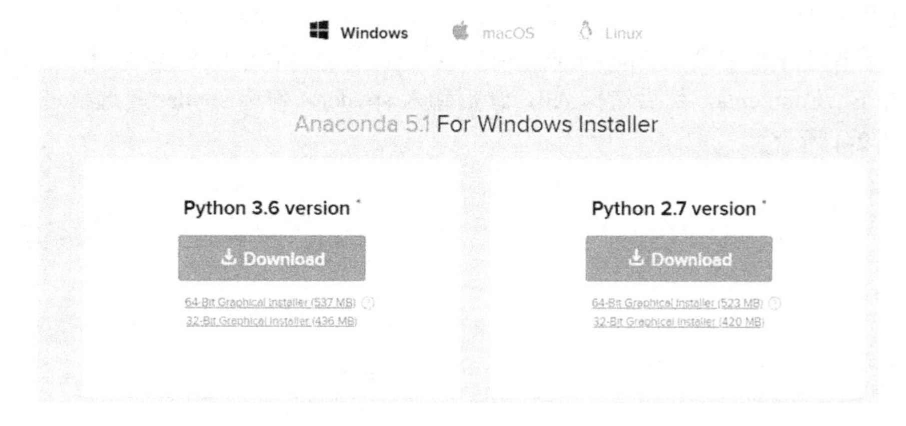

图 2-1　安装 Anaconda

安装时，需要选择安装类型。这里选择管理员权限，并且将路径自动加入到环境变量中，如图 2-2 所示。

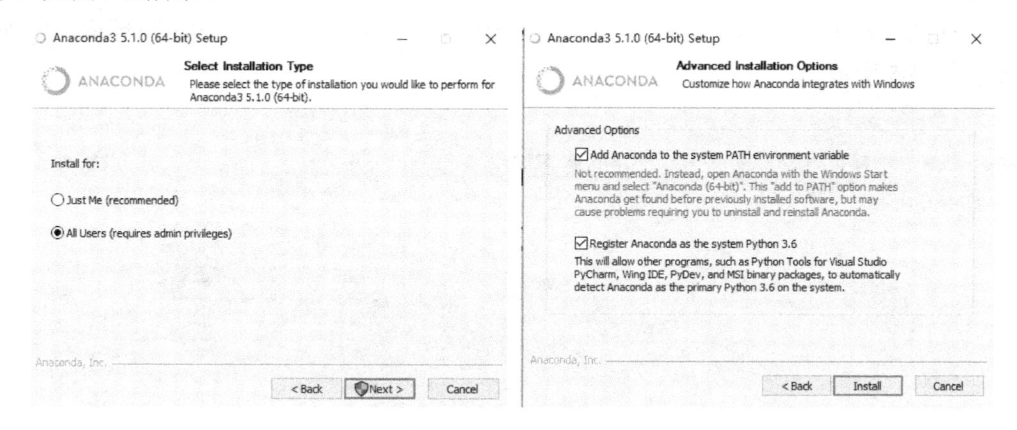

图 2-2　添加环境变量

单击 Install 按钮即可安装。安装完成后，在 Windows 搜索栏中输入 cmd 进入命令行模式，输入 python，检验环境是否创建成功，如图 2-3 所示。

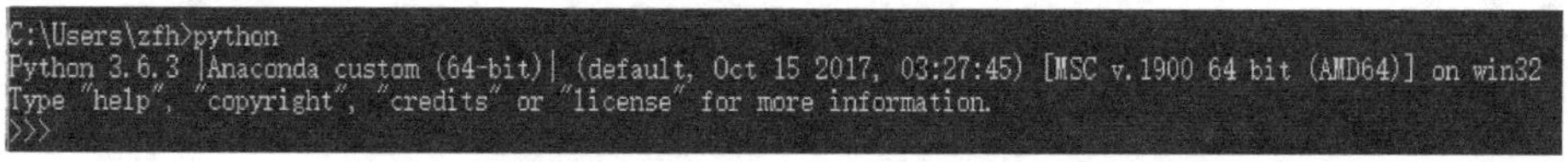

```
C:\Users\zfh>python
Python 3.6.3 |Anaconda custom (64-bit)| (default, Oct 15 2017, 03:27:45) [MSC v.1900 64 bit (AMD64)] on win32
Type "help", "copyright", "credits" or "license" for more information.
>>>
```

图 2-3　检查环境是否创建成功

2.1.2 安装 Spyder

Spyder 是 Python 的作者为 Python 开发的一个简单的集成开发环境。和其他的 Python 开发环境相比，Spyder 的最大优点就是模仿 MATLAB 的“工作空间”的功能，可以很方便地观察和修改数组的值。

在“开始”菜单中打开 Anaconda3(64-bit)，单击 Anaconda Navigator，进入集成环境。首先选择 Environments，然后选择 All，最后输入 spyder，勾选 spyder 复选框进行安装即可，如图 2-4 所示。

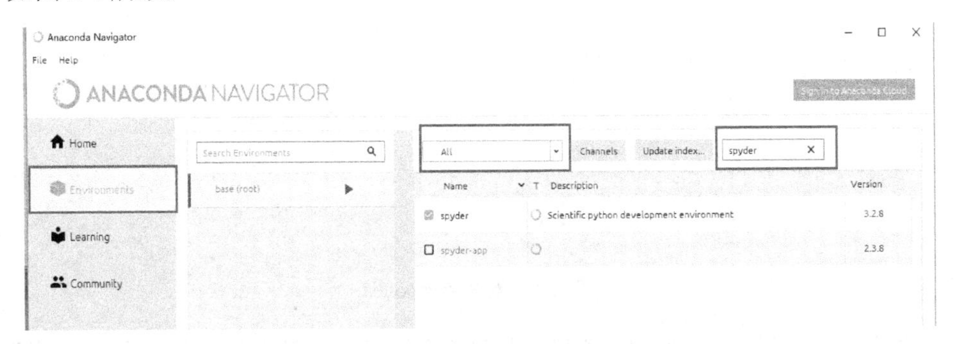

图 2-4 安装 Spyder

此时在“开始”菜单中打开 Anaconda3(64-bit)，单击 Spyder，即可进入编辑环境。Spyder 界面如图 2-5 所示。

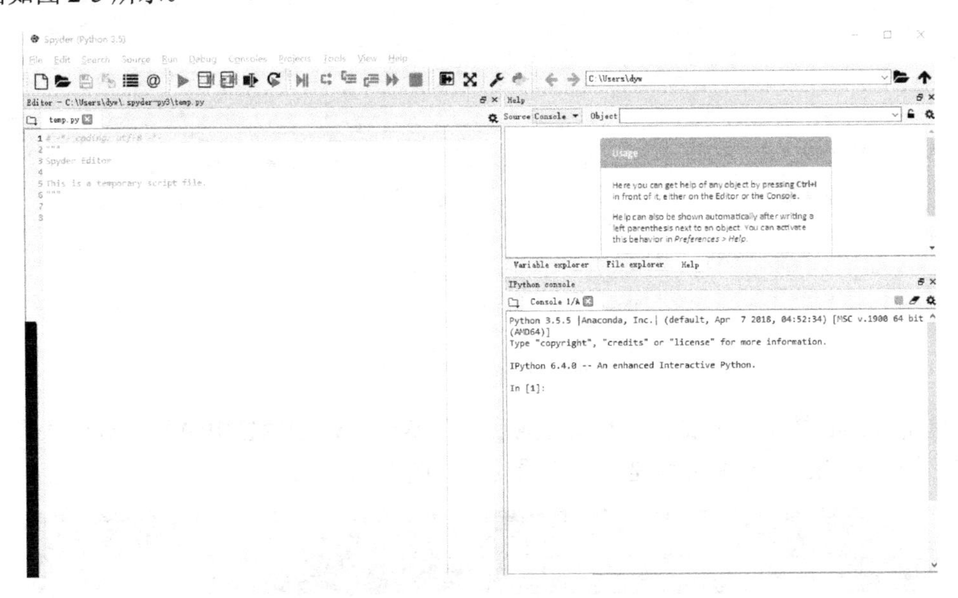

图 2-5 Spyder 界面

2.1.3　运行和保存 Python 程序

如果程序员每次想用 Python 程序时都需要重新输入则费时费力，非常影响效率。当然，如果只是几十行的小程序，重写也是可行的，但对于一些大型的程序，其中可能包含有数十万行甚至更多的代码，想象一下，要把这么多的代码进行重写是多么的困难。幸运地是，程序员可以把程序保存起来，随时随地就可以使用。要保存一个新程序，选择 File→New file 命令，然后会出现一个空白窗口，在菜单条上会有“Untitled0.py”字样。在新窗口中输入下面的代码：

```
print("Hello World")
```

然后选择 file→save as 命令。当提示输入文件名时，输入 hello.py，并把文件保存到桌面即可。不出问题的话，在键盘上按 F5 键，保存的程序就可以运行了，如图 2-6 所示。

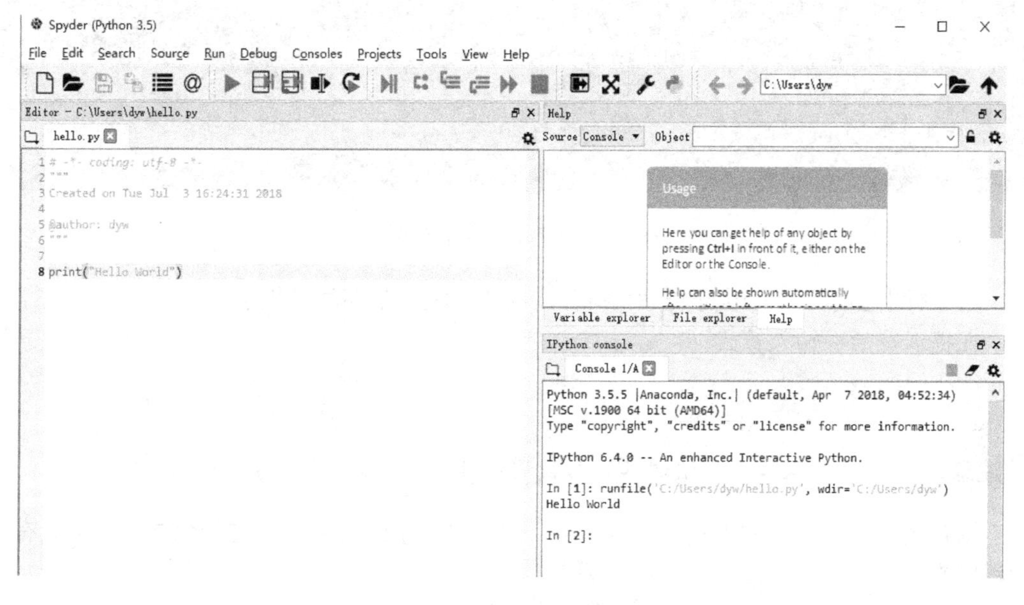

图 2-6　运行和保存程序

2.2　Python 计算与变量

Python 开发环境已经搭建完成，也知道如何运行和保存程序了，现在就可以使用它来编写自己的程序了。本节首先从一些基本的数学运算开始讲解，然后再使用变量进行稍复杂一些的计算。变量是程序中用来保存东西（如数值和矩阵等内容）的一种方式，它们能使程序更加简单明了。

2.2.1　用 Python 做简单的计算

首先，使用 Python 做数值计算。例如，想要得到两个数字乘积的结果，一般可能会用计算器来得到答案，比如计算 9×8.46。那么如何用 Python 程序来运行这个计算呢？

为了清晰地显示代码，在这里暂时不使用 Spyder 作为编译环境，直接使用命令行窗口。步骤如下：

（1）单击“开始”按钮，输入 cmd，进入命令行窗口。

（2）再输入 python，然后按 Enter 键，即进入 Python 编辑环境。

（3）显示当前的 Python 版本。

命令行窗口如图 2-7 所示。

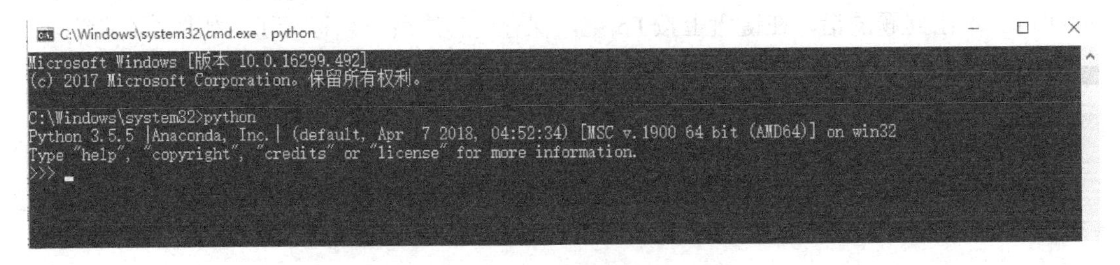

图 2-7　Python 的命令行窗口

命令行中显示了 3 个大于号“>>>”，这 3 个大于号叫做“提示符”。

在提示符后面输入算式：

```
>>>  9*8.46
76.14
```

注意：在 Python 里输入乘法运算时要使用星号“*”而不是乘号“×”。

这是一个非常简单的程序。在本书中，读者将会学到如何扩展这些想法，写出更有用的程序来。

2.2.2　Python 的运算符

在 Python 中，可以做加、减、乘、除运算，以及其他的一些数学运算。Python 中用来做数学运算的基本符号叫做“运算符”，这里罗列了几种最常见的运算符，如表 2-1 所示。

Python 中用斜杠“/”来表示除法，因为这与写分数的方式相似。例如，a=20，b=10，在 Python 程序中计算 a 除以 b，只要输入 20/10，输出结果为 2。要记住“斜杠”是顶部靠右的那个（顶部靠左的是反斜杠“\”）。“%”表示取模，即返回除法的余数，如 a%b

的输出结果是 0。“**”表示幂，即返回 x 的 y 次幂，a**b 是 20 的 10 次方，输出是 10240000000000。

表 2-1　Python的基本运算符

符　　号	运　　算
+	加
-	减
*	乘
/	除
%	取模
//	向下取整
**	幂

在 Python 编程语言中，使用括号来控制运算的先后顺序。任何用到运算符的都是一个“运算”。乘法和除法运算比加法和减法优先，也就是说它们先运算。换句话讲，如果在 Python 中输入一个算式，乘法或者除法的运算会在加法或减法之前运算。

提示：请记住乘法和除法总是在加法和减法之前运算，除非用括号来控制运算的顺序。

2.2.3　Python 的变量

变量存储的是在内存中的值，这就意味着在创建变量时会在内存中开辟一个空间。基于变量的数据类型，解释器会分配指定的内存，并决定什么数据可以被存储在内存中。因此，变量可以指定不同的数据类型，可以存储整数、小数或字符。

Python 中的变量赋值不需要类型声明。在内存中创建每个变量时包括了变量的标识、名称和数据这些信息。每个变量在使用前都必须赋值，变量赋值以后该变量才会被创建。等号“=”用来给变量赋值，其运算符左边是一个变量名，右边是存储在变量中的值。例如：

```
counter = 1000                    #赋值整型变量
miles = 1000.0                    #浮点型
str = "Python"                    #字符串
print (counter)
print (miles)
print (str)
```

上例中，1000、1000.0 和 Python 分别赋值给了 counter、miles 和 str 变量。

执行以上程序会输出如下结果：

```
1000
1000.0
Python
```

Python 允许同时为多个变量赋值。例如：

```
a = b = c = 1000
```

上例中创建了一个整型对象，值为1000，a、b、c 这 3 个变量被分配到相同的内存空间上。

也可以为多个对象指定多个变量，例如：

```
a, b, c = 1, 2, "abc"
```

上例中，将两个整型对象 1 和 2 分别分配给变量 a 和 b，字符串对象 abc 分配给变量 c。

在内存中存储的数据可以有多种类型。Python 有 5 个标准的数据类型，分别是 Numbers（数字）、String（字符串）、List（列表）、Tuple（元组）和 Dictionary（字典）。下面将重点介绍后 4 种数据类型。

2.3 Python 的字符串

字符串是 Python 中最常用的数据类型。可以使用引号（单引号或双引号）来创建字符串。创建字符串很简单，只要为变量分配一个值即可。例如：

```
str1 = 'Hello World!'
str2 = "Python"
print(str1)
print(str2)
```

输出结果为：

```
Hello World!
Python
```

Python 不支持单字符类型，单字符在 Python 中也是作为一个字符串使用的。在 Python 中访问子字符串时，可以使用方括号“[]”来截取字符串，例如：

```
str1 = 'Hello World!'
str2 = "Python"
print ("str1[0]: ", str1[0])
print ("str2[1:5]: ", str2[1:5])
```

输出结果为：

```
str1[0]: H
str2[1:5]: ytho
```

也可以对已存在的字符串进行修改，并赋值给另一个变量，例如：

```
str1 = 'Hello '
str2 = 'world!'
str1 = str1+str2
print(str1)
```

输出结果为：

```
Hello world!
```

上面例子中“+”是字符串运算符。还有很多字符串运算符，如表 2-2 所示。

表 2-2　字符串运算符

运　算　符	说　　明
+	字符串连接
*	重复输出字符串
[]	通过索引获取字符串中的字符
[:]	截取字符串中的一部分
in	如果字符串中包含给定的字符则返回True
not in	如果字符串中不包含给定的字符则返回True
%	格式字符串

这里给出一个简单的例子来实现这些字符串运算符。

```
a = "Hello"
b = "Python"
print ("a + b 输出结果：", a + b)
print ("a * 2 输出结果：", a * 2)
print ("a[1] 输出结果：", a[1])
print ("a[1:4] 输出结果：", a[1:4])
if( "H" in a) :
   print ("H 在变量 a 中")
else :
   print ("H 不在变量 a 中")
if( "N" not in a) :
   print ("N 不在变量 a 中")
else :
print ("N 在变量 a 中")
```

输出结果为：

```
a + b 输出结果： HelloPython
a * 2 输出结果： HelloHello
a[1] 输出结果： e
a[1:4] 输出结果： ell
H 在变量 a 中
N 不在变量 a 中
```

Python 支持格式化字符串的输出。尽管这样可能会用到非常复杂的表达式，但最基本的用法是将一个值插入到一个有字符串格式符“%s”的字符串中。在 Python 中，字符串格式化使用与 C 语言中 printf，函数的语法一样。例如：

```
print ("My name is %s and age is %d!" % ('xiaoming', 20))
```

输出结果为：

```
My name is xiaoming and age is 20!
```

2.4　Python 的列表

序列是 Python 中最基本的数据结构。序列中的每个元素都分配一个数字来表示它的位置（或叫做索引），第一个索引是 0，第二个索引是 1，依此类推。Python 有 6 个序列的内置类型，但最常见的是列表和元组。

序列可以进行的操作包括索引、切片、加、乘和检查成员等。此外，Python 已经内置了确定序列的长度及确定最大和最小的元素的方法。列表是最常用的 Python 数据类型，表现形式为一个方括号内包含若干数据项，各数据项之间以逗号分隔。

创建一个列表，列表的各数据项不需要具有相同的类型，只要把用逗号分隔的不同数据项使用方括号括起来即可。例如：

```
list1 = ['a', 'b', 10, 20]
list2 = [1, 2, 3, 4]
list3 = ["a", "b", "c"]
```

与字符串的索引一样，列表索引从 0 开始。列表可以进行截取、组合等。可以使用下标索引来访问列表中的值，同样也可以使用方括号的形式截取字符，示例如下：

```
list1 = ['a', 'b', 10, 20]
list2 = [1, 2, 3, 4]
print ("list1[0]: ", list1[0])
print ("list2[1:4]: ", list2[1:4])
```

输出结果为：

```
list1[0]:  a
list2[1:4]:  [2, 3, 4]
```

可以对列表的数据项进行修改或更新，也可以使用 append()方法添加列表项，示例如下：

```
list = []                          #空列表
list.append('Hello')               #使用 append()添加元素
list.append('World!')
print (list)
```

输出结果为：

```
['Hello', 'World!']
```

可以使用 del 语句删除列表的元素，例如：

```
list1 = ['a', 'b', 10, 20]
print (list1)
del list1[2]
print ("删除后的输出为 : ")
print (list1)
```

输出结果为：

```
['a', 'b', 10, 20]
删除后的输出为 :
['a', 'b', 20]
```

Python 列表操作符和字符串操作符有些是相似的，如“+”号用于组合列表，“*”号用于重复列表。如表 2-3 所示为常见的列表操作符。

表 2-3　常见的列表操作符

操　作　符	说　　明
len	列表长度
+	组合
*	重复
in	元素是否存在于列表中
for	迭代

下面给出一个简单的例子来实现这些列表运算符。

```
list1 = [1,2,3]
list2 = [4,5,6]
print(len(list1))
print(list1+list2)
print(list1*3)
print(3 in list1)
for x in list1:
   print (x)
```

输出结果为：

```
3
[1, 2, 3, 4, 5, 6]
[1, 2, 3, 1, 2, 3, 1, 2, 3]
True
1
2
3
```

2.5　Python 的元组

Python 的元组与列表类似，不同之处在于元组的元素不能修改；元组使用小括号，列表使用方括号。元组的创建很简单，只需要在括号中添加元素，并使用逗号隔开即可。例如：

```
tup1 = ('a', 'b', 10, 20)
tup2 = (1, 2, 3, 4, 5 )
tup3 =("a", "b", "c", "d")
tup1 = ()                                              #创建空元组
```

元组中只包含一个元素时，需要在元素后面添加逗号，例如：

```
tup1 = (50,)
```

元组与字符串类似，下标索引从 0 开始，可以进行截取、组合等。元组可以使用下标索引来访问元组中的值，例如：

```
tup1 = ('a', 'b', 10, 20)
tup2 = (1, 2, 3, 4, 5 )
```

```
print ("tup1[0]: ", tup1[0])
print ("tup2[1:4]: ", tup2[1:4])
```

输出结果为：

```
tup1[0]:  a
tup2[1:4]:  (2, 3, 4)
```

元组中的元素值是不允许修改的，但可以对元组进行连接组合，例如：

```
tup1 = (12, 34.56)
tup2 = ('abc', 'xyz')
# 以下修改元组元素操作是非法的
# tup1[0] = 100
# 创建一个新的元组
tup3 = tup1 + tup2
print (tup3)
```

输出结果为：

```
(12, 34.56, 'abc', 'xyz')
```

元组中的元素值是不允许删除的，但可以使用 del 语句来删除整个元组，例如：

```
tup1 = ('a', 'b', 10, 20)
print (tup)
del tup
print ("删除后的结果: ")
print (tup)
```

以上实例中，元组被删除后，输出变量会有异常信息，输出如下：

```
 ('a', 'b', 10, 20)
删除后的结果:
Traceback (most recent call last):
  File "F:/program/2.5.py", line 26, in <module>
    print (tup)
NameError: name 'tup' is not defined
```

与字符串一样，元组之间可以使用“+”号和“*”号进行运算。这就意味着它们可以组合和复制，运算后会生成一个新的元组。常见的元组运算符如表 2-4 所示。

表 2-4　常见的元组运算符

运　算　符	说　　明
len	计算元素个数
+	连接
*	复制
in	元素是否存在
for	迭代

下面给出一个简单的例子来实现这些元组运算符。

```
tup1 = (1,2,3)
tup2 = (4,5,6)
print(len(tup1))
print(tup1+tup2)
```

```
print(tup1*3)
print(3 in tup1)
for x in tup1:
   print (x)
```

输出结果为：

```
3
(1, 2, 3, 4, 5, 6)
(1, 2, 3, 1, 2, 3, 1, 2, 3)
True
1
2
3
```

2.6　Python 的字典

字典是另一种可变容器模型，并且可存储任意类型的对象。

字典的每个键值对（key-value）用冒号分隔，每个键值对之间用逗号分隔，整个字典包括在花括号中，格式如下：

```
dict = {key1 : value1, key2 : value2 }
```

键一般是唯一的，如果重复，最后一个键值对就会替换前面的，值不需要唯一。例如：

```
dict = {'a': 1, 'b': 2, 'b': '3'}
print(dict['b'])
print(dict)
```

输出结果为：

```
3
{'a': 1, 'b': '3'}
```

值可以取任何数据类型，但键必须是不可变的，如字符串、数字或元组。这里给出一个简单的字典实例：

```
dict = {'Alice': '20', 'Beth': '21', 'Cecil': '22'}
```

也可如此创建字典：

```
dict1 = { 'abc':123}
dict2 = { 'abc': 123, 98: 37 }
```

如果要访问字典里的值，只要把相应的键放入熟悉的方括号中即可，例如：

```
dict = {'Name': 'xioaming', 'Age': 20, 'Class': 'First'}
print ("dict['Name']: ", dict['Name'])
print ("dict['Age']: ", dict['Age'])
```

输出结果为：

```
dict['Name']:  xioaming
dict['Age']:  20
```

如果用字典里没有的键访问数据，则会输出错误，例如：

```
dict = {'Name': 'xioaming', 'Age': 20, 'Class': 'First'}
print ("dict[xiaowang']: ", dict['xiaowang'])
```

输出结果为：

```
Traceback (most recent call last):
  File "F:/program/2.6.py", line 19, in <module>
    print ("dict[xiaowang']: ", dict['xiaowang'])
KeyError: 'xiaowang'
```

向字典添加新内容的方法是增加新的键/值对，示例如下：

```
dict = {'Name': 'xioaming', 'Age': 20, 'Class': 'First'}
dict['Age'] = 22                                            #修改年龄
dict['School'] = "NUIST"                                    #添加新的键/值对
print ("dict['Age']: ", dict['Age'])
print ("dict['School']: ", dict['School'])
```

输出结果为：

```
dict['Age']:  22
dict['School']:  NUIST
```

在字典操作中，能删除单一的元素也能清空字典，删除一项只需要删除其键的内容。删除一个字典用 del 命令，示例如下：

```
dict = {'Name': 'xioaming', 'Age': 20, 'Class': 'First'}
del dict['Name']                                            #删除键是'Name'的条目
dict.clear()                                                #清空词典所有条目
del dict                                                    #删除词典
print ("dict['Age']: ", dict['Age'])
print ("dict['School']: ", dict['School'])
```

但这会引发一个异常，因为用 del 后字典不再存在：

```
Traceback (most recent call last):
  File "F:/program/DCGAN-tensorflow-master/2.6.py", line 34, in <module>
    print ("dict['Age']: ", dict['Age'])
TypeError: 'type' object is not subscriptable
```

2.7 网络爬虫的发展历史和分类

网络爬虫（Web Crawler）又被称为网页蜘蛛、网络机器人或网页追逐者，是一种按照一定的规则，自动地抓取万维网信息的程序或者脚本。它为搜索引擎从万维网上下载网页，是搜索引擎的重要组成部分。本节主要介绍网络爬虫的发展历史及爬虫的分类。

2.7.1 网络爬虫的发展历史

在互联网发展初期，网站相对较少，信息查找比较容易。然而伴随互联网“爆炸式”

的发展，普通网络用户想要找到所需的资料简直如同大海捞针，这时为满足大众信息检索需求的专业搜索网站便应运而生了。

现代意义上的搜索引擎的“祖先”，是 1990 年由蒙特利尔大学学生 Alan Emtage 发明的 Archie。虽然当时 World Wide Web 还未出现，但网络中文件传输还是相当频繁的，而且由于大量的文件散布在各个分散的 FTP 主机中，查询起来非常不便，因此 Alan Archie 工作原理与现在的搜索引擎已经很接近，它依靠脚本程序自动搜索网站上的文件，然后对有关信息进行索引，供使用者以一定的表达式查询。由于 Archie 深受用户欢迎，受其启发，美国内华达 System Computing Services 大学于 1993 年开发了另一个与之非常相似的搜索工具，但此时的搜索工具除了索引文件外，已能检索网页。

当时，“机器人”一词在编程者中十分流行。电脑“机器人”（Computer Robot）是指能以人类无法达到的速度不间断地执行某项任务的软件程序。由于专门用于检索信息的“机器人”程序像蜘蛛一样在网络间爬来爬去，因此，搜索引擎的“机器人”程序就被称为“蜘蛛”程序。世界上第一个用于监测互联网发展规模的“机器人”程序是 Matthew Gray 开发的 World wide Web Wanderer。刚开始它只用来统计互联网上的服务器数量，后来则发展为能够检索网站域名。与 Wanderer 相对应，Martin Koster 于 1993 年 10 月创建了 ALIWEB，它是 Archie 的 HTTP 版本。ALIWEB 不使用“机器人”程序，而是靠网站主动提交信息来建立自己的链接索引，类似于现在熟知的 Yahoo。

随着互联网的迅速发展，使得检索所有新出现的网页变得越来越困难，因此，在 Matthew Gray 的 Wanderer 基础上，一些编程者将传统的“蜘蛛”程序工作原理做了些改进。其设想是，既然所有网页都可能有连向其他网站的链接，那么从跟踪一个网站的链接开始，就有可能检索整个互联网。到 1993 年底，一些基于此原理的搜索引擎开始纷纷涌现，其中以 JumpStation、The World Wide Web Worm（Goto 的前身，也就是今天 Overture）和 Repository-Based Software Engineering spider 最负盛名。

然而，JumpStation 和 WWW Worm 只是以搜索工具在数据库中找到匹配信息的先后次序排列搜索结果，因此毫无信息关联度可言。而 RBSE 是第一个在搜索结果排列中引入关键字串匹配程度概念的引擎。而最早的具有现代意义的搜索引擎出现于 1994 年 7 月。当时 Michael Mauldin 将 John Leavitt 的蜘蛛程序接入到其索引程序中，创建了大家现在熟知的 Lycos。同年 4 月，斯坦福（Stanford）大学的两名博士生 David Filo 和美籍华人杨致远（Gerry Yang）共同创办了超级目录索引 Yahoo，并成功地使搜索引擎的概念深入人心。从此搜索引擎进入了高速发展时期。目前，互联网上“有名有姓”的搜索引擎已达数百家，其检索的信息量也与从前不可同日而语。比如 Google，其数据库中存放的网页已达 30 亿之巨。

随着互联网规模的急剧壮大，一家搜索引擎光靠自己单打独斗已无法适应目前的市场状况，因此现在搜索引擎之间也开始出现了分工协作，并有了专业的搜索引擎技术和搜索数据库服务提供商。例如国外的 Inktomi，它本身并不是直接面向用户的搜索引擎，而是向包括 Overture（原 GoTo）、LookSmart、MSN 和 HotBot 等在内的其他搜索引擎提供全文网页搜索服务。国内的百度也属于这一类，搜狐和新浪用的就是它的技术。从这个意义上说，它们是搜索引擎中的搜索引擎。

2.7.2 网络爬虫的分类

网络爬虫种类繁多，按照部署位置进行分类，可以分为服务器侧和客户端侧。

服务器侧：一般是一个多线程程序，同时下载多个目标 HTML，可以用 PHP、Java 和 Python 等语言编写，一般的综合搜索类引擎的爬虫程序都是这样编写的。但是如果对方讨厌爬虫，很可能会封掉服务器的 IP，而服务器 IP 又不容易改，另外耗用的带宽也是较昂贵的。

客户端侧：很适合部署定题爬虫，也就是聚焦爬虫。做一个可以与 Google、百度等竞争的综合搜索引擎成功的几率微乎其微，而做垂直搜索、竞价服务或者推荐引擎，机会要多得多，这类爬虫不是什么页面都爬取，而是只爬取关心的页面，而且只爬取页面上关心的内容，例如提取黄页信息、商品价格信息，以及提取竞争对手的广告信息等。这类爬虫可以低成本地大量部署，而且很有侵略性。由于客户端的 IP 地址是动态的，所以其很难被目标网站封锁。

2.8 网络爬虫的原理

网络爬虫是通过网页的链接地址寻找网页，从网站某一个页面开始，读取网页的内容，找到在网页中的其他链接地址，然后通过这些链接地址寻找下一个网页，这样一直循环下去，直到把这个网站上所有的网页都抓取完为止。本节主要介绍网络爬虫的基础知识、爬虫的分类，以及其工作原理。

2.8.1 理论概述

网络爬虫是一个自动提取网页的程序，它为搜索引擎从 Web 上下载网页，是搜索引擎的重要组成部分。通用网络爬虫从一个或若干初始网页的 URL 开始，获得初始网页上的 URL 列表；在抓取网页的过程中，不断地从当前页面上抽取新的 URL 放入待爬行队列，直到满足系统的停止条件才终止。

主题网络爬虫就是根据一定的网页分析算法过滤与主题无关的链接，保留与主题相关的链接并将其放入待抓取的 URL 队列中，然后根据一定的搜索策略从队列中选择下一步要抓取的网页 URL，并重复上述过程，直到达到系统的某一条件时停止。所有被网络爬虫抓取的网页将会被系统存储，进行一定的分析、过滤，并建立索引。对于主题网络爬虫来说，这一过程所得到的分析结果还可能对后续的抓取过程进行反馈和指导。

如果网页 p 中包含链接 l，则 p 称为链接 l 的父网页。如果链接 l 指向网页 t，则网页 t 称为子网页，又称为目标网页。

主题网络爬虫的基本思路就是按照事先给出的主题，分超链接和已经下载的网页内容，预测下一个待抓取的 URL 及当前网页的主题相关度，保证尽可能多地爬行、下载与主题相关的网页，尽可能少地下载无关网页。

2.8.2　爬虫的工作流程

网络爬虫的基本工作流程，如图 2-8 所示。

（1）选取一部分精心挑选的种子 URL。

（2）将这些 URL 放入待抓取 URL 队列。

（3）从待抓取 URL 队列中取出待抓取的 URL，解析 DNS 并且得到主机的 IP，将 URL 对应的网页下载下来，存储进已下载的网页库中。此外，将这些 URL 放进已抓取的 URL 队列。

（4）分析已抓取的 URL 队列中的 URL，然后解析其他 URL，并且将 URL 放入待抓取的 URL 队列，从而进入下一个循环。

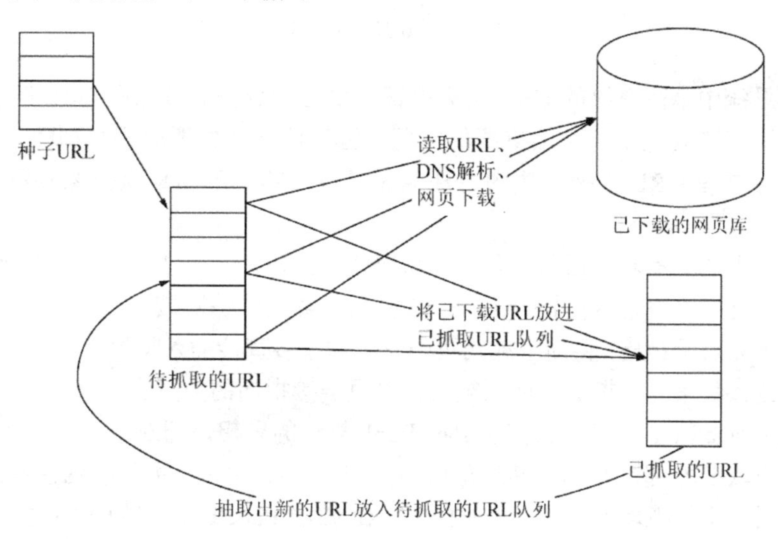

图 2-8　爬虫的工作流程

从爬虫的角度对互联网进行划分，如图 2-9 所示。

- 已下载的未过期网页。
- 已下载的已过期网页：抓取到的网页实际上是互联网内容的一个镜像与备份。互联网是动态变化的，如果一部分互联网上的内容已经发生了变化，那么抓取到的这部分网页就已经过期了。

- 待下载的网页：是待抓取的 URL 队列中的那些页面。
- 可知网页：还没有抓取下来，也没有在待抓取的 URL 队列中，但是可以通过对已抓取的页面或者待抓取的 URL 对应页面分析获取到的 URL，认为是可知网页。
- 还有一部分网页爬虫是无法直接抓取并下载的，称为不可知网页。

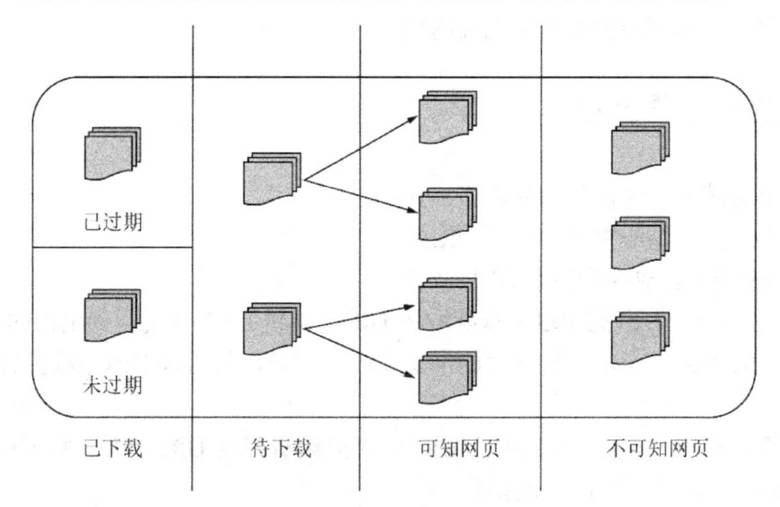

图 2-9　互联网的划分

在爬虫系统中，待抓取的 URL 队列是很重要的一部分。待抓取 URL 队列中的 URL 以什么样的顺序排列也是一个很重要的问题，因为这涉及先抓取哪个页面，后抓取哪个页面。而决定这些 URL 排列顺序的方法叫做抓取策略。下面重点介绍几种常见的抓取策略。

- 深度优先遍历策略：指网络爬虫会从起始页开始，一个链接一个链接地跟踪下去，处理完这条线路之后再转入下一个起始页，继续跟踪链接。
- 宽度优先遍历策略：将新下载网页中发现的链接直接插入待抓取 URL 队列的末尾。
- 反向链接数策略：指一个网页被其他网页链接指向的数量。
- Partial PageRank 策略：借鉴了 PageRank 算法的思想，即对于已经下载的网页，连同待抓取 URL 队列中的 URL 形成网页集合，计算每个页面的 PageRank 值，计算完之后，将待抓取的 URL 队列中的 URL 按照 PageRank 值的大小进行排序，并按照该顺序抓取页面。
- OPIC 策略：实际上也是对页面进行重要性打分。对于待抓取的 URL 队列中的所有页面，按照打分情况进行排序。
- 大站优先策略：对于待抓取的 URL 队列中的所有网页，根据所属的网站进行分类。对于待下载页面数多的网站，优先下载。

互联网是实时变化的，具有很强的动态性。网页更新策略主要是决定何时更新之前已经下载过的页面。常见的更新策略有以下 3 种：

（1）历史参考策略。

顾名思义，根据页面以往的历史更新数据，预测该页面未来何时会发生变化。一般来说，是通过泊松过程进行建模来预测。

（2）用户体验策略。

尽管搜索引擎针对某个查询条件能够返回数量巨大的结果，但是用户往往只关注前几页结果。因此，抓取系统可以优先更新在查询结果前几页显示的网页，而后再更新后面的网页。这种更新策略也需要用到历史信息。用户体验策略保留网页的多个历史版本，并且根据过去每次的内容变化对搜索质量的影响得出一个平均值，用这个值作为决定何时重新抓取的依据。

（3）聚类抽样策略。

前面提到的两种更新策略都有一个前提：需要网页的历史信息。这样就存在两个问题：第一，系统要是为每个系统保存多个版本的历史信息，无疑增加了很多的系统负担；第二，要是新的网页完全没有历史信息，就无法确定更新策略。

这种策略认为网页具有很多属性，类似属性的网页，可以认为其更新频率也是类似的。要计算某一个类别网页的更新频率，只需要对这一类网页抽样，以它们的更新周期作为整个类别的更新周期，基本思路如图 2-10 所示。

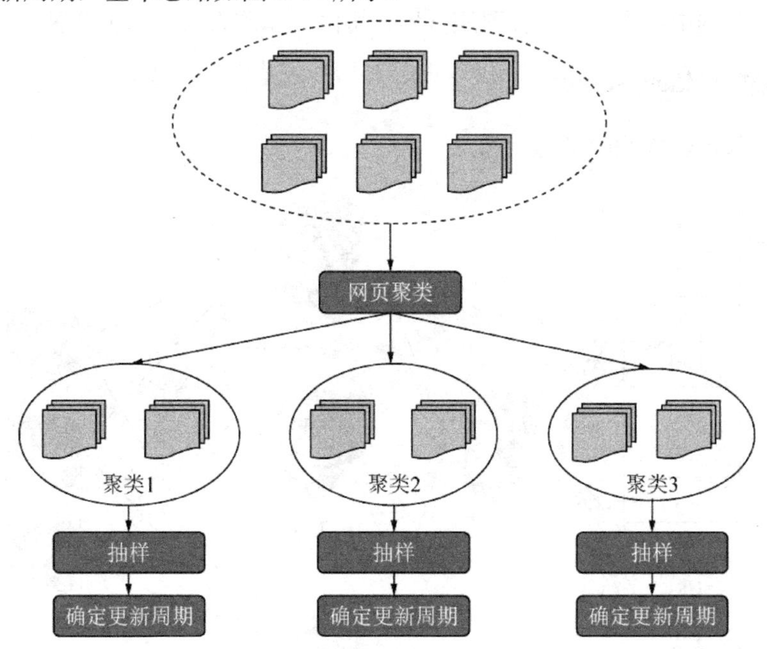

图 2-10　网页聚类抽样策略

一般来说，抓取系统需要面对的是整个互联网上数以亿计的网页。单个抓取程序不可能完成这样的任务，往往需要多个抓取程序一起来处理。一般来说，抓取系统往往是一个分布式的三层结构，如图 2-11 所示。

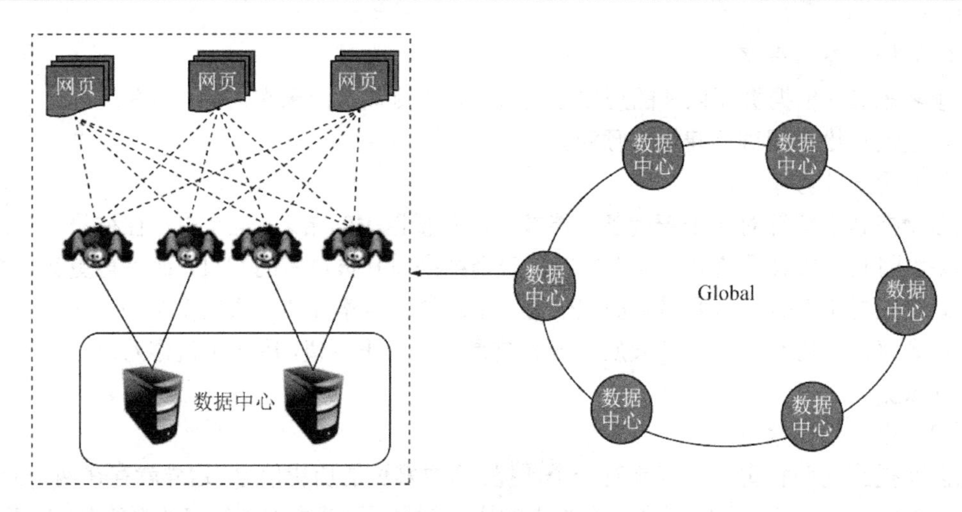

图 2-11　分布式结构

最下面一层是分布在不同地理位置上的数据中心，在每个数据中心里有若干台抓取服务器，而每台抓取服务器上可能部署了若干套爬虫程序，这样就构成了一个基本的分布式抓取系统。

对于一个数据中心内的不同抓取服务器，协同工作的方式有以下两种：

1．主从式（Master-Slave）

主从式的基本结构如图 2-12 所示。

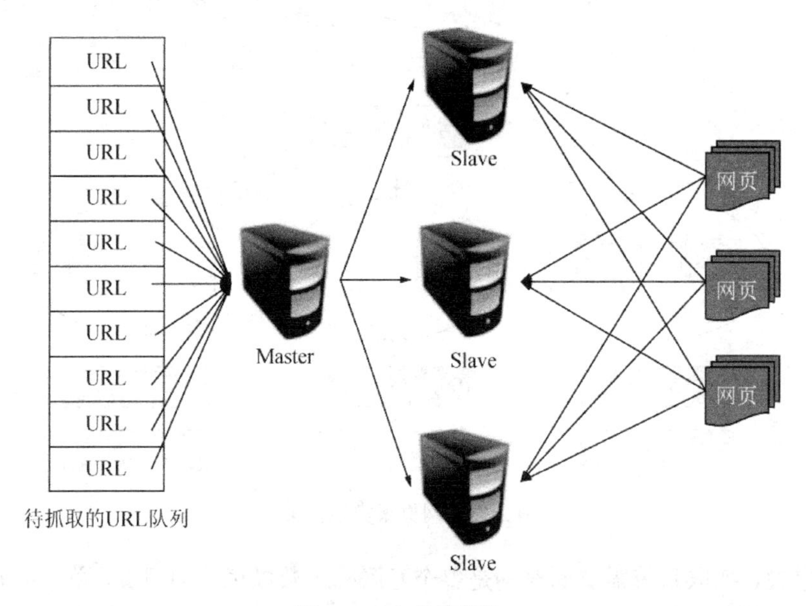

图 2-12　主从式结构

对于主从式而言，有一台专门的 Master 服务器来维护待抓取 URL 队列，它负责每次将 URL 分发到不同的 Slave 服务器上，而 Slave 服务器则负责实际的网页下载工作。Master 服务器除了维护待抓取的 URL 队列及分发 URL 之外，还要负责调解各个 Slave 服务器的负载情况，以免某些 Slave 服务器过于“清闲”或者“劳累”。这种模式下，Master 往往容易成为系统瓶颈。

2. 对等式（Peer to Peer）

对等式的基本结构如图 2-13 所示。

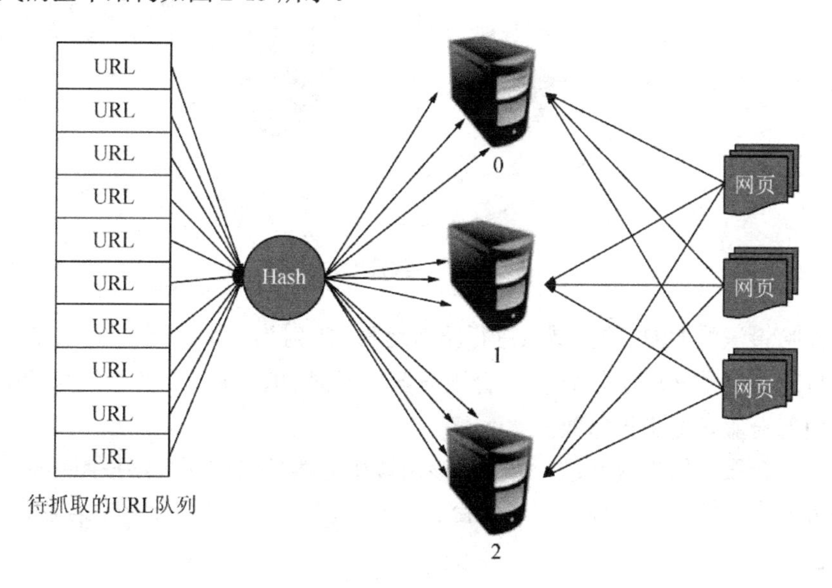

图 2-13　对等式结构

在这种模式下，所有的抓取服务器在分工上没有不同。每一台抓取服务器都可以从待抓取的 URL 队列中获取 URL，接着求出该 URL 的主域名的 Hash 值 H，然后计算 H mod m（其中 m 是服务器的数量，以图 2-13 为例，m 为 3），计算得到的数就是处理该 URL 的主机编号。

举例：假设对于 URL www.baidu.com，计算其 Hash 值 H=8，m=3，则 H mod m=2，因此由编号为 2 的服务器进行该链接的抓取。假设这时候是 0 号服务器拿到这个 URL，那么它会将该 URL 转给服务器 2，由服务器 2 进行抓取。

这种模式有一个问题，当有一台服务器死机或者添加新的服务器时，所有 URL 的哈希求余的结果都要变化。也就是说，这种方式的扩展性不佳。针对这种情况，又有一种改进方案被提出来，这种改进的方案是用一致性哈希法来确定服务器分工，其基本结构如图 2-14 所示。

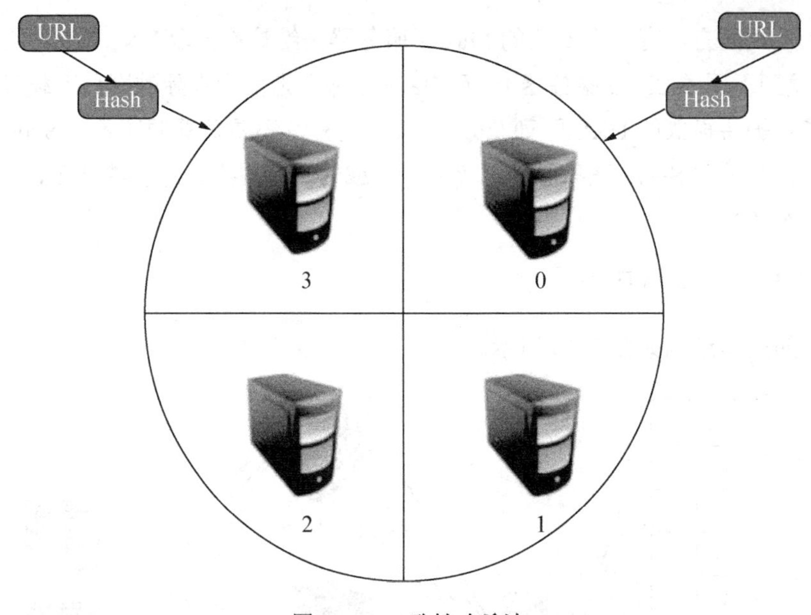

图 2-14　一致性哈希法

一致性哈希法将 URL 的主域名进行哈希运算，映射为一个范围在 0～232 之间的某个数，然后将这个范围平均地分配给 m 台服务器，根据 URL 主域名哈希运算的值所处的范围来判断由哪台服务器进行抓取。

如果某一台服务器出现问题，那么本该由该服务器负责的网页则按照顺时针顺延，由下一台服务器进行抓取。这样，即使某台服务器出现问题，也不会影响其他的工作。

2.9　爬虫框架介绍

目前常见的 Python 爬虫框架有很多，如 Scrapy、XPath、Crawley、PySpide 和 Portia 等。本节主要介绍 Scrapy 和 XPath 两种主流爬虫框架。

2.9.1　Scrapy 介绍

Scrapy 是一套基于 Twisted 的异步处理框架，是纯 Python 实现的爬虫框架，用户只需要定制、开发几个模块就可以轻松实现一个爬虫程序，用来抓取网页内容或者图片。如图 2-15 所示为 Scrapy 的基本架构。

这个架构中包含了 Scheduler、Item Pipeline、Downloader、Spiders 及 Engine 这几个组件模块，而图中的箭头线则说明了整套系统的数据处理流程。下面对这些组件进行简单的说明。

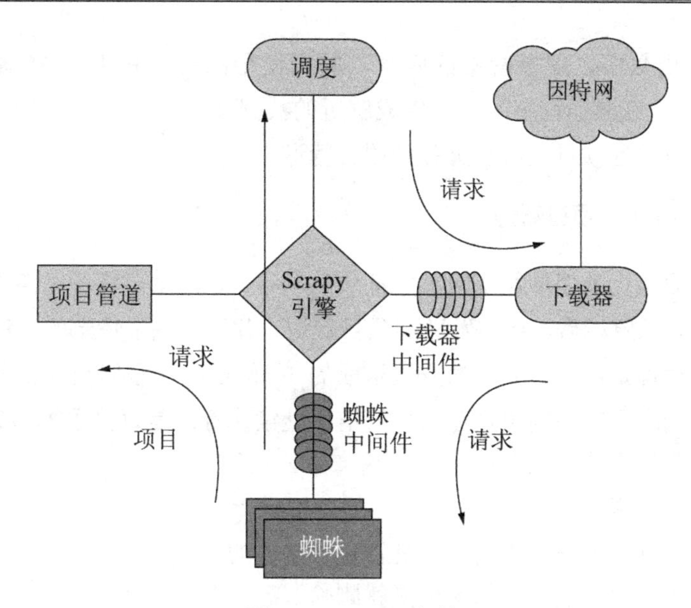

图 2-15　Scrapy 架构

1．Scrapy Engine（Scrapy引擎）

Scrapy 引擎是用来控制整个系统的数据处理流程，并进行事务处理的触发。

2．Scheduler（调度）

调度程序从 Scrapy 引擎接受请求并排序列入队列，并在 Scrapy 引擎发出请求后返还给它们。

3．Downloader（下载器）

下载器的主要职责是抓取网页并将网页内容返还给蜘蛛（Spiders）。

4．Spiders（蜘蛛）

蜘蛛是由 Scrapy 用户自己定义用来解析网页并抓取指定 URL 返回的内容的类，每个蜘蛛都能处理一个域名或一组域名。换句话说，Spiders 就是用来定义特定网站的抓取和解析规则。

蜘蛛的整个抓取流程（周期）是这样的：

（1）获取第一个 URL 的初始请求，当请求返回后调取一个回调函数。第一个请求是通过调用 start_requests()方法来实现。该方法默认从 start_urls 中的 URL 中生成请求，并执行解析来调用回调函数。

（2）在回调函数中，可以解析网页响应并返回项目对象和请求对象或两者的迭代。这些请求也包含一个回调，然后被 Scrapy 下载，再由指定的回调处理。

（3）在回调函数中，解析网站的内容，同程使用的是 XPath 选择器（也可以使用 BeautifuSoup、lxml 或其他程序），并生成解析的数据项。

（4）从蜘蛛返回的项目通常会进驻到项目管道。

5. Item Pipeline（项目管道）

项目管道主要负责处理蜘蛛从网页中抽取的项目，它的主要任务是清洗、验证和存储数据。当页面被蜘蛛解析后，将被发送到项目管道，并经过几个特定的次序处理数据。每个项目管道的组件都是由一个简单的方法组成的 Python 类。它们获取了项目管道并执行管道中的方法，同时还需要确定是在项目管道中继续执行还是直接丢掉不处理。

项目管道通常执行的过程是：

（1）清洗 HTML 数据。

（2）验证解析到的数据（检查项目是否包含必要的字段）。

（3）检查是否是重复数据（如果重复就删除）。

（4）将解析到的数据存储到数据库中。

6. Downloader Middlewares（下载器中间件）

下载器中间件是位于 Scrapy 引擎和下载器之间的钩子框架，主要处理 Scrapy 引擎与下载器之间的请求及响应。它提供了一个自定义代码的方式来拓展 Scrapy 的功能。它是轻量级的，对 Scrapy 尽享全局控制的底层的系统。

7. Spider Middlewares（蜘蛛中间件）

蜘蛛中间件是介于 Scrapy 引擎和蜘蛛之间的钩子框架，主要工作是处理蜘蛛的响应输入和请求输出。它提供一个自定义代码的方式来拓展 Scrapy 的功能。蜘蛛中间件是一个挂接到 Scrapy 的蜘蛛处理机制的框架，可以插入自定义的代码来处理发送给蜘蛛的请求，以及返回蜘蛛获取的响应内容和项目。

8. Scheduler Middlewares（调度中间件）

为了进一步提高蜘蛛性能，有的蜘蛛在 Scrapy 引擎和调度中间件之间还可以加上调度中间件，主要工作是处理从 Scrapy 引擎发送到调度的请求和响应。它提供了一个自定义的代码来拓展 Scrapy 的功能。

总之，Scrapy 就是基于上述这些组件工作的，而 Scrapy 的整个数据处理流程由 Scrapy 引擎进行控制，其主要的运行过程为：

（1）引擎打开一个域名，此时蜘蛛处理这个域名，并让蜘蛛获取第一个爬取的 URL。

（2）引擎从蜘蛛那里获取第一个需要爬取的 URL，然后作为请求在调度中进行调度。

（3）引擎从调度那获取接下来进行爬取的页面。

（4）调度将下一个爬取的 URL 返回给引擎，引擎将它们通过下载中间件发送到下载器中。

（5）当网页被下载器下载完成以后，响应内容通过下载中间件被发送到引擎上。

（6）引擎收到下载器的响应并将它通过蜘蛛中间件发送给蜘蛛进行处理。

（7）蜘蛛处理响应并返回爬取到的项目，然后给引擎发送新的请求。

（8）引擎将抓取到的项目发送给项目管道，并向调度发送请求。

（9）系统重复第（2）步后面的操作，直到调度中没有请求，然后断开引擎与域之间的联系。

2.9.2　XPath 介绍

Xpath 是一种用来确定 XML（标准通用标记语言的子集）文档中某部分位置的语言。XPath 基于 XML 的树状结构，提供在数据结构树中找寻节点的能力。XPath 提出的初衷是将其作为一个通用的、介于 XPointer 与 XSLT 间的语法模型，但是由于 XPath 用起来非常便捷，于是后来被开发者当作小型的查询语言来使用。

XPath 使用路径表达式来选取 XML 文档中的节点或者节点集。这些路径表达式和常规的计算机文件系统中看到的表达式非常相似。路径表达式是从一个 XML 节点（当前的上下文节点）到另一个节点或一组节点的书面步骤顺序。这些步骤以“/”字符分开，每一步有 3 个构成部分：

- 轴描述（用最直接的方式接近目标节点）；
- 节点测试（用于筛选节点位置和名称）；
- 节点描述（用于筛选节点的属性和子节点特征）。

一般情况下，使用简写后的语法。虽然完整的轴描述是一种更加贴近人类语言利用自然语言的单词和语法来书写的描述方式，但是相比之下也更加冗余。

利用 Xpath 爬取网页数据，一般有以下 4 步骤。

（1）导入模块：

```
import requests
from lxml import etree
```

（2）获取源代码：

```
html = requests.get
html = html.text                                   #转换为 text 格式
```

（3）利用 Xpath 提取感兴趣的内容

```
Selector = etree.HTML(html)                        #转换为能用 XPath 的文本形式
content = Selector.Xpath('一段符号')
```

（4）显示数据。

2.10 网络爬虫的设计与实现

本节将通过 Python 爬虫技术来实现一个网站票务信息的爬取任务实例。

2.10.1 网络爬虫的总体设计

根据本例网络爬虫的概要设计，本例的网络爬虫是一个自动提取网页的程序，根据设定的主题判断其是否与主题相关，再根据配置文件中的页面配置继续访问其他的网页，并将其下载下来，直到满足用户的需求。步骤如下：

（1）设计基于多线程的网络爬虫的基本配置。

（2）通过 HTTP 将自动构造的 URL 中的网页代码提取出来。

（3）提取出所需要的信息并且将其存储在数据库中。

（4）通过 URL 构造算法自动构造下一个 URL，再通过递归算法实现下一 URL 的访问，重复以上步骤。

总地来说，爬虫程序根据配置获得初始 URL 种子，把初始种子保存在临界区中，按照构造 URL 算法自动构造 URL，然后再返回到临界区中，判断是否继续，从而使整个爬虫程序循环运行下去。

2.10.2 具体实现过程

第 1 步需要编写的是 Spider（蜘蛛），这是用户自定义用来解析网页并抓取指定 URL 返回内容的类，每个蜘蛛都能处理一个域名或一组域名。换句话说，就是用来定义特定网站的抓取和解析规则。这一步的具体操作如下所述。

（1）获取第一个 URL 的初始请求，当请求返回后调取一个回调函数。

```
start_urls = ['http://www.chinaticket.com/']
```

（2）获取其他票务网站的网址，用来爬取数据。

```
urls = {
    'yanchanghui':"http://www.chinaticket.com/wenyi/yanchanghui/",
    'huaju':"http://www.chinaticket.com/wenyi/huaju/",
    'yinlehui':"http://www.chinaticket.com/wenyi/yinlehui/",
    'yinleju':"http://www.chinaticket.com/wenyi/yinleju/",
    'xiqu':"http://www.chinaticket.com/wenyi/xiqu/",
    'baleiwu':"http://www.chinaticket.com/wenyi/baleiwu/",
    'qinzijiating':"http://www.chinaticket.com/wenyi/qinzijiating/",
    'zaji':"http://www.chinaticket.com/wenyi/zaji/",
    'xiangshengxiaopin':"http://www.chinaticket.com/wenyi/xiangsheng
    xiaopin/",
```

```
        'zongyijiemu':"http://www.chinaticket.com/wenyi/zongyijiemu/",
        'zuqiu':"http://www.chinaticket.com/tiyu/zuqiu/",
        'gaoerfuqiu':"http://www.chinaticket.com/tiyu/gaoerfuqiu/",
        'Cbalanqiu':"http://www.chinaticket.com/tiyu/Cbalanqiu/",
        'saiche':"http://www.chinaticket.com/tiyu/saiche/",
        'quanji':"http://www.chinaticket.com/tiyu/quanji/",
        'dianyingpiao':"http://www.chinaticket.com/qita/dianyingpiao/",
        'jingdianmenpiao':"http://www.chinaticket.com/qita/jingdianmenpiao/",
        'zhanlan':"http://www.chinaticket.com/qita/zhanlan/",
        'yundongxiuxian':"http://www.chinaticket.com/qita/yundongxiuxian/",
        'lipinquan':"http://www.chinaticket.com/qita/lipinquan/",
        'huiyi':"http://www.chinaticket.com/qita/huiyi/",
    }
```

（3）编写页面请求函数，用于查看指定网页中的信息和内容。

```
def start_requests(self):
    try:
        for key,value in self.urls.items():                    #请求页面的循环
            yield Request(value.encode('utf-8'),meta= {"type":key.encode
            ('utf-8')}, callback = self.parse)
        except Exception as err:                               #没有则报错
            print (err)                                        #会输出错误
```

（4）编写获取下一页面信息的函数，用于遍历所有页面。

```
def get_next_url(self):
    try:                                                       #遍历所有页面
        pass
    except Exception as  err:                                  #没有则报错
        print (err)                                            #会输出错误
```

（5）编写票务网站页面解析函数，用于获取各种票务信息内容（价格、时间和地点等）。

```
def parse(self, response):
    try:
        item = TicketCrawlerItem()
        meta = response.meta
        result = response.text.encode("utf-8")                 #编码格式为 UTF-8
        if result == '' or result == 'None':                   #页面结果为空
            print ("Can't get the sourceCode ")                #报告没有信息
            sys.exit()
        tree = etree.HTML(result)                              #存放结果
        data = []
          #演出条数
        page = tree.xpath("//*[@class='s_num']/text()")[1].replace("\n","").
        replace("",""). encode("utf-8")
          #页数
        calculateNum = calculatePageNumber()
        pageNUM = calculateNum.calculate_page_number(page)
        count = (pageNUM/10)+1
        listDoms = tree.xpath("//*[@class='s_ticket_list']//ul")
        if(listDoms):
            for itemDom in listDoms:                           #循环遍历
            # #数据存放
```

```
            item['type'] = meta['type'].encode("utf-8")
            try:
                titleDom = itemDom.xpath("li[@class='ticket_list_tu
                fl']/a/text()")
                if(titleDom[0]):                        #检查标题情况
                item['name'] = titleDom[0].encode("utf-8")
            except Exception as err:                    #没有则报错
                print (err)                             #会输出错误
            try:
                urlDom = itemDom.xpath("li[@class='ticket_list_tu
                fl']/a/@href")
            if(urlDom[0]):                              #检查票务信息
                item['url'] = urlDom[0].encode("utf-8")
            except Exception as err:                    #没有则报错
                print (err)                             #会输出错误
            try:
            timeDom = itemDom.xpath("li[@class='ticket_list_tu fl']/
            span[1]/text()")
            if(timeDom[0]):                             #检查时间信息
                item['time'] = timeDom[0].encode("utf-8").replace
             ('时间:','')
            except Exception as err:                    #没有则报错
                print (err)                             #会输出错误
            try:
            addressDom = itemDom.xpath("li[@class='ticket_list_tu fl']/
            span[2] /text()")
            if(addressDom[0]):                          #检查地点信息
                item['address'] = addressDom[0].encode("utf-8").
                replace('地点:','')
            except Exception as err:                    #没有则报错
                print (err)                             #会输出错误
            try:
                priceDom = itemDom.xpath("li[@class='ticket_list_tu
                fl']/span[3] / text()")
            if(priceDom[0]):                            #检查票价信息
                item['price'] = priceDom[0].encode("utf-8").replace
                ('票价:','')
            except Exception as err:                    #没有则报错
                 print (err)                            #会输出错误
            yield item
    for i in range(2,count+1):          #循环操作，用于不断获取下一票务页面的信息
        next_page = "http://www.chinaticket.com/wenyi/" + str(meta
        ['type'])+ "/?o = 2&page = "+str(i)
        if next_page is not None:               #检查是否还有未爬取的页面
            yield scrapy.Request(next_page, meta={"type":meta['type']},
        callback=self.parse)
  except Exception as err:                              #没有则报错
    print (err)                                         #会输出错误
```

第 2 步是编写 settings，即爬虫设置，包括爬虫项目的名称，爬虫模块说明及 MySQL 数据库的配置信息。

```
BOT_NAME = 'ticketCrawler'                                          # 项目名称
#爬虫模块说明，引擎根据这个信息找到爬虫
SPIDER_MODULES = ['ticketCrawler.spiders']
NEWSPIDER_MODULE = 'ticketCrawler.spiders'
#是否遵守 robots 协议，默认是遵守的，可以改成 False
ROBOTSTXT_OBEY = False
SPIDER_MIDDLEWARES = {
   'ticketCrawler.middlewares.TicketcrawlerSpiderMiddleware': 543,}
#将发返回的 items 写入数据库和文件等持久化模块中
ITEM_PIPELINES = {
   'ticketCrawler.pipelines.TicketcrawlerPipeline': 300,}
#MySQL 数据库的配置信息
MYSQL_HOST = 'localhost'
MYSQL_DBNAME = 'ticketCrawler'                                        #数据库名称
MYSQL_USER = 'root'                                                   #数据库账号
MYSQL_PASSWORD = 'xxxxxx'                                             #数据库密码
MYSQL_CHARSET = 'utf-8'                                               #编码格式 UTF-8
```

第 3 步是编写 items，item 类中提供了容器来收集这些爬取的数据并定义这些数据的存储格式。

```
import scrapy
class TicketCrawlerItem(scrapy.Item):                                 #在此处定义项目的字段
    #名称
    name = scrapy.Field()
    #时间
    time = scrapy.Field()
    #地点
    address = scrapy.Field()
    #价格
    price = scrapy.Field()
    #演出类型
    type = scrapy.Field()
    #链接
    url = scrapy.Field()
    #内容简介
    introduction = scrapy.Field()
```

第 4 步是编写 pipelines，用于数据处理行为，如一般结构化的数据持久化。

```
#导入相应的库
import pymysql
from scrapy import log
import settings
from items import TicketCrawlerItem
from sqlalchemy import create_engine,Table,Column
from sqlalchemy import Integer,String,MetaData,VARCHAR,DATETIME,TEXT
#票概要信息
class TicketcrawlerPipeline(object):
   def __init__(self):
       try:
          # 数据库连接
```

```
            self.connect = pymysql.connect(
                host=settings.MYSQL_HOST,
                db = settings.MYSQL_DBNAME,
                user = settings.MYSQL_USER,
                passwd = settings.MYSQL_PASSWORD,
                charset = settings.MYSQL_CHARSET,
            )
            #游标
            self.cursor = self.connect.cursor()
        except Exception as err:
            print err
    #处理数据
    def process_item(self, item, spider):
        if item.__class__==TicketCrawlerItem:
            try:
                #创建数据表，若表存在则忽略
                self.createTable()
                #插入 SQL 语句
                sqlInsert = "INSERT INTO ticketCrawler.tickets(name,price,
                time,address,type,url)values(%s,%s,%s,%s,%s,%s)"
                self.insertIntoTable(item['url'],sqlInsert,item)
            except Exception as err:
                print err
        return item
    #创建表
    def createTable(self):
        try:
            #创建连接
            engine = create_engine("mysql+mysqldb://root:xxxxxx@127.0.0.1:
            3306/ticketCrawler?charset=utf8", max_overflow=10000)
            #获取元数据
            metadata = MetaData()
            #定义表，包括各种票务信息
            tickets = Table('tickets',metadata,
                        Column('id',Integer,primary_key=True),
                        Column('name',VARCHAR(256)),
                        Column('price',VARCHAR(256)),
                        Column('time',VARCHAR(256)),
                        Column('address',VARCHAR(256)),
                        Column('type',VARCHAR(256)),
                        Column('url',VARCHAR(256)),
                        Column('introduction',TEXT),
                        Column('last_update_time',DATETIME))
            metadata.create_all(engine)
        except Exception as err:
            print err
    #插入数据表
    def insertIntoTable(self,url,sql,item):
        try:
            engine = create_engine("mysql+mysqldb://root:xxxxx@127.0.0.1:
            3306/ticketCrawler?charset=utf8",max_overflow=10000)
```

```
            #插入去重判断
            selectSql = "SELECT COUNT(*) FROM tickets WHERE url = '%s'" % url
            result = engine.execute(selectSql)
            count_exist = result.fetchall()
            if count_exist[0][0]>=1:
               print ("数据表中已有数据")
            else:
engine.execute(sql, (item['name'],item['price'],item ['time'],item
['address'], item['type'],item['url']))
        except Exception as err:
            print(err)                                      #报错
    #更新数据表
    def updateTable(self):
        try:
            pass
        except Exception as err:
            print (err)                                     #报错
```

最后一步，运行爬虫程序即可。

2.10.3　爬虫结果与分析

在系统下运行代码，具体实现过程如图 2-16 到图 2-19 所示。

代码运行完成后，可直接获取网页票务信息，如图 2-20 和图 2-21 所示。

```
Darkos-MacBook-Pro:ticketSpider-master Darko$ ls
README.md          out.csv          scrapy.cfg          tickets.json          tickets.xml
main.py            out.txt          ticketCrawler       tickets.txt           tickets_20180604.csv
Darkos-MacBook-Pro:ticketSpider-master Darko$ scrapy crawl ticketCrawler
-bash: scrapy: command not found
Darkos-MacBook-Pro:ticketSpider-master Darko$ source ~/Spider/bin/activate
(Spider) Darkos-MacBook-Pro:ticketSpider-master Darko$ scrapy crawl ticketCrawler
2018-06-04 02:58:40 [scrapy.utils.log] INFO: Scrapy 1.5.0 started (bot: ticketCrawler)
2018-06-04 02:58:40 [scrapy.utils.log] INFO: Versions: lxml 4.2.1.0, libxml2 2.9.8, cssselect 1.0.3, parsel 1.4.0, w3lib 1.19.0, Twisted 18.4
.0, Python 2.7.10 (default, Oct  6 2017, 22:29:07) - [GCC 4.2.1 Compatible Apple LLVM 9.0.0 (clang-900.0.31)], pyOpenSSL 18.0.0 (OpenSSL 1.1.
0h  27 Mar 2018), cryptography 2.2.2, Platform Darwin-17.5.0-x86_64-i386-64bit
2018-06-04 02:58:40 [scrapy.crawler] INFO: Overridden settings: {'NEWSPIDER_MODULE': 'ticketCrawler.spiders', 'SPIDER_MODULES': ['ticketCrawl
er.spiders'], 'BOT_NAME': 'ticketCrawler'}
2018-06-04 02:58:40 [scrapy.middleware] INFO: Enabled extensions:
['scrapy.extensions.memusage.MemoryUsage',
 'scrapy.extensions.logstats.LogStats',
 'scrapy.extensions.telnet.TelnetConsole',
 'scrapy.extensions.corestats.CoreStats']
2018-06-04 02:58:40 [scrapy.middleware] INFO: Enabled downloader middlewares:
['scrapy.downloadermiddlewares.httpauth.HttpAuthMiddleware',
 'scrapy.downloadermiddlewares.downloadtimeout.DownloadTimeoutMiddleware',
 'scrapy.downloadermiddlewares.defaultheaders.DefaultHeadersMiddleware',
 'scrapy.downloadermiddlewares.useragent.UserAgentMiddleware',
 'scrapy.downloadermiddlewares.retry.RetryMiddleware',
 'scrapy.downloadermiddlewares.redirect.MetaRefreshMiddleware',
 'scrapy.downloadermiddlewares.httpcompression.HttpCompressionMiddleware',
 'scrapy.downloadermiddlewares.redirect.RedirectMiddleware',
 'scrapy.downloadermiddlewares.cookies.CookiesMiddleware',
 'scrapy.downloadermiddlewares.httpproxy.HttpProxyMiddleware',
 'scrapy.downloadermiddlewares.stats.DownloaderStats']
2018-06-04 02:58:40 [scrapy.middleware] INFO: Enabled spider middlewares:
['scrapy.spidermiddlewares.httperror.HttpErrorMiddleware',
 'scrapy.spidermiddlewares.offsite.OffsiteMiddleware',
 'ticketCrawler.middlewares.TicketcrawlerSpiderMiddleware',
 'scrapy.spidermiddlewares.referer.RefererMiddleware',
 'scrapy.spidermiddlewares.urllength.UrlLengthMiddleware',
 'scrapy.spidermiddlewares.depth.DepthMiddleware']
2018-06-04 02:58:40 [py.warnings] WARNING: /Users/darko/Downloads/ticketSpider-master/ticketCrawler/pipelines.py:14: ScrapyDeprecationWarning
: Module `scrapy.log` has been deprecated, Scrapy now relies on the builtin Python library for logging. Read the updated logging entry in the
 documentation to learn more.
  from scrapy import log

'NoneType' object has no attribute 'encoding'
2018-06-04 02:58:40 [scrapy.middleware] INFO: Enabled item pipelines:
```

图 2-16　运行代码口令及过程 1

```
 'price': '\xe7\xa5\xa8\xe4\xbb\xb7\xef\xbc\x9a80.00 - 580.00',
 'time': '\xe6\x97\xb6\xe9\x97\xb4\xef\xbc\x9a2018.08.03 - 2018.08.12',
 'type': 'yinleju',
 'url': 'http://www.chinaticket.com/view/36499.html'}
数据表中已有数据
2018-06-04 02:59:53 [scrapy.core.scraper] DEBUG: Scraped from <200 http://www.chinaticket.com/wenyi/yinleju/?o=2&page=2>
{'address': '\xe5\x9c\xb0\xe7\x82\xb9\xef\xbc\x9a\xe5\x8c\x97\xe4\xba\xac',
 'name': '\xe5\xbc\x80\xe5\xbf\x83\xe9\xba\xbb\xe8\x8a\xb1x\xe5\xba\xbe\xe6\xbe\x84\xe5\xba\x86 2018\xe7\x88\x86\xe7\xac\x91\xe9\x9f\xb3\xe4\
xb9\x90\xe5\x96\x9c\xe5\x89\xa7\xe3\x80\x8a\xe8\xa5\xbf\xe5\x93\x88\xe6\xb8\xb8\xe8\xae\xb0\xe3\x80\x8b ',
 'price': '\xe7\xa5\xa8\xe4\xbb\xb7\xef\xbc\x9a80.00 - 1088.00',
 'time': '\xe6\x97\xb6\xe9\x97\xb4\xef\xbc\x9a2018.07.18 - 2018.07.31',
 'type': 'yinleju',
 'url': 'http://www.chinaticket.com/view/37180.html'}
2018-06-04 02:59:53 [scrapy.core.engine] INFO: Closing spider (finished)
2018-06-04 02:59:53 [scrapy.statscollectors] INFO: Dumping Scrapy stats:
{'downloader/request_bytes': 44406,
 'downloader/request_count': 135,
 'downloader/request_method_count/GET': 135,
 'downloader/response_bytes': 1165973,
 'downloader/response_count': 135,
 'downloader/response_status_count/200': 118,
 'downloader/response_status_count/404': 17,
 'dupefilter/filtered': 2083,
 'finish_reason': 'finished',
 'finish_time': datetime.datetime(2018, 6, 3, 18, 59, 53, 158178),
 'httperror/response_ignored_count': 17,
 'httperror/response_ignored_status_count/404': 17,
 'item_scraped_count': 1098,
 'log_count/DEBUG': 1235,
 'log_count/INFO': 26,
 'log_count/WARNING': 1,
 'memusage/max': 128045056,
 'memusage/startup': 53936128,
 'request_depth_max': 2,
 'response_received_count': 135,
 'scheduler/dequeued': 135,
 'scheduler/dequeued/memory': 135,
 'scheduler/enqueued': 135,
 'scheduler/enqueued/memory': 135,
 'start_time': datetime.datetime(2018, 6, 3, 18, 58, 40, 552784)}
2018-06-04 02:59:53 [scrapy.core.engine] INFO: Spider closed (finished)
(Spider) Darkos-MacBook-Pro:ticketSpider-master Darko$ mysql
ERROR 1045 (28000): Access denied for user 'Darko'@'localhost' (using password: NO)
(Spider) Darkos-MacBook-Pro:ticketSpider-master Darko$
```

图 2-17　运行代码口令及过程 2

```
Copyright (c) 2000, 2018, Oracle and/or its affiliates. All rights reserved.

Oracle is a registered trademark of Oracle Corporation and/or its
affiliates. Other names may be trademarks of their respective
owners.

Type 'help;' or '\h' for help. Type '\c' to clear the current input statement.

mysql> show databases;
+--------------------+
| Database           |
+--------------------+
| information_schema |
| mysql              |
| performance_schema |
| sys                |
| ticketcrawler      |
+--------------------+
5 rows in set (0.01 sec)

mysql> use ticketcrawler;
Reading table information for completion of table and column names
You can turn off this feature to get a quicker startup with -A

Database changed
mysql> show tables;
+-------------------------+
| Tables_in_ticketcrawler |
+-------------------------+
| tickets                 |
+-------------------------+
1 row in set (0.00 sec)

mysql>
```

图 2-18　运行代码口令及过程 3

```
mysql> use ticketcrawler;
Reading table information for completion of table and column names
You can turn off this feature to get a quicker startup with -A

Database changed
mysql> show tables;
+------------------------+
| Tables_in_ticketcrawler |
+------------------------+
| tickets                |
+------------------------+
1 row in set (0.00 sec)

mysql> desc tickets;
+------------------+--------------+------+-----+---------+----------------+
| Field            | Type         | Null | Key | Default | Extra          |
+------------------+--------------+------+-----+---------+----------------+
| id               | int(11)      | NO   | PRI | NULL    | auto_increment |
| name             | varchar(256) | YES  |     | NULL    |                |
| price            | varchar(256) | YES  |     | NULL    |                |
| time             | varchar(256) | YES  |     | NULL    |                |
| address          | varchar(256) | YES  |     | NULL    |                |
| type             | varchar(256) | YES  |     | NULL    |                |
| url              | varchar(256) | YES  |     | NULL    |                |
| introduction     | text         | YES  |     | NULL    |                |
| last_update_time | datetime     | YES  |     | NULL    |                |
+------------------+--------------+------+-----+---------+----------------+
9 rows in set (0.00 sec)

mysql> 
```

图 2-19　运行代码口令及过程 4

```
  1    CEC中国耐力锦标赛    票价：128.00    时间：2018.06.09 - 2018.06.10   地点：上海   saiche  http://w
    ww.chinaticket.com/view/36949.html  \N  \N
  2 2   第二届中国投资并购峰会  票价：5440.00   时间：2015.04.18-19 通票     地点：上海   huiyi   http://w
    ww.chinaticket.com/view/20645.html  \N  \N
  3 3   《精彩上海旅游联票》    票价：198.00 - 298.00   时间：2016.07.01 - 2017.08.30   地点：上海  jing
    dianmenpiao http://www.chinaticket.com/view/27360.html  \N  \N
  4 4   《勇士的荣耀》  票价：380.00 - 1680.00  时间：2018.07.28    地点：上海   quanji  http://www.china
    ticket.com/view/37134.html  \N  \N
  5 5   超现实艺术大展《跨界大师•鬼才达利》    票价：70.00 - 100.00    时间：2015.11.5-2016.2.15   地点
    ：上海   yundongxiuxian  http://www.chinaticket.com/view/21764.html  \N  \N
  6 6   抉择虚拟现实体验馆  票价：150.00    时间：2016.5.31-2017.5.31 10：00-21:30  地点：北京  jingdian
    menpiao http://www.chinaticket.com/view/26474.html  \N  \N
  7 7   抉择惊悚体验馆      票价：150.00    时间：常年   地点：北京   yundongxiuxian  http://www.chinatick
    et.com/view/21704.html  \N  \N
  8 8   2018赛季北京中赫国安主场门票    票价：120.00 - 1200.00  时间：2018.06.09 - 2018.11.07   地点：北
    京   zuqiu   http://www.chinaticket.com/view/35311.html  \N  \N
  9 9   北京老舍茶馆    票价：180.00 - 1060.00  时间：2018.06.04 - 2018.06.30   地点：北京   xiqu    http
    ://www.chinaticket.com/view/9334.html   \N  \N
 10 10  舞剧《朱鹮》    票价：80.00 - 480.00    时间：2018.06.21 - 2018.06.28   地点：上海   baleiwu http
    ://www.chinaticket.com/view/34610.html  \N  \N
 11 11  中国儿童艺术剧院 益智趣味儿童剧《小卡车•变变变》    票价：100.00 - 150.00   时间：2018.07.07 - 2
    018.07.08   地点：北京   qinzijiating    http://www.chinaticket.com/view/13548.html  \N  \N
 12 12  2017北京海洋沙滩嘉年华  票价：60.00 - 140.00    时间：2017.07.01 - 2017.08.31   地点：北京   jing
    dianmenpiao http://www.chinaticket.com/view/32202.html  \N  \N
 13 13  蓝天城儿童素质训练基地  票价：160.00 - 320.00   时间：2016.03.01 - 2016.04.30 平日~ 2016.03.01 -
     2016.04.30  假日~2015.01.01-2.28 假日~2016.05.01 - 2016.05.31假日~2016.05.01 - 2016.05.31平日   地点
    ：北京   yundongxiuxian  http://www.chinaticket.com/view/15455.html  \N  \N
 14 14  2018中国足球协会超级联赛 北京人和主场赛事    票价：588.00    时间：2018.03.01-11.30  地点：北京
    zuqiu   http://www.chinaticket.com/view/35426.html  \N  \N
@
"out.txt" 1068L, 207055C
```

图 2-20　票务信息

```
  1 "1","CEC中国耐力锦标赛  ","票价：128.00","时间：2018.06.09 - 2018.06.10","地点：上海","saiche","http:
    //www.chinaticket.com/view/36949.html",\N,\N
  2 "2","第二届中国投资并购峰会  ","票价：5440.00","时间：2015.04.18-19 通票","地点：上海","huiyi","http:
    //www.chinaticket.com/view/20645.html",\N,\N
  3 "3","《精彩上海旅游联票》  ","票价：198.00 - 298.00","时间：2016.07.01 - 2017.08.30","地点：上海","ji
    ngdianmenpiao","http://www.chinaticket.com/view/27360.html",\N,\N
  4 "4","《勇士的荣耀》  ","票价：380.00 - 1680.00","时间：2018.07.28","地点：上海","quanji","http://www.
    chinaticket.com/view/37134.html",\N,\N
  5 "5","超现实艺术大展《跨界大师•鬼才达利》  ","票价：70.00 - 100.00","时间：2015.11.5-2016.2.15","地点>
    ：上海","yundongxiuxian","http://www.chinaticket.com/view/21764.html",\N,\N
  6 "6","抉择虚拟现实体验馆  ","票价：150.00","时间：2016.5.31-2017.5.31 10：00-21:30","地点：北京","jing
    dianmenpiao","http://www.chinaticket.com/view/26474.html",\N,\N
  7 "7","抉择惊悚体验馆  ","票价：150.00","时间：常年","地点：北京","yundongxiuxian","http://www.chinati
    cket.com/view/21704.html",\N,\N
  8 "8","2018赛季北京中赫国安主场门票  ","票价：120.00 - 1200.00","时间：2018.06.09 - 2018.11.07","地点：
    北京","zuqiu","http://www.chinaticket.com/view/35311.html",\N,\N
  9 "9","北京老舍茶馆  ","票价：180.00 - 1060.00","时间：2018.06.04 - 2018.06.30","地点：北京","xiqu","ht
    tp://www.chinaticket.com/view/9334.html",\N,\N
 10 "10","舞剧《朱鹮》  ","票价：80.00 - 480.00","时间：2018.06.21 - 2018.06.28","地点：上海","baleiwu","
    http://www.chinaticket.com/view/34610.html",\N,\N
 11 "11","中国儿童艺术剧院 益智趣味儿童剧《小卡车•变变变》  ","票价：100.00 - 150.00","时间：2018.07.07 -
     2018.07.08","地点：北京","qinzijiating","http://www.chinaticket.com/view/13548.html",\N,\N
 12 "12","2017北京海洋沙滩嘉年华  ","票价：60.00 - 140.00","时间：2017.07.01 - 2017.08.31","地点：北京","
    jingdianmenpiao","http://www.chinaticket.com/view/32202.html",\N,\N
 13 "13","蓝天城儿童素质训练基地  ","票价：160.00 - 320.00","时间：2016.03.01 - 2016.04.30 平日~ 2016.03.
    01 - 2016.04.30  假日~2015.01.01-2.28 假日~2016.05.01 - 2016.05.31假日~2016.05.01 - 2016.05.31平日",
    "地点：北京","yundongxiuxian","http://www.chinaticket.com/view/15455.html",\N,\N
 14 "14","2018中国足球协会超级联赛 北京人和主场赛事  ","票价：588.00","时间：2018.03.01-11.30","地点：北>
    京","zuqiu","http://www.chinaticket.com/view/35426.html",\N,\N
@
"out.csv" [dos] 1068L, 223075C
```

图 2-21　票务信息

开启数据库查看爬取数据，总数据如图 2-22 和图 2-23 所示。

	name	price
1	CEC中国耐力锦标赛	票价：128.00
2	第二届中国投资并购峰会	票价：5440.00
3	《精彩上海旅游联票》	票价：198.00 - 298.00
4	《勇士的荣耀》	票价：380.00 - 1680.00
5	超现实艺术大展《跨界大师•鬼才达利》	票价：70.00 - 100.00
6	抉择虚拟现实体验馆	票价：150.00
7	抉择惊悚体验馆	票价：150.00
8	2018赛季北京中赫国安主场门票	票价：120.00 - 1200.00
9	北京老舍茶馆	票价：180.00 - 1060.00
10	舞剧《朱鹮》	票价：80.00 - 480.00
11	中国儿童艺术剧院 益智趣味儿童剧《小卡车•变变变》	票价：100.00 - 150.00
12	2017北京海洋沙滩嘉年华	票价：60.00 - 140.00
13	蓝天城儿童素质训练基地	票价：160.00 - 320.00
14	2018中国足球协会超级联赛 北京人和主场赛事	票价：588.00
15	正乙祠古戏楼版京剧《梅兰芳华》	票价：280.00 - 1080.00
16	芭蕾荟萃：上海芭蕾舞团芭蕾舞剧《天鹅湖》	票价：160.00 - 1200.00
17	国家体育馆全景科幻大型演出《远去的恐龙》	票价：190.00 - 330.00
18	2015南汇桃花节——2015上海自贸区桃花节特别通票	票价：50.00 - 135.00

图 2-22　数据库截图 1

time	address
时间：2018.06.09 - 2018.06.10	地点：上海
时间：2015.04.18-19 通票	地点：上海
时间：2016.07.01 - 2017.08.30	地点：上海
时间：2018.07.28	地点：上海
时间：2015.11.5-2016.2.15	地点：上海
时间：2016.5.31-2017.5.31 10：00—21:30	地点：北京
时间：常年	地点：北京
时间：2018.06.09 - 2018.11.07	地点：北京
时间：2018.06.04 - 2018.06.30	地点：北京
时间：2018.06.21 - 2018.06.28	地点：上海
时间：2018.07.07 - 2018.07.08	地点：北京
时间：2017.07.01 - 2017.08.31	地点：北京
时间：2016.03.01 - 2016.04.30 平日~ 2016.03.01 - 2016.04.30	地点：北京
时间：2018.03.01-11.30	地点：北京
时间：2018.06.06 - 2018.06.27	地点：北京
时间：2018.06.16 - 2018.06.18	地点：北京
时间：2018.06.04 - 2018.06.30	地点：北京
时间：2015.03.27-2015.04.25	地点：上海

图 2-23　数据库截图 2

2.11　本章小结

本章主要介绍了 Python 的开发环境、计算规则与变量，以及 Python 常用的数据类型，包括字符串、列表、元组和字典；介绍了如何用字符串来保存文字，以及如何用列表和元组来处理多个元素；介绍了如何改变列表中的元素，并且把一个列表和另一个列表连在一起，但是元组中的值是不能改变的；介绍了如何用字典来保存值，以及标识它们的键。此外，本章还介绍了爬虫的基本原理，其中重点介绍了 Scrapy 框架和 XPath 工具，并且以票务网为例，实现了网站票务信息的爬取。例子中从数据爬虫的基础知识引入，层层深入数据爬虫的应用，最后实现了数据爬取并关联数据库进行存储。

第3章 回 归 分 析

回归分析是一种应用极为广泛的数量分析方法。它用于分析事物之间的统计关系，侧重考察变量之间的数量变化规律，并通过回归方程的形式描述和反映这种关系，以帮助人们准确把握变量受其他一个或多个变量影响的程度，进而为预测提供科学依据。在大数据分析中，回归分析是一种预测性的建模技术，它研究的是因变量（目标）和自变量（预测器）之间的关系。这种技术通常用于预测分析、时间序列模型，以及发现变量之间的因果关系。

本章要点如下：

- 了解线性回归的基本概念；
- 掌握一元线性回归和多元线性回归；
- 实现基于线性回归的股票特征提取与预测；
- 了解逻辑回归的基本概念；
- 实现基于逻辑回归的环境数据检测。

3.1 回归分析概述

本节将介绍回归分析（regression analysis）的基本概念和步骤，以及可以解决的问题。它是一个统计预测模型，用以描述和评估因变量与一个或多个自变量之间的关系。

3.1.1 基本概念

回归分析是处理多变量间相关关系的一种数学方法。相关关系不同于函数关系，后者反映变量间的严格依存性，而前者则表现出一定程度的波动性或随机性，对自变量的每一个取值，因变量可以有多个数值与之相对应。在统计上，研究相关关系可以运用回归分析和相关分析（correlation analysis）。

当自变量为非随机变量而因变量为随机变量时，它们的关系分析称为回归分析；当两者都是随机变量时，它们的关系分析称为相关分析。回归分析和相关分析往往不加区分。广义上说，相关分析包括回归分析，但严格地说两者是有区别的。具有相关关系的两个变

量 ξ 和 η，它们之间虽存在着密切的关系，但不能由一个变量的数值精确地求出另一个变量的值。通常选定 $\xi=x$ 时 η 的数学期望作为对应 $\xi=x$ 时 η 的代表值，因为它反映 $\xi=x$ 条件下 η 取值的平均水平。这样的对应关系称为回归关系。根据回归分析可以建立变量间的数学表达式，称为回归方程。回归方程反映自变量在固定条件下因变量的平均状态变化情况。相关分析是以某一指标来度量回归方程所描述的各个变量间关系的密切程度。相关分析常用回归分析来补充，两者相辅相成。若通过相关分析显示出变量间关系非常密切，则通过所建立的回归方程可获得相当准确的取值。

3.1.2　可以解决的问题

通过回归分析，可以解决以下问题：

- 建立变量间的数学表达式，通常称为经验公式。
- 利用概率统计基础知识进行分析，从而判断所建立的经验公式的有效性。
- 进行因素分析，确定影响某一变量的若干变量（因素）中，何者为主要，何者为次要，以及它们之间的关系。

具有相关关系的变量之间虽然具有某种不确定性，但是通过对现象的不断观察可以探索出它们之间的统计规律，这类统计规律称为回归关系。有关回归关系的理论、计算和分析称为回归分析。

3.1.3　回归分析的步骤

首先确定要进行预测的因变量，然后集中于说明变量，进行多元回归分析。多元回归分析将给出因变量与说明变量之间的关系。这一关系最后以公式（模型）形式给出，通过它预测因变量的未来值。

回归分析可以分为线性回归分析和逻辑回归分析。

3.2　线性回归

简单而言，线性回归就是将输入项分别乘以一些常量，再将结果加起来得到输出。线性回归包括一元线性回归和多元线性回归。

3.2.1　简单线性回归分析

线性回归分析中，如果仅有一个自变量与一个因变量，且其关系大致上可用一条直线表示，则称之为简单线性回归分析。

如果发现因变量 Y 和自变量 X 之间存在高度的正相关，则可以确定一条直线方程，使得所有的数据点尽可能接近这条拟合的直线。简单线性回归分析的模型可以用以下方程表示：

$$Y = a + bx \tag{3-1}$$

其中，Y 为因变量，a 为截距，b 为相关系数，x 为自变量。

3.2.2 多元线性回归分析

多元线性回归分析是简单线性回归分析的推广，指的是多个因变量对多个自变量的回归分析。其中最常用的是只限于一个因变量但有多个自变量的情况，也叫多重回归分析。多重回归分析的一般形式如下：

$$Y = a + b_1X_1 + b_2X_2 + b_3X_3 + \cdots + b_kX_k \tag{3-2}$$

其中，a 代表截距，b_1，b_2，$b_3 \cdots b_k$ 为回归系数。

3.2.3 非线性回归数据分析

对于线性回归问题，样本点落在空间中的一条直线上或该直线的附近，因此可以使用一个线性函数表示自变量和因变量间的对应关系。然而在一些应用中，变量间的关系呈曲线形式，因此无法用线性函数表示自变量和因变量间的对应关系，而需要使用非线性函数表示。

数据挖掘中常用的一些非线性回归模型列出如下：

渐进回归模型：

$$Y = a + b\mathrm{e}^{-rX} \tag{3-3}$$

二次曲线模型：

$$Y = a + b_1X + b_2X^2 \tag{3-4}$$

双曲线模型：

$$Y = a + \frac{b}{X} \tag{3-5}$$

由于许多非线性模型是等价的，所以模型的参数化不是唯一的，这使得非线性模型的拟合和解释相比线性模型复杂得多。在非线性回归分析中估算回归参数的最通用的方法依然是最小二乘法。

回归分析作为数据挖掘中的统计方法之一，在科研、商业方面都有广泛的应用；通过这种方法可以确定许多领域中各个因素（数据）之间的关系，从而可以通过其进行预测、分析数据。

3.3　用 Python 实现一元线性回归

一个简单的线性回归的例子就是房子价值预测问题。一般来说，房子越大，房屋的价值越高。于是可以推断出，房子的价值是与房屋面积有关的，如图 3-1 所示，获取的数据集如表 3-1 所示。

图 3-1　通过房屋面积预测房子的价格

表 3-1　预测房屋面积数据集示例

编　　号	平 方 英 尺	价格（元/平方英尺）
1	150	6450
2	200	7450
3	250	8450
4	300	9450
5	350	11450
6	400	15450
7	600	18450

（1）在线性回归中，必须在数据中找出一种线性关系，以使我们可以得到 a 和 b。假设方程式如下：

$$y(X) = a + bX \tag{3-6}$$

其中：y（x）是关于特定平方英尺的价格值（要预测的值），意思是价格是平方英尺的线性函数。a 是一个常数；b 是回归系数。那么现在开始编程：

打开文本编辑器，并命名为 predict_house_price.py。在程序中要用到下面的包，将下面代码复制到 predict_house_price.py 文件中。

```
#需要的包
import matplotlib.pyplot as plt
```

```
import numpy as np
import pandas as pd
from sklearn import datasets, linear_model
```

运行代码，如果程序没有报错，步骤（1）完成。如果遇到了某些错误，则意味着丢失了一些包。这时需要安装这些包。

（2）把数据存储成一个 CSV 文件，命名为 input_data.csv，需要编写一个函数把数据转换为 *X* 值（平方英尺）、*Y* 值（价格）。这一步很简单，可以先用 Excel 来存储数据，记得写上列名。之后保存的时候另存为 CSV 格式即可。

```
01  # 读取数据函数
02  def get_data(file_name):
03   data = pd.read_csv(file_name)                  #读取 cvs 文件
04   X_parameter = []
05   Y_parameter = []
06   for single_square_feet ,single_price_value in zip(data['square_feet'],
     data['price']):
07       #遍历数据
08       X_parameter.append([float(single_square_feet)])
                                                    #存储在相应的 list 列表中
09       Y_parameter.append(float(single_price_value))
                                                    #存储在相应的 list 列表中
10   return X_parameter,Y_parameter
```

代码中，第 3 行将.csv 数据读入 Pandas 数据帧；第 6～10 行把 Pandas 数据帧转换为 X_parameter 和 Y_parameter 数据，并返回结果。所以把 X_parameter 和 Y_parameter 打印出来：

```
[[150.0], [200.0], [250.0], [300.0], [350.0], [400.0], [600.0]]
[6450.0, 7450.0, 8450.0, 9450.0, 11450.0, 15450.0, 18450.0]
```

（3）现在把 X_parameter 和 Y_parameter 拟合为线性回归模型。需要写一个函数，输入为 X_parameters、Y_parameter 和要预测的平方英尺值，返回 a、b 和预测出的价格值。这里使用的是 scikit-learn 机器学习算法包。该算法包是目前 Python 实现的机器算法包中最好用的一个。

```
01  #将数据拟合到线性模型
02  def linear_model_main(X_parameters,Y_parameters,predict_value):
03  #创建线性回归对象
04   regr = linear_model.LinearRegression()
05   regr.fit(X_parameters, Y_parameters)                      #训练模型
06   predict_outcome = regr.predict(predict_value)
07   predictions = {}
08   predictions['intercept'] = regr.intercept_
09   predictions['coefficient'] = regr.coef_
10   predictions['predicted_value'] = predict_outcome
11   return predictions
```

代码中，第 5 行和第 6 行中首先创建一个线性模型，用 X_parameters 和 Y_parameter 训练它；第 8～12 行中创建一个名称为 predictions 的字典，存着 a、b 和预测值，并返回 predictions 字典为输出。所以调用以下预测函数，得到预测的平方英尺值为 700。

```
X,Y = get_data('input_data.csv')
predictvalue = 700
result = linear_model_main(X,Y,predictvalue)
print ("Intercept value " , result['intercept'])
print ("coefficient" , result['coefficient'])
print ("Predicted value: ",result['predicted_value'])
```

脚本输出如下：

```
Intercept value 1771.80851064
coefficient [ 28.77659574]
Predicted value: [ 21915.42553191]
```

这里，Intercept value（截距值）就是 a 的值，coefficient value（系数）就是 b 的值。得到预测的价格值为 21915.4255——这意味着预测房子价格的工作做完了。为了验证，需要看看数据是否拟合线性回归，所以需要写一个函数，输入为 X_parameters 和 Y_parameters，显示数据拟合的直线。

```
# 显示线性拟合模型的结果
def show_linear_line(X_parameters,Y_parameters):
#创建线性回归对象
 regr = linear_model.LinearRegression()
 regr.fit(X_parameters, Y_parameters)
 plt.scatter(X_parameters,Y_parameters,color='blue')
 plt.plot(X_parameters,regr.predict(X_parameters),color='red',linewidth=4)
 plt.xticks(())
 plt.yticks(())
 plt.show()
```

那么调用 show_linear_line 函数：show_linear_line（X,Y），效果如图 3-2 所示。从图中可以看到直线基本可以拟合所有的数据点。

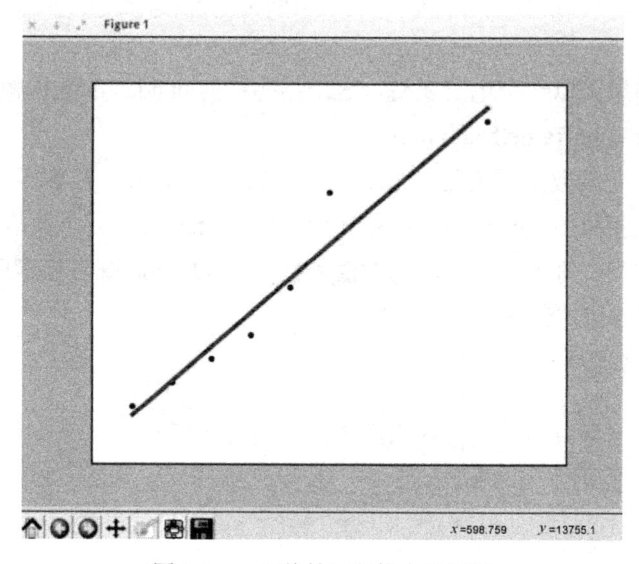

图 3-2　一元线性回归拟合效果图

3.4　用 Python 实现多元线性回归

当结果值的影响因素有多个时，可以采用多元线性回归模型。例如，商品的销售额可能与电视广告投入、收音机广告投入和报纸广告投入有关系，可以有：

$$Sales = \beta_0 + \beta_1 TV + \beta_2 Radio + \beta_3 Newspaper \tag{3-7}$$

3.4.1　使用 pandas 读取数据

pandas 是一个用于数据探索、数据分析和数据处理的 Python 库。

```
import pandas as pd
#获取数据
data = pd.read_csv('/home/lulei/Advertising.csv')
# 显示前 5 项数据
data.head()
```

这里的 Advertising.csv 是来自 http://www-bcf.usc.edu/~gareth/ISL/Advertising.csv，大家可以自行下载。

上面代码的运行结果如下：

```
TV      Radio      Newspaper    Sales
0       230.1       37.8        69.2        22.1
1       44.5        39.3        45.1        10.4
2       17.2        45.9        69.3        9.3
3       151.5       41.3        58.5        18.5
4       180.8       10.8        58.4        12.9
```

上面显示的结果类似一个电子表格，这个结构称为 pandas 的数据帧（data frame），类型全称是 pandas.core.frame.DataFrame。

pandas 的两个主要数据结构是 Series 和 DataFrame；Series 类似于一维数组，它由一组数据及一组与之相关的数据标签（即索引）组成；DataFrame 是一个表格型的数据结构，它含有一组有序的列，每列可以是不同的值类型。DataFrame 既有行索引也有列索引，它可以被看做由 Series 组成的字典。

```
# 显示最后 5 项数据
data.tail()
```

以上代码的作用是只显示结果的末尾 5 行，结果如下：

```
       TV     Radio    Newspaper    Sales
195    38.2    3.7       13.8        7.6
196    94.2    4.9       8.1         9.7
197    177.0   9.3       6.4         12.8
```

```
198    283.6    42.0     66.2        25.5
199    232.1    8.6      8.7         13.4
```

查看 DataFrame 的维度：

```
data.shape
```

注意第一列叫索引，和数据库某个表中的第一列类似。结果如下：

```
(200,4)
```

3.4.2 分析数据

分析数据的特征：

TV：在电视上投资的广告费用（以千万元为单位）；

Radio：在广播媒体上投资的广告费用；

Newspaper：用于报纸媒体的广告费用；

响应：连续的值；

Sales：对应产品的销量。

在这个案例中，通过不同的广告投入，预测产品销量。因为响应变量是一个连续的值，所以这个问题是一个回归问题。数据集一共有 200 个观测值，每一组观测对应一个市场的情况。

注意： 这里推荐使用的是 seaborn 包。这个包的数据可视化效果比较好。其实 seaborn 也属于 Matplotlib 的内部包，只是需要单独安装。

```
import seaborn as sns
import matplotlib.pyplot as plt
# 使用散点图可视化特征与响应之间的关系
sns.pairplot(data, x_vars=['TV','Radio','Newspaper'], y_vars='Sales',
size=7, aspect=0.8)
plt.show()                                  #注意必须加上这一句,否则无法显示
#这里选择 TV、Radio、Newspaper 作为特征,Sales 作为观测值
```

seaborn 的 pairplot 函数绘制 X 的每一维度和对应 Y 的散点图。通过设置 size 和 aspect 参数来调节显示的大小和比例。通过加入一个参数 kind='reg'，seaborn 可以添加一条最佳拟合直线和 95%的置信带。

```
sns.pairplot(data, x_vars=['TV','Radio','Newspaper'], y_vars='Sales',
size=7, aspect=0.8, kind='reg')
plt.show()
```

如图 3-3 是运行后的拟合效果图。从图中可以看出，TV 特征和销量是有比较强的线性关系的，而 Radio 和 Sales 线性关系弱一些，Newspaper 和 Sales 线性关系更弱。

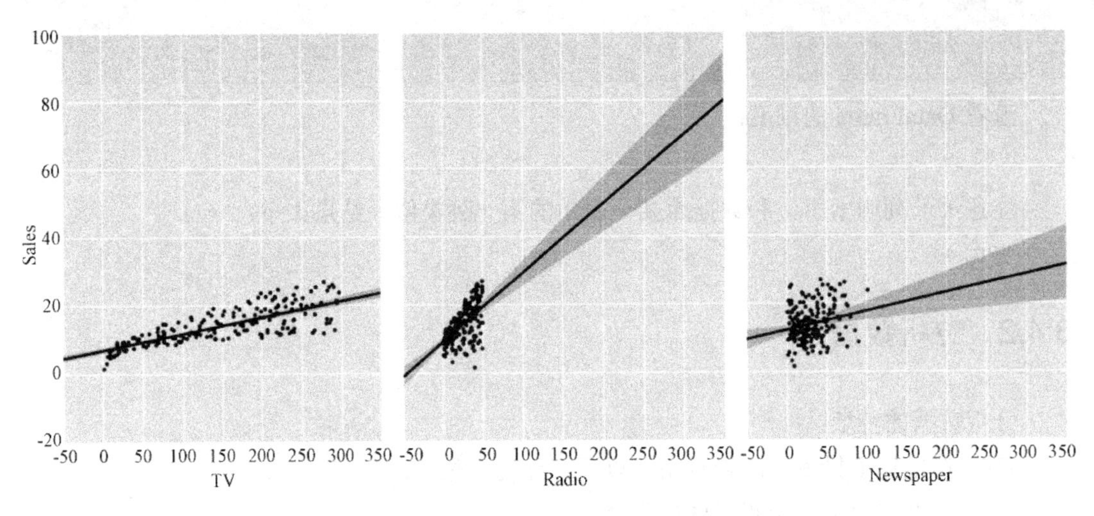

图 3-3　线性回归结果图

3.4.3　线性回归模型

线性回归模型具有如下优缺点。

- 优点：快速；没有调节参数；可轻易解释；可理解。
- 缺点：相比其他复杂一些的模型，其预测准确率不高，因为它假设特征和响应之间存在确定的线性关系，这种假设对于非线性的关系，线性回归模型显然不能很好地进行数据建模。

1．使用pandas构建*X*（特征向量）和*y*（标签列）

scikit-learn 要求 ***X*** 是一个特征矩阵，***y*** 是一个 NumPy 向量。pandas 构建在 NumPy 之上。因此，***X*** 可以是 pandas 的 DataFrame，***y*** 可以是 pandas 的 Series，scikit-learn 可以理解这种结构。

```
#创建特征列表
feature_cols = ['TV', 'Radio', 'Newspaper']
#使用列表选择原始 DataFrame 的子集
X = data[feature_cols]
X = data[['TV', 'Radio', 'Newspaper']]
# 输出前 5 项数据
print (X.head())
```

检查 X 类型及维度，代码如下：

```
print (type(X))
print (X.shape)
```

输出结果如下：

```
       TV      Radio    Newspaper
0    230.1     37.8       69.2
1    44.5      39.3      45.1
2    17.2      45.9      69.3
3    151.5     41.3      58.5
4    180.8     10.8      58.4
<class 'pandas.core.frame.DataFrame'>
(200, 3)
```

查看数据集中的数据，代码如下：

```
#从 DataFrame 中选择一个 Series
y = data['Sales']
y = data.Sales
#输出前 5 项数据
print (y.head())
```

输出的结果如下：

```
0    22.1
1    10.4
2     9.3
3    18.5
4    12.9
Name: Sales
```

2. 构建训练集与测试集

构建训练集和测试集，分别保存在 X_train、y_train、Xtest 和 y_test 中。

```
<pre name="code" class="python"><span style="font-size:14px;">##构造训练
集和测试集
from sklearn.cross_validation import train_test_split  #这里是引用交叉验证
X_train,X_test, y_train, y_test = train_test_split(X, y, random_state=1)
# 75%用于训练,25% 用于测试
print (X_train.shape)
print (y_train.shape)
print (X_test.shape)
print (y_test.shape)
```

查看构建的训练集和测试集，输出结果如下：

```
(150,3)
(150,)
(50,3)
(50,)
```

3. sklearn的线性回归

使用 sklearn 做线性回归，首先导入相关的线性回归模型，然后做线性回归模拟。

```
from sklearn.linear_model import LinearRegression
linreg = LinearRegression()
model=linreg.fit(X_train, y_train)                          #线性回归
```

```
print (model)
print (linreg.intercept_)                #输出结果
print (linreg.coef_)
```

输出的结果如下：

```
LinearRegression(copy_X=True, fit_intercept=True, normalize=False)
2.66816623043
[ 0.04641001  0.19272538 -0.00349015]
```

输出变量的回归系数：

```
# 将特征名称与系数对应
zip(feature_cols, linreg.coef_)
```

输出如下：

```
[('TV', 0.046410010869663267),
 ('Radio', 0.19272538367491721),
 ('Newspaper', -0.0034901506098328305)]
```

线性回归的结果如下：

$$y=2.668+0.0464\times TV+0.192\times Radio-0.00349\times Newspaper \tag{3-8}$$

如何解释各个特征对应的系数的意义呢？

对于给定了 *Radio* 和 *Newspaper* 的广告投入，如果在 *TV* 广告上每多投入 1 个单位，对应销量将增加 0.0466 个单位。也就是其他两个媒体的广告投入固定，在 *TV* 广告上每增加 1000 美元（因为单位是 1000 美元），销量将增加 46.6（因为单位是 1000）。但是大家注意，这里的 Newspaper 的系数是负数，所以可以考虑不使用 Newspaper 这个特征。

4．预测

通过线性模拟求出回归模型之后，可通过模型预测数据，通过 predict 函数即可求出预测结果。

```
y_pred = linreg.predict(X_test)
print (y_pred)
print (type(y_pred))
```

输出结果如下：

```
[ 14.58678373   7.92397999  16.9497993   19.35791038   7.36360284
  7.35359269  16.08342325  9.16533046   20.35507374  12.63160058
  22.83356472  9.66291461   4.18055603   13.70368584  11.4533557
  4.16940565   10.31271413  23.06786868  17.80464565  14.53070132
  15.19656684  14.22969609  7.54691167   13.47210324  15.00625898
  19.28532444  20.7319878   19.70408833  18.21640853  8.50112687
  9.8493781    9.51425763   9.73270043   18.13782015  15.41731544
  5.07416787   12.20575251  14.05507493  10.6699926   7.16006245
```

```
 11.80728836  24.79748121  10.40809168  24.05228404  18.44737314
 20.80572631  9.45424805   17.00481708  5.78634105   5.10594849]
<type 'numpy.ndarray'>
```

5. 评价测度

对于分类问题，评价测度是准确率，但其不适用于回归问题，因此使用针对连续数值的评价测度（evaluation metrics）。

这里介绍 3 种常用的针对线性回归的评价测度。

- 平均绝对误差（Mean Absolute Error，MAE）；
- 均方误差（Mean Squared Error，MSE）；
- 均方根误差（Root Mean Squared Error，RMSE）。

这里使用 RMES 进行评价测度。

```
#计算 Sales 预测的 RMSE
print (type(y_pred),type(y_test))
print (len(y_pred),len(y_test))
print (y_pred.shape,y_test.shape)
from sklearn import metrics
import numpy as np
sum_mean=0
for i in range(len(y_pred)):
   sum_mean+=(y_pred[i]-y_test.values[i])**2
sum_erro=np.sqrt(sum_mean/50)
# 计算 RMSE 的大小
print ("RMSE by hand:",sum_erro)
```

最后的结果如下：

```
<type 'numpy.ndarray'><class 'pandas.core.series.Series'>
50 50
(50,) (50,)
RMSE by hand: 1.42998147691
```

接下来绘制 ROC 曲线，代码如下：

```
import matplotlib.pyplot as plt
plt.figure()
plt.plot(range(len(y_pred)),y_pred,'b',label="predict")
plt.plot(range(len(y_pred)),y_test,'r',label="test")
plt.legend(loc="upper right")                          #显示图中的标签
plt.xlabel("the number of sales")                      #横坐标轴
plt.ylabel('value of sales')                           #纵坐标轴
plt.show()#显示结果
```

运行程序，显示结果如图 3-4 所示（上面的曲线是真实值曲线，下面的曲线是预测值曲线）。

至此，整个一次多元线性回归的预测就结束了。

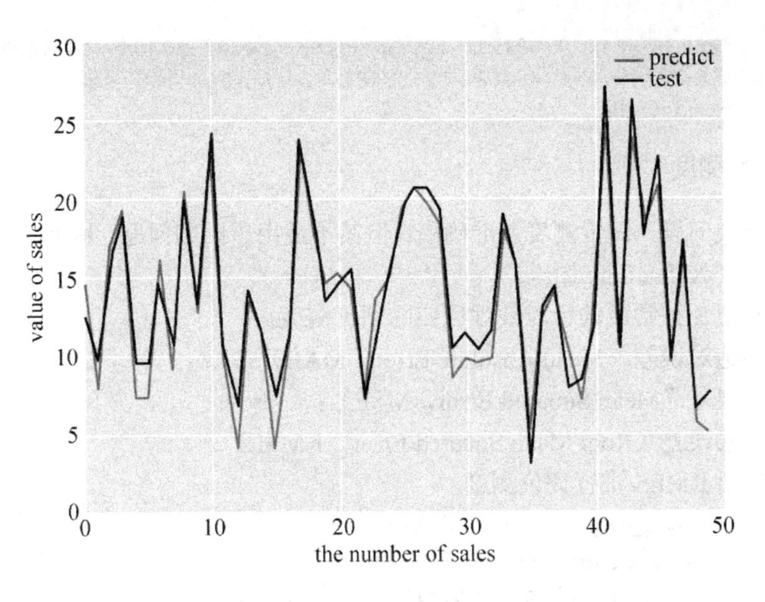

图 3-4 模拟效果比对图

3.5 基于线性回归的股票预测

线性回归预测算法一般用以解决“使用已知样本对未知公式参数的估计”类问题。线性回归在整个财务中广泛应用于众多应用程序中。本节将介绍如何使用线性回归进行股票特征的提取与预测。

3.5.1 数据获取

本节使用的股票数据从大型数据网站 www.quandl.com 获取，股票数据特征包括：开盘价（Open）、最高价（High）、最低价（Low）、收盘价（Close）、交易额（Volume）及调整后的开盘价（Adj.Open）、最高价（Adj.High）、最低价（Adj.Low）、收盘价（Adj.Close）和交易额（Adj.Volume）。获取到的原始数据如图 3-5 所示。

```
             Open   High    Low  Close     Volume  Ex-Dividend  Split Ratio  \
Date
1980-12-12  28.75  28.87  28.75  28.75  2093900.0          0.0          1.0
1980-12-15  27.38  27.38  27.25  27.25   785200.0          0.0          1.0
1980-12-16  25.37  25.37  25.25  25.25   472000.0          0.0          1.0
1980-12-17  25.87  26.00  25.87  25.87   385900.0          0.0          1.0
1980-12-18  26.63  26.75  26.63  26.63   327900.0          0.0          1.0
```

图 3-5 数据集中的部分数据示例 1

```
            Adj. Open  Adj. High  Adj. Low  Adj. Close  Adj. Volume
Date
1980-12-12   0.422706   0.424470  0.422706    0.422706  117258400.0
1980-12-15   0.402563   0.402563  0.400652    0.400652   43971200.0
1980-12-16   0.373010   0.373010  0.371246    0.371246   26432000.0
1980-12-17   0.380362   0.382273  0.380362    0.380362   21610400.0
1980-12-18   0.391536   0.393300  0.391536    0.391536   18362400.0
```

图 3-5 数据集中的部分数据示例 2

3.5.2 数据预处理

由于带 Adj 前缀的数据是除权后的数据，更能反映股票数据特征，所以主要使用的数据特征为调整后的开盘价、最高价、最低价、收盘价和交易额（即 Adj.Open、Adj.High、Adj.Low、Adj.Close 和 Adj.Volume）。

两个数据特征如下：

HL_PCT（股票最高价与最低价变化百分比）：

$$HL\_PCT=\frac{Adj.High-Adj.Close}{Adj.Close}?100.0 \tag{3-9}$$

PCT_change（股票收盘价与开盘价的变化百分比）：

$$PCT\_change=\frac{Adj.Close\text{ - }Adj.Open}{Adj.Open}?100.0 \tag{3-10}$$

于是，自变量为：*Adj.Close*、*HL_PCT*、*PCT_change* 和 *Adj.Volume*。因变量为：Adj.Close。

最后，对自变量数据进行规范化处理，使之服从正态分布。只需要执行以下语句就可以达到预处理的目的，代码如下：

```
X = preprocessing.scale(X)
```

使用 Sklearn 做线性回归，首先导入相关函数：

```
from sklearn.linear_model import LinearRegression
```

建立线性回归模型：

```
clf = LinearRegression(n_jobs=-1)
```

进行线性模拟：

```
clf.fit(X_train, y_train)
```

使用 predict()函数对需要预测的数据进行预测：

```
forecast_set = clf.predict(X_lately)
```

模型的评估主要使用精度（accuracy）参数。调用线型模型中的精度评估函数 score()。

```
accuracy = clf.score(X_test, y_test)
```

3.5.3 编码实现

完整的 Python 实现代码如下:

```
import quandl
from sklearn import preprocessing
#df = quandl.get('WIKI/GOOGL'),先注释这一行,预测 Google 股票再用
df = quandl.get('WIKI/AAPL')
import math
import numpy as np
# 定义预测列变量,它存放研究对象的标签名
forecast_col = 'Adj. Close'
# 定义预测天数,这里设置为所有数据量长度的 1%
forecast_out = int(math.ceil(0.01*len(df)))
# 只用到 df 中的下面几个字段
df = df[['Adj. Open', 'Adj. High', 'Adj. Low', 'Adj. Close', 'Adj. Volume']]
# 构造两个新的列
# HL_PCT 为股票最高价与最低价的变化百分比
df['HL_PCT']=(df['Adj. High'] - df['Adj. Close'])/ df['Adj. Close'] * 100.0
# PCT_change 为股票收盘价与开盘价的变化百分比
df['PCT_change']=(df['Adj.Close']- df['Adj.Open'])/df['Adj. Open'] * 100.0
# 下面为真正用到的特征字段
df = df[['Adj. Close', 'HL_PCT', 'PCT_change', 'Adj. Volume']]
#因为 scikit-learn 并不会处理空数据,需要把为空的数据都设置为一个比较难出现的值#这里
取-99999,
df.fillna(-99999, inplace=True)
# 用 label 代表该字段,是预测结果
# 通过让 Adj. Close 列的数据往前移动 1%行来表示
df['label'] = df[forecast_col].shift(-forecast_out)
# 最后生成真正在模型中使用的数据 X、y,以及预测时用到的数据数据 X_lately
X = np.array(df.drop(['label'], 1))
X = preprocessing.scale(X)
# 上面生成 label 列时留下的最后 1%行的数据,这些行并没有 label 数据,因此可以拿它们
作为预测时用到的输入数据
X_lately = X[-forecast_out:]
X = X[:-forecast_out]
# 抛弃 label 列中为空的那些行
df.dropna(inplace=True)
y = np.array(df['label'])
# scikit-learn 从 0.2 版本开始废弃 cross_validation,改用 model_selection
from sklearn import  model_selection, svm
from sklearn.linear_model import LinearRegression
# 开始前,先把 X 和 y 数据分成两部分,一部分用来训练,一部分用来测试
X_train, X_test, y_train, y_test = model_selection.train_test_split(X, y,
```

```
test_size=0.2)
# 生成 scikit-learn 的线性回归对象
clf = LinearRegression(n_jobs=-1)
# 开始训练
clf.fit(X_train, y_train)
# 用测试数据评估准确性
accuracy = clf.score(X_test, y_test)
# 进行预测
forecast_set = clf.predict(X_lately)
print(forecast_set, accuracy)
import matplotlib.pyplot as plt
from matplotlib import style
import datetime
# 修改 matplotlib 样式
style.use('ggplot')
one_day = 86400
# 在 df 中新建 Forecast 列，用于存放预测结果的数据
df['Forecast'] = np.nan
# 取 df 最后一行的时间索引
last_date = df.iloc[-1].name
last_unix = last_date.timestamp()
next_unix = last_unix + one_day
# 遍历预测结果，用它向 df 中追加行
# 这些行除了 Forecast 字段，其他都设为 np.nan
for i in forecast_set:
    next_date = datetime.datetime.fromtimestamp(next_unix)
    next_unix += one_day
    # [np.nan for_in range(len(df.columns)-1)]生成不包含 Forecast 字段的列表
    # 而[i]是只包含 Forecast 值的列表
    # 上述两个列表拼接在一起就组成了新行，按日期追加到 df 的下面
    df.loc[next_date] = [np.nan for _ in range(len(df.columns)- 1)] + [i]
# 开始绘图
df['Adj. Close'].plot()
df['Forecast'].plot()
plt.legend(loc=4)
plt.xlabel('Date')
plt.ylabel('Price')
plt.show()
```

3.5.4　结果分析

以股票代号为 GOOGL 和 AAPL 的股票为例，线性模拟的结果如图 3-6 和图 3-7 所示。

上面对两个股票进行了线性模拟，并对一部分数据进行了预测。实验结果显示，对 GOOGL 股票的预测精度达到了 0.976871737402434；对 AAPL 股票的预测精度达到了 0.9719097855057968，表明该程序能对股票数据进行较好的预测。

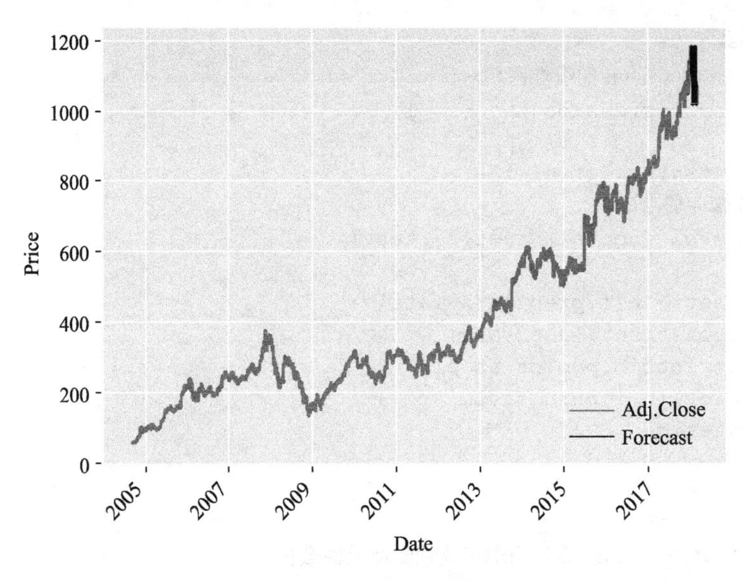

图 3-6　GOOGL 股票数据预测结果

说明：图中的曲线部分为历史数据，最上部的竖直线部分为预测数据。

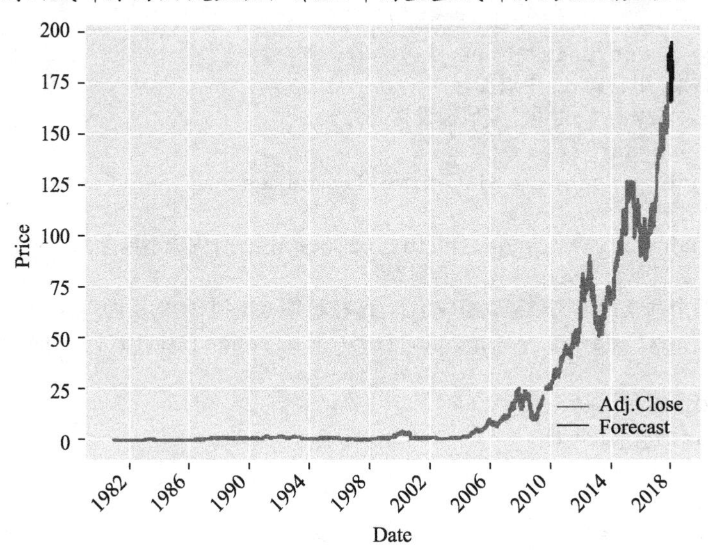

图 3-7　AAPL 股票数据预测结果

说明：除图中最上部的竖直线部分为预测数据，其余曲线均为历史数据。

3.6　逻辑回归

逻辑回归也被称为广义线性回归模型，它与线性回归模型的形式基本上相同，最大的区别就在于它们的因变量不同，如果是连续的，就是多重线性回归；如果是二项分布，就是 Logistic 回归。

Logistic 回归虽然名字里带“回归”，但它实际上是一种分类方法，主要用于二分类问题（即输出只有两种，分别代表两个类别）。逻辑回归就是这样的一个过程：面对一个回归或者分类问题，建立代价函数，然后通过优化方法迭代求解出最优的模型参数，然后测试验证这个求解的模型的好坏。它的优点有：速度快，适合二分类问题；简单、易于理解，可以直接看到各个特征的权重；能容易地更新模型吸收新的数据。它的缺点有：对数据和场景的适应能力有局限性，不如决策树算法适应性强。

逻辑回归的用途主要有以下 3 个方面。

- 寻找危险因素：寻找某一疾病的危险因素等；
- 预测：根据模型，预测在不同的自变量情况下，发生某种疾病或某种情况的概率有多大；
- 判别：实际上跟预测有些类似，也是根据模型，判断某人属于某种疾病或属于某种情况的概率有多大。

逻辑回归的常规步骤：寻找 h 函数（即预测函数），构造 J 函数（损失函数），想办法使得 J 函数最小并求得回归参数（θ）。

3.6.1　构造预测函数

二分类问题的概率与自变量之间的关系图形往往是一个 S 型曲线，如图 3-8 所示，采用 sigmoid 函数实现，函数形式为：

$$g(z)=\frac{1}{1+\mathrm{e}^{-z}} \tag{3-11}$$

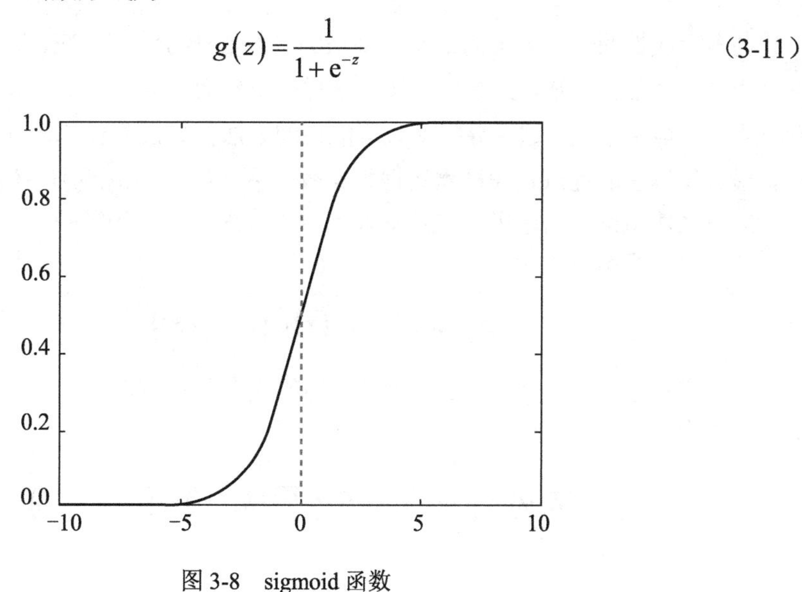

图 3-8　sigmoid 函数

对于线性边界的情况，边界形式如下：

$$z=\theta^{\mathrm{T}}x=\theta_0x_0+\theta_1x_1+......+\theta_nx_n=\sum_{i=0}^{n}\theta_ix_i \tag{3-12}$$

最佳参数：

$$\theta=\left[\theta_0,\theta_1,\theta_2,...,\theta_n\right]^{\mathrm{T}} \tag{3-13}$$

构造预测函数为：

$$h_\theta\left(x\right)=g\left(\theta^{\mathrm{T}}x\right)=\frac{1}{1+\mathrm{e}^{-\theta^{\mathrm{T}}x}} \tag{3-14}$$

sigmoid 的函数输出是介于(0,1)之间的，中间值是 0.5，公式 $h_\theta(x)$ 的含义就很好理解了，因为 $h_\theta(x)$ 输出是介于(0,1）之间，也就表明了数据属于某一类别的概率。例如，$h_\theta(x)<0.5$ 则说明当前数据属于 A 类；$h_\theta(x)>0.5$ 则说明当前数据属于 B 类。所以可以将 sigmoid 函数看成样本数据的概率密度函数。

函数 $h(x)$的值有特殊的含义，它表示结果取 1 的概率，因此对于输入 x 分类结果为类别 1 和类别 0 的概率分别为：

$$p\left(y=1\middle|x;\theta\right)=h_\theta\left(x\right) \tag{3-15}$$

$$p\left(y=0\middle|x;\theta\right)=1-h_\theta\left(x\right) \tag{3-16}$$

3.6.2 构造损失函数 *J*

与多元线性回归所采用的最小二乘法的参数估计方法相对应，最大似然法是逻辑回归所采用的参数估计方法，其原理是找到这样一个参数，可以让样本数据所包含的观察值被观察到的可能性最大。这种寻找最大可能性的方法需要反复计算，对计算能力有很高的要求。最大似然法的优点是大样本数据中参数的估计稳定、偏差小、估计方差小。

接下来使用概率论中极大似然估计的方法去求解损失函数：

首先得到概率函数为：

$$p\left(y\middle|x;\theta\right)=\left(h_\theta\left(x\right)\right)^y\left(1-h_\theta\left(x\right)\right)^{1-y} \tag{3-17}$$

因为样本数据（m 个）独立，所以它们的联合分布可以表示为各边际分布的乘积，取似然函数为：

$$L(\theta)=\prod_{i=1}^{m}P\left(y_i\middle|x_i;\theta\right)=\prod_{i=1}^{m}\left(h_\theta\left(x_i\right)\right)^{y_i}\left(1-h_\theta\left(x_i\right)\right)^{1-y_i} \tag{3-18}$$

取对数似然函数：

$$l(\theta)=\log L(\theta)=\sum_{i=1}^{m}\left(y_i\log h_\theta(x_i)+(1-y_i)\log\left(1-h_\theta(x_i)\right)\right) \tag{3-19}$$

最大似然估计就是要求得使 $l(\theta)$取最大值时的 θ，这里可以使用梯度上升法求解，求得的 θ 就是要求的最佳参数：

$$J(\theta)=-\frac{1}{m}l(\theta) \tag{3-20}$$

基于最大似然估计推导得到 Cost 函数和 J 函数如下：

$$Cost\left(h_\theta(x),y\right)=\begin{cases}-\log\left(h_\theta(x)\right) & \text{if } y=1\\ -\log\left(1-h_\theta(x)\right) & \text{if } y=0\end{cases} \tag{3-21}$$

$$J(\theta)=\frac{1}{m}\sum_{i=1}^{m}Cost\left(h_\theta(x_i),y_i\right)=-\frac{1}{m}\left[\sum_{i=1}^{m}\left(y_i\log h_\theta(x_i)+(1-y_i)\log\left(1-h_\theta(x_i)\right)\right)\right]$$

3.6.3　梯度下降法求解最小值

1．θ更新过程

$$\theta_j:=\theta_j-\alpha\frac{\delta}{\delta_{\theta_j}}J(\theta)$$

$$\begin{aligned}\frac{\delta}{\delta_{\theta_j}}J(\theta)&=-\frac{1}{m}\sum_{i=1}^{m}\left[y_i\frac{1}{h_\theta(x_i)}\frac{\delta}{\delta_{\theta_j}}h_\theta(x_i)-(1-y_i)\frac{1}{1-h_\theta(x_i)}\frac{\delta}{\delta_{\theta_j}}h_\theta(x_i)\right]\\
&=-\frac{1}{m}\sum_{i=1}^{m}\left[y_i\frac{1}{g\left(\theta^{\mathrm{T}}x_i\right)}-(1-y_i)\frac{1}{1-g\left(\theta^{\mathrm{T}}x_i\right)}\right]\frac{\delta}{\delta_{\theta_j}}g\left(\theta^{\mathrm{T}}x_i\right)\\
&=-\frac{1}{m}\sum_{i=1}^{m}\left[y_i\frac{1}{g\left(\theta^{\mathrm{T}}x_i\right)}-(1-y_i)\frac{1}{1-g\left(\theta^{\mathrm{T}}x_i\right)}\right]g\left(\theta^{\mathrm{T}}x_i\right)\left(1-g\left(\theta^{\mathrm{T}}x_i\right)\right)\frac{\delta}{\delta_{\theta_j}}\theta^{\mathrm{T}}x_i\\
&=-\frac{1}{m}\sum_{i=1}^{m}\left[y_i\left(1-g\left(\theta^{\mathrm{T}}x_i\right)\right)-(1-y_i)g\left(\theta^{\mathrm{T}}x_i\right)\right]x_i^j\\
&=-\frac{1}{m}\sum_{i=1}^{m}\left[y_i-g\left(\theta^{\mathrm{T}}x_i\right)\right]x_i^j\\
&=-\frac{1}{m}\sum_{i=1}^{m}\left(h_\theta(x_i)-y_i\right)x_i^j\end{aligned} \tag{3-22}$$

θ 更新过程可以写成：

$$\theta_j := \theta_j - \alpha\frac{1}{m}\sum_{i=1}^{m}\left(h_\theta\left(x_i\right)-y_i\right)x_i^j \tag{3-23}$$

2．向量化

约定训练数据的矩阵形式如下，x 的每一行为一条训练样本，而每一列为不同的特征取值：

$$x=\begin{bmatrix}x_1\\ \cdots\\ x_m\end{bmatrix}=\begin{bmatrix}x_{10} & \cdots & x_{1n}\\ \vdots & \ddots & \vdots\\ x_{m0} & \cdots & x_{mn}\end{bmatrix},y=\begin{bmatrix}y_1\\ \cdots\\ y_m\end{bmatrix},\theta=\begin{bmatrix}\theta_0\\ \cdots\\ \theta_n\end{bmatrix} \tag{3-24}$$

$$\boldsymbol{A}=x\bullet\theta=\begin{bmatrix}x_{10} & \cdots & x_{1n}\\ \vdots & \ddots & \vdots\\ x_{m0} & \cdots & x_{mn}\end{bmatrix}\bullet\begin{bmatrix}\theta_0\\ \cdots\\ \theta_n\end{bmatrix}=\begin{bmatrix}\theta_0x_{10}+\theta_1x_{11}+\ldots+\theta_nx_{1n}\\ \cdots\\ \theta_0x_{m0}+\theta_1x_{m1}+\ldots+\theta_nx_{mn}\end{bmatrix} \tag{3-25}$$

$$E=h_\theta\left(x\right)-y=\begin{bmatrix}g\left(\boldsymbol{A}_1\right)-y_1\\ \cdots\\ g\left(\boldsymbol{A}_m\right)-y_m\end{bmatrix}=\begin{bmatrix}e_1\\ \cdots\\ e_m\end{bmatrix}=g\left(\boldsymbol{A}\right)-y \tag{3-26}$$

g（$\boldsymbol{A}$）的参数 $\boldsymbol{A}$ 为一列向量，所以实现 g 函数时要支持列向量作为参数，并返回列向量。θ 更新过程可以改为：

$$\theta_j := \theta_j - \alpha\frac{1}{m}\sum_{i=1}^{m}\left(h_\theta\left(x_i\right)-y_i\right)x_i^j=\theta_j-\alpha\frac{1}{m}\sum_{i=1}^{m}\mathrm{e}_ix_i^j=\theta_j-\alpha\frac{1}{m}x^TE \tag{3-27}$$

3．正则化

过拟合即是过分拟合了训练数据，使得模型的复杂度提高，泛化能力较差（对未知数据的预测能力）。

如图 3-9 左图即为欠拟合，中图为合适的拟合，右图为过拟合。

可以使用正则化解决过拟合问题，正则化是结构风险最小化策略的实现，是在经验风险上加一个正则化项或惩罚项。正则化项一般是模型复杂度的单调递增函数，模型越复杂，正则化项就越大。

正则项可以取不同的形式，在回归问题中取平方损失，就是参数的 L2 范数，也可以取 L1 范数。取平方损失时，模型的损失函数变为：

$$J\left(\theta\right)=\frac{1}{2m}\sum_{i=1}^{n}\left(h_\theta\left(x_i\right)-y_i\right)^2+\lambda\sum_{j=1}^{n}\theta_j^2 \tag{3-28}$$

λ 是正则项系数：

- 如果它的值很大，说明对模型的复杂度惩罚大，对拟合数据的损失惩罚小，这样它就不会过分拟合数据，在训练数据上的偏差较大，在未知数据上的方差较小，但是可能出现欠拟合的现象。

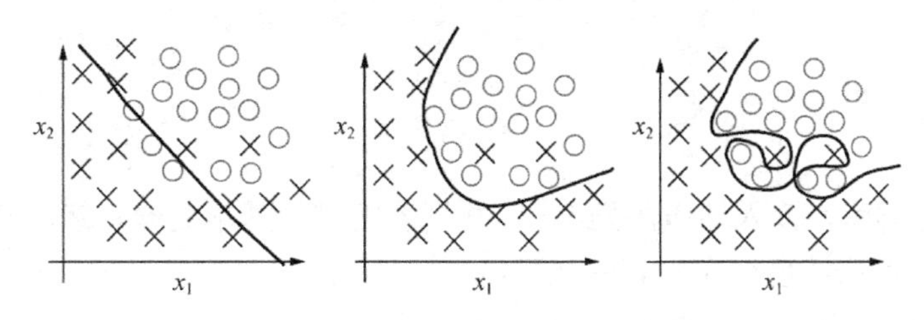

图 3-9　数据拟合模型

- 如果它的值很小，说明比较注重对训练数据的拟合，在训练数据上的偏差会小，但是可能会导致过拟合。

正则化后的梯度下降算法 θ 的更新变为：

$$\theta_j := \theta_j - \frac{\alpha}{m}\sum_{i=1}^{m}\left(h_\theta\left(x_i\right) - y_i\right)x_i^j - \frac{\lambda}{m}\theta_j \tag{3-29}$$

3.7　基于逻辑回归的环境数据检测

本节通过环境数据检测异常分析与预测这个实验，对逻辑回归进行具体的实现及应用。

3.7.1　数据来源

选取 2016 年浦口站 1157A 污染物质量浓度数据表，其中包含全年每小时的 PM2.5、PM10、SO_2、NO_2、O_3 污染数据将近九千余条，如图 3-10 所示。

A1　fx　year

	A	B	C	D	E	F	G	H	I	J	K
1	year	month	day	hour	pm25	pm10	so2	no2	o3	co	
2	2016	1	1	0							
3	2016	1	1	1							
4	2016	1	1	2	139	206	43	111	3	1.4	
5	2016	1	1	3	129	207	39	104	3	1.3	
6	2016	1	1	4	121	188	36	100	3	1.3	
7	2016	1	1	5	115	183	41	94	3	1.4	
8	2016	1	1	6	126	187	39	92	3	1.4	
9	2016	1	1	7	122	185	36	91	3	1.6	
10	2016	1	1	8	138	198	26	86	5	1.6	
11	2016	1	1	9	109	176	27	77	10	1.7	
12	2016	1	1	10	120	178	33	74	21	1.6	
13	2016	1	1	11	124	185	38	71	35	1.5	
14	2016	1	1	12	129	179	36	67	50	1.4	
15	2016	1	1	13	120	175	32	74	51	1.3	
16	2016	1	1	14	122	178	23	62	54		
17	2016	1	1	15	127	178	20	69	61	1.4	
18	2016	1	1	16	112	173	20	80	53	1.2	
19	2016	1	1	17	113	172	19	89	43	1.1	

图 3-10　2016 年浦口站 1157A 站污染物质量浓度数据

3.7.2 数据处理

导入第三方类库，读入环境污染 CSV 数据表格进行基本处理。然后打印出第二月份前二十天 PM2.5 污染浓度分布。代码如下：

```
import  matplotlib as mpl
import matplotlib.pyplot as plt
import numpy as np
import pandas as pd
from pandas import DataFrame
# 导入必要的第三方类库
df=DataFrame(pd.read_csv('/Users/apple27/Documents/Environmentdata.csv'))
# 从本地文件读取 CSV 文件
```

3.7.3 异常数据分析

这里对于异常数据进行检测，代码如下：

```
def sigmoid(X):
return 1.0 / (1 + exp(-X))
# 定义 sigmod 函数
class logRegressClassifier(object):
    def __init__( self):
        self.dataMat = list()
        self.labelMat = list()
        self.weights = list()
#读取数据函数
    def loadDataSet(self, filename):
        fr = open(filename)
        for line in fr.readlines():
            lineArr = line.strip().split()
            dataLine = [1.0]
            for i in lineArr:
                dataLine.append(float(i))
            label = dataLine.pop()                          # 弹出引用标签的最后一列
            self.dataMat.append(dataLine)
            self.labelMat.append(int(label))
        self.dataMat = mat(self.dataMat)
        self.labelMat = mat(self.labelMat).transpose()
#训练函数
    def train(self):
        self.weights = self.stocGradAscent1()
#返回权重函数，GradAscent，GradAscent1 参数不同
    def batchGradAscent(self):
m, n = shape(self.dataMat)
        alpha = 0.001
        maxCycles = 500
        weights = ones((n,1))#初始化
        for k in range(maxCycles):
```

```
            h = sigmoid(self.dataMat * weights)
            error =(self.labelMat - h)
            weights += alpha * self.dataMat.transpose() * error   #更新权重
        return weights
    def stocGradAscent1(self):
m, n = shape(self.dataMat)
        alpha = 0.01
        weights = ones((n, 1))
        for i in range(m):
h = sigmoid(sum(self.dataMat[i] * weights))
            error = self.labelMat[i] - h
            weights += (alpha * error * self.dataMat[i]).transpose()
        return weights
#返回权重函数
    def stocGradAscent2(self):
        numIter = 2
m, n = shape(self.dataMat)
        weights = ones((n, 1))                                   #初始化
        for j in range(numIter):
            dataIndex = range(m)
            for i in range(m):
                alpha = 4 / (1.0 + j + i) + 0.0001
                #alpha 随着迭代而减少
                randIndex = int(random.uniform(0, len(dataIndex)))
                h = sigmoid(sum(self.dataMat[randIndex] * weights))
                error = self.labelMat[randIndex] - h
                weights += (alpha * error * self.dataMat[randIndex]).
                transpose()
                del (dataIndex[randIndex])
        return weights
#分类器 sigmoid 函数
    def classify(self, X):
        prob = sigmoid(sum(X * self.weights))
        if prob > 0.5:
            return 1.0
        else:
            return 0.0
#测试函数
    def test(self):
        self.loadDataSet('testData.dat')
        weights0 = self.batchGradAscent()
        weights1 = self.stocGradAscent1()
        weights2 = self.stocGradAscent2()
        print('batchGradAscent:', weights0)
        print('stocGradAscent0:', weights1)
        print('stocGradAscent1:', weights2)
df_month=[[0]*31 for i in range(12)]
# 声明一个 31 列、12 行的二维数组，用来存储每个月每一天的数据
def classify_df():
    for i in range(12):
        for j in range(31):
            df_month[i][j]=df.loc[ (df[' month']==i+1) & (df[' day']==j+1) ]
    return df_month
classify_df()
```

```
mpl.rcParams['xtick.labelsize'] = 12
mpl.rcParams['ytick.labelsize'] = 12
# 调整 mql 横纵坐标刻度字体大小
x=list(df_month[1][1].ix[:,3])
# 截取一天二十四小时作为 X 轴坐标
c=np.random.randint(0,10,len(x))
# 随机生成采样点颜色
for n in range(20):
    plt.scatter(x, df_month[1][n].ix[:,4].astype (float), marker='.',c=c)
# 循环打点，二月前二十天的 PM2.5 数据
plt.xlabel('hour')
plt.ylabel('Pm2.5:ug/m3')
plt.title('2016/2PUKOU')
plt.colorbar()
# 定义表格参数
plt.show()
if __name__ == '__main__':
   lr = logRegressClassifier()
   lr.test()
```

打印出二月份前二天 PM2.5 浓度分布，如图 3-11 所示，曲线外为异常值。

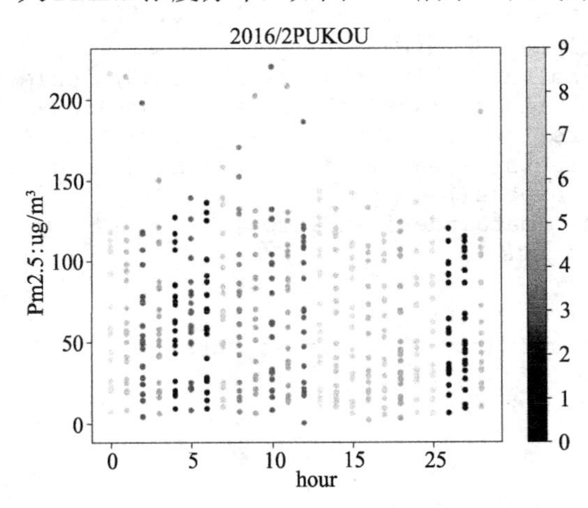

图 3-11　二月份前二十天浦口某站 PM2.5 浓度分布

3.7.4　数据预测

对数据进行预测，代码如下：

```
from numpy import *
import pandas as pd
from pandas import DataFrame
filename='/Users/apple27/Documents/data.txt'                    #文件目录
#df = DataFrame(pd.read_csv('/Users/apple27/Documents/logi.csv'))
def loadDataSet():                                   #读取数据（这里只有两个特征）
    df=pd.read_csv(filename)
```

```
    print(df)
    dataMat = []
    labelMat = []
    fr = open(filename)
    for line in fr.readlines():
        lineArr = line.strip().split()
        dataMat.append([1.0, float(lineArr[0]), float(lineArr[1])])
#前面的 1 表示方程的常量。比如两个特征 X1 和 X2,共需要 3 个参数
#W1+W2*X1+W3*X2
        labelMat.append(int(lineArr[2]))
    return dataMat,labelMat
#调用函数
loadDataSet()
def sigmoid(inX):                                          #定义 sigmoid 函数
    return 1.0/(1+exp(-inX))
def stocGradAscent1(dataMat, labelMat):
#改进版随机梯度上升，在每次迭代中随机选择样本来更新权重
#并且随迭代次数增加，权重变化越小
    dataMatrix=mat(dataMat)
    classLabels=labelMat
m,n=shape(dataMatrix)
    weights=ones((n,1))
    maxCycles=500
    for j in range(maxCycles):                             #迭代
        dataIndex=[i for i in range(m)]
        for i in range(m):                                 #随机遍历每一行
            alpha=4/(1+j+i)+0.0001                         #随迭代次数增加,权重变化越小
            randIndex=int(random.uniform(0,len(dataIndex)))  #随机抽样
            h=sigmoid(sum(dataMatrix[randIndex]*weights))
            error=classLabels[randIndex]-h
            weights=weights+alpha*error*dataMatrix[randIndex].transpose()
            del(dataIndex[randIndex])                      #去除已经抽取的样本
return weights
#画出最终分类的图
def plotBestFit(weights):
    import matplotlib.pyplot as plt
    dataMat,labelMat=loadDataSet()
    dataArr = array(dataMat)
n = shape(dataArr)[0]
    xcord1 = []; ycord1 = []
    xcord2 = []; ycord2 = []
    for i in range(n):
        if int(labelMat[i])== 1:
            xcord1.append(dataArr[i,1])
            ycord1.append(dataArr[i,2])
        else:
            xcord2.append(dataArr[i,1])
            ycord2.append(dataArr[i,2])
    fig = plt.figure()
ax = fig.add_subplot(111)
#定义颜色线条
    ax.scatter(xcord1, ycord1, s=30, c='red', marker='s')
ax.scatter(xcord2, ycord2, s=30, c='green')
```

```
#坐标轴
x = arange(-3.0, 3.0, 0.1)
    y = (-weights[0]-weights[1]*x)/weights[2]
ax.plot(x, y)
#绘图
    plt.xlabel('X1')
    plt.ylabel('X2')
    plt.show()
    plt.savefig('images/logExample.png', format='png')
def main(): #主函数
    datamat,labelmat=loadDataSet()
    weights=stocGradAscent1(datamat, labelmat).getA()
    plotBestFit(weights)
if __name__=='__main__':
    main()
```

逻辑回归分析结果如图 3-12 所示，蓝色线为拟合曲线。

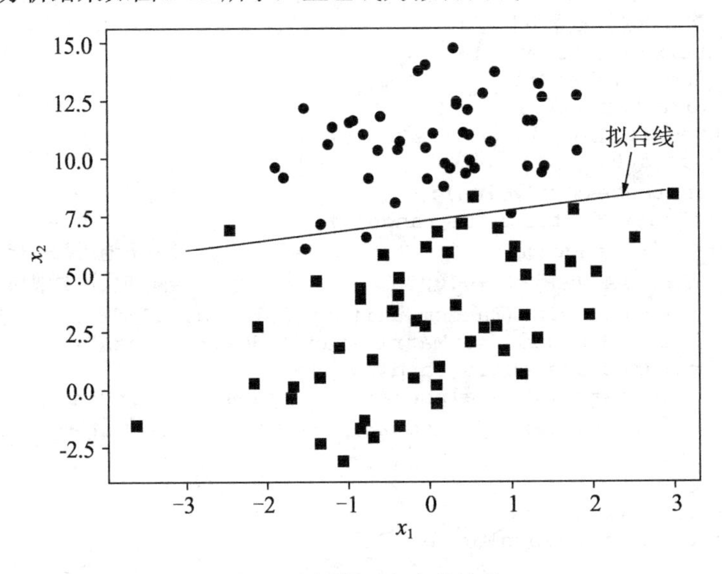

图 3-12　逻辑回归实验结果

3.8 本章小结

本章简单介绍了数据挖掘中回归分析的基本概念。对于线性回归，介绍了如何使用一元线性回归求解房价预测的问题，通过该例子对线性回归进行了初步讲解。之后介绍了使用多元线性回归进行商品价格的预测，对线性回归进行了更深入的说明。最后，使用线性回归对股票数据进行了预测。本章对逻辑回归的主要应用场景及它的优缺点做了较为详尽的描述，同时对逻辑回归的具体实现步骤进行了详细讲解，通过环境检测数据异常分析与预测实验，分析了逻辑回归的具体表现。

第4章　决策树与随机森林

在数据挖掘领域中，分类技术是较为重要且应用广泛的技术之一。它根据训练集建立合适的分类器，然后通过这个分类器对用户需要分类的数据给出预测的分类结果。根据分类器的多少，分类技术分为单分类器技术和多分类器技术。单分类器技术中比较有代表性的是贝叶斯和决策树，但是单分类器由于自身的限制，其性能提升达到了无法超越的瓶颈，于是人们开始提出多分类器组合的思想。多分类器组合使用多个基分类器进行分类，并综合所有分类结果形成一个最终结果，而随机森林就是在这个背景下产生的一种多分类器组合。

本章要点如下：

- 了解决策树的基本概念；
- 了解随机森林的基本概念；
- 掌握决策树的算法原理；
- 掌握随机森林的算法原理；
- 使用决策树对鸢尾花数据集进行分类；
- 使用随机森林对葡萄酒数据集进行分类。

4.1　决　策　树

随着日常生活和诸多领域中人们对数据处理需求的增加，海量数据分类已经成为现实生活中的常见问题。分类算法作为机器学习的主要算法之一，是通过对已知类别的训练集进行分析，得到分类规则并用此规则来判断新数据的类别，现已被医疗生物学、统计学和机器学习等方面的学者提出。随着大数据时代的到来，传统的分类算法如 SVM、贝叶斯算法、神经网络和决策树等，在实际应用中难以解决高维数据和数量级别的数据，而决策森林在处理类似问题时会有较高的正确率及面对高维数据分类问题时的可扩展性和并行性，因此本节主要对决策树分类技术的原理、分类和优缺点等进行介绍。

4.1.1　决策树的基本原理

决策树算法是一种基于实例的算法，常应用于分类和预测。决策树的构建是一种自上而下的归纳过程，用样本的属性作为节点，属性的取值作为分支的树形结构。因此，每棵决策树对应着从根节点到叶节点的一组规则。决策树的基本思想如图 4-1 所示。

决策树的可视结构是一棵倒置的树状，它利用树的结构将数据进行二分类。其中树的结构中包含三种节点，分别为叶子节点、中间结点和根节点。

对决策树而言，问题主要集中在剪枝和训练样本的处理方面。相对而言，决策森林在提高了分类精度的同时解决了决策树面临的问题。决策森林由几种决策树的预测组合成一个最终的预测，其原理为应用集成思想提高决策树的准确率。通过构建森林，一棵决策树的错误可以由森林中的其他决策树弥补。

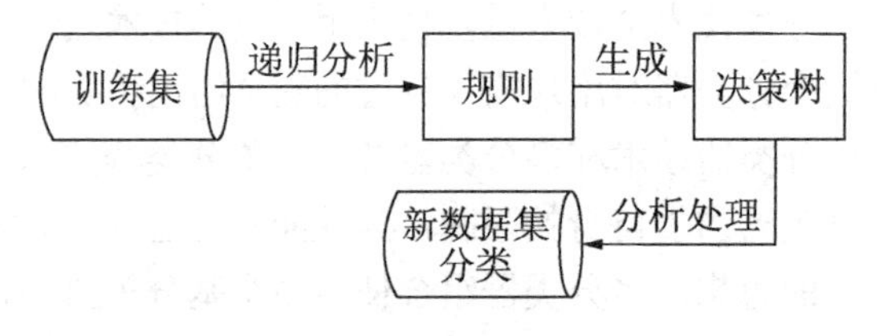

图 4-1 决策树的基本思想

4.1.2 决策树的分类

1. CLS算法

CLS（Concept Learning System）学习算法是 Hunt. E. B 等人在 1966 年提出的。它第一次提出了用决策树进行概念学习，后来的许多决策树学习算法都可以看作是 CLS 算法的改进与更新。

CLS 的主要思想是从一个空的决策树出发，通过添加新的判定节点来改善原来的决策树，直到该决策树能够正确地将训练实例分类为止。它对决策树的构造过程也就是假设特化的过程，所以 CLS 可以看作是只带一个操作符的学习算法。此操作符可以表示为：通过添加一个新的判定条件（新的判定节点），特化当前假设。CLS 算法递归调用这个操作符，作用在每个叶节点上来构造决策树。

2. CART算法

CART（Classification And Regression Trees）分类算法是由 Breiman. L、Friedman. J. H 和 Olshen. R. A 等人在 1984 年提出的。这种算法选择具有最小基尼指数值的属性作为测试属性，并采用一种二分递归分割的技术，是将当前样本集分为两个子样本集，使得生成的决策树的每一个非叶节点都有两个分枝。最后生成的决策树是结构简洁的二叉树。

CART 算法使用后剪枝法。剪枝算法使用独立于训练样本集的测试样本集对子树的分类错误进行计算，找出分类错误最小的子树作为最终的分类模型。有些样本集由于样本数太少而不能分出独立的测试样本集，CART 算法采用一种称为交叉确定（cross validation）的剪枝方法。该方法解决了在小样本集上挖掘决策树由于没有独立测试样本集而造成的过度拟合问题。不过 CART 算法最初建立的树也有错误率，因为有些叶子节点并不是纯的。

3. ID3算法

ID3（Iterative Dichotomizer 3）算法是 Quinlan 在 1986 年提出的。它是决策树算法的代表，绝大多数决策树算法都是在它的基础上加以改进而实现的。它采用分治策略，在决策树各级节点上选择属性时，用信息增益作为属性的选择标准，以便在每一个非叶节点上进行测试时，能获得关于被测试记录最大的类别信息。具体方法是：检测所有的属性，选择信息增益最大的属性产生决策树节点，由该属性的不同取值建立分支，再对各分支的子集递归调用该方法建立决策树节点的分支，直到所有子集仅包含同一类别的数据为止。最后得到一棵决策树，它可以对新的样本进行分类。

以下举例说明属性的信息增益计算方法。

设 S 是 s 个数据样本的集合。假定类标号属性具有 m 个不同值，定义 m 个不同类 C_i（i=1，…，m）。设 S_i 是类 C_i 中的样本数，对一个给定的样本分类所需的期望信息为：

$$I(s_1,s_2,\dots,s_m)=-\sum_{i=1}^{m}p_i lb(p_i) \tag{4-1}$$

其中 P_i=S_i/S 是任意样本属于 C_i 的概率。注意，对数函数以 2 为底，其原因是信息用二进制编码。

设属性 A 具有 v 个不同值{a_1，a_2，…，a_v}。可以用属性 A 将 S 划分为 v 个子集{S_1，S_2，…，S_v}，其中 S_j 中的样本在属性 A 上具有相同的值 a（j=1，2，…，v）。

设 S_i，j 是子集 S_j 中类 C_i 的样本数。由 A 划分成子集的熵或信息期望为：

$$E(A)=-\sum_{j=1}^{v}\frac{s_{1j,}s_{2j},\dots,s_{mj}}{s}I(s_{1j,}s_{2j},\dots,s_{mj}) \tag{4-2}$$

熵值越小，子集划分的纯度越高。对于给定的子集 S_j，其信息期望有公式为：

$$I(s_{1j,}s_{2j},\dots,s_{mj})=-\sum_{i=1}^{m}p_{ij}lb(p_{ij}) \tag{4-3}$$

其中，$p_{ij}=\dfrac{s_{ij}}{|s_j|}$是样本 S_j 属于 C_j 的概率，在属性 A 上分支获得的信息增益为：

$$Gain(A)=I(s_1,s_2,\dots,s_m)-E(A) \tag{4-4}$$

ID3 算法的优点是：算法的理论清晰，方法简单，学习能力较强，分类速度快，适合于大规模数据的处理。主要缺点有：ID3 算法只能处理离散性的属性；信息增益度量存在一个内在偏置，计算偏袒具有较多取值的属性，但有时属性取值较多的属性不一定最优；ID3 算法是非递增学习算法；抗噪性能差，训练例子中正例和反例较难控制。

对 ID3 算法的早期改进算法主要是 ID3 的增量版 ID4、ID5 及 C4.5、FACT 和 CHAIR

等算法。后期的改进算法主要有 QUEST 和 PUBLIC 算法。

4．C4.5算法

C4.5 算法是 Quinlan. J. R 在 1993 年提出的，它是从 ID3 算法演变而来，继承了 ID3 算法的优点，C4.5 算法引入了新的方法和功能：

- 用信息增益率的概念，克服了用信息增益选择属性时偏向多值属性的不足；
- 在树构造过程中进行剪枝，以避免树的过度拟合；
- 能够对连续属性的离散化处理；
- 可以处理具有缺少属性值的训练样本集；
- 能够对不完整数据进行处理；
- K 折交叉验证；
- 产生式规则。

C4.5 算法降低了计算复杂度，增强了计算的效率。它对于 ID3 算法的重要改进是使用信息增益率来选择属性。理论和实验表明，采用信息增益率比采用信息增益效果更好，主要是克服了 ID3 方法选择偏向取值多的属性。C4.5 算法还针对连续值属性的数据进行了处理，弥补了 ID3 算法只能处理离散值属性数据的缺陷。

然而 C4.5 算法在处理连续型测试属性中线性搜索阈值付出了很大代价。在 2002 年，Salvatore Ruggieri 提出了 C4.5 的改进算法：EC4.5 算法。EC4.5 算法采用二分搜索取代线性搜索，从而克服了这个缺点。实验表明，在生成同样一棵决策树时，与 C4.5 算法相比，EC4.5 算法可将效率提高 5 倍，但缺点 EC4.5 算法占用内存多。

5．SLIQ算法

上述算法由于要求训练样本集驻留内存，因此不适合处理大规模数据。为此，IBM 研究人员在 1996 年提出了一种更快速的、可伸缩的、适合处理较大规模数据的决策树分类算法 SLIQ（Supervised Learning In Quest）算法。它综合利用属性表、类表和类直方图来建树。属性表含有两个字段：属性值和样本号。类表也含有两个字段：样本类别和样本所属叶节点。类表的第 k 条记录对应于训练样本集中第 k 个样本（样本号为 k），所以属性表和类表之间可以建立关联。类表可以随时指示样本所属的划分，所以必须长驻内存。每个属性都有一张属性表，可以驻留磁盘。类直方图附属在叶节点上，用来描述节点上某个属性的类别分布。描述连续属性分布时，它由一组二元组<类别,该类别的样本数>组成；描述离散属性分布时，它由一组三元组<属性值,类别,该类别中取该属性值的样本数>组成。随着算法的执行，类直方图中的值会不断更新。

SLIQ 算法在建树阶段，对连续属性采取预排序技术与广度优先相结合的策略生成树，对离散属性采取快速的求子集算法确定划分条件。该算法能够处理比 C4.5 算法大得多的训练样本集，在一定范围内具有良好的随着记录个数和属性个数增长的可伸缩性。SLIQ 算法的运行速度更快，生成的决策树更小，预测的精确度较高；对于大型训练样本集，SILQ

算法精确度更高，优势更明显。

然而 SLIQ 算法也存在不少缺点，主要有：需要将类别列表存放于内存，而类别列表的元组数与训练样本集的元组数是相同的，这就从一定程度上限制了可以处理的数据集的大小；采用了预排序技术，而排序算法的复杂度并不是与记录个数呈线性关系，因此使得 SLIQ 算法不可能达到随着记录数目增长，实现线性可伸缩性。

6．SPRINT算法

SPRINT（Scalable PaRallelizable Induction of decision Trees）算法是 Shafer. J、Agrawal. R 和 Manish. M 等人在 1996 年提出的。它对 SLIQ 算法中必须在内存中常驻一个类表的缺点进行了改进，提出了一种新的数据结构，完全取消了对内存的限制，并且速度更快，可伸缩性更好。

SPRINT 分类算法最大的优点就是可以避免内存空间的限制，利用多个并行处理器构造一个稳定的、分类准确率更高的决策树，具有更好的可伸缩性和扩容性。但该算法因使用属性列表，使得存储代价大大增加，并且节点分割处理的过程较为复杂，加大了系统的负担。

7．PUBLIC算法

上述含有剪枝的算法都是分成两步进行，即先建树再剪枝。而 Rastogi. R 等人在 1998 年提出的 PUBLIC 算法将建树、剪枝结合到一步完成，在建树阶段不生成会被剪枝的子树，因而大大提高了效率。PUBLIC 的建树基于 SPRINT 方法、剪枝基于 MDL（最小描述长度法）原则。PUBLIC 算法采用低估策略来矫正过高的代价估算来防止过度剪枝，即对将要扩展的叶节点计算编码代价的较低阈值，而对于另两类叶节点（剪枝形成的、不能被扩展的），估算方法不变。计算较低阈值的方法有多种，但最简单有效的方法是将它设置为 1。

8．RainForest算法

RainForest 分类算法是由 Gehrke. J、Ramakrishnan. R 和 Ganti.V 等人在 1998 年提出的一种针对大规模数据集，快速构造决策树的分类框架。RainForest 分类框架的核心思想是根据每一次计算所能使用的内存空间，合理地调整每次计算所处理的数据集的大小，使 RainForest 框架内所使用的分类方法在每次计算的过程中，对内存资源的利用率达到最大，在有限的资源下，用最少的时间完成决策树的构建。

4.1.3　决策树的优缺点

1．决策树算法优点

- 简单直观，生成的决策树很直观。

- 基本不需要预处理，不需要提前归一化、处理缺失值。
- 使用决策树预测的代价是 O（$\log_2 m$）。m 为样本数。
- 既可以处理离散值也可以处理连续值。很多算法只是专注于离散值或者连续值。
- 可以处理多维度输出的分类问题。
- 相比于神经网络之类的黑盒分类模型，决策树在逻辑上可以得到很好的解释。
- 可以交叉验证的剪枝来选择模型，从而提高泛化能力。
- 对于异常点的容错能力好，健壮性高。

2. 决策树算法缺点

- 决策树算法非常容易过拟合，导致泛化能力不强。可以通过设置节点最少样本数量和限制决策树深度来改进。
- 决策树会因为样本发生一点点改动，就会导致树结构的剧烈改变。这个可以通过集成学习之类的方法解决。
- 寻找最优的决策树是一个 NP 难问题，一般是通过启发式方法，容易陷入局部最优。可以通过集成学习之类的方法来改善。
- 有些比较复杂的关系，决策树很难学习，比如异或。一般这种关系可以换神经网络分类方法来解决。
- 如果某些特征的样本比例过大，生成决策树容易偏向于这些特征。这个可以通过调节样本权重来改善。

决策树算法已经有了广泛的应用，并且已经有了许多成熟的系统，这些系统广泛应用于各个领域，如语音识别、医疗诊断、客户关系管理、模式识别和专家系统等。决策树各类算法各有优缺点，在实际工作中，必须根据数据类型的特点及数据集的大小，选择合适的算法。接下来使用决策树对鸢尾花数据集进行分类。

4.2 使用决策树对鸢尾花分类

如果读者感觉理论部分看起来比较费劲，不用担心，接下来就带领读者用非常少的代码量来构建一个决策树分类模型，实现对鸢尾花的分类。

4.2.1 Iris 数据集简介

在 Sklearn 机器学习包中，集成了各种各样的数据集，本节使用的是鸢尾花数据集。鸢尾花数据集是机器学习领域中非常经典的一个分类数据集。数据集全名为 Iris Data Set，总共包含 150 行数据。每一行数据由 4 个特征值及一个目标值（类别变量）组成。其中 4 个特征值分别为：萼片长度、萼片宽度、花瓣长度和花瓣宽度。而目标值及为 3 种不同类别的鸢尾花，分别为：山鸢尾（Iris-setosa），变色鸢尾（Iris-versicolor）和维吉尼亚鸢尾（Iris-virginica）。数据集结构如图 4-2 所示。

列名	说明	类型	示例
SepalLength	花萼长度	float	5.1
SepalWidth	花萼宽度	float	3.5
PetalLength	花瓣长度	float	1.4
PetalWidth	花瓣宽度	float	0.2
Class	0 - 山鸢尾 (Iris-setosa) 1 -变色鸢尾(Iris-versicolor) 2 -维吉尼亚鸢尾(Iris-virginica)	Int	0

图 4-2　Iris 数据集

4.2.2　读取数据

Iris 数据集里是一个矩阵，每一列代表了萼片或花瓣的长宽，一共 4 列，每一列代表某个被测量的鸢尾植物，一共采样了 150 条记录。代码如下：

```
# coding: utf-8
from sklearn.datasets import load_iris          #导入方法类
iris = load_iris()                              #导入数据集 Iris
iris_feature = iris.data                        #特征数据
iris_target = iris.target                       #分类数据
print (iris.data)                               #输出数据集
```

4.2.3　鸢尾花类别

target 是一个数组，存储了 data 中每条记录属于哪一类鸢尾植物，所以数组的长度是 150，数组元素的值因为共有 3 类鸢尾植物，所以不同值只有 3 个。种类为：Iris Setosa（山鸢尾）、Iris Versicolour（杂色鸢尾）、Iris Virginica（维吉尼亚鸢尾）。这里，sklearn 已经将花的原名称进行了转换，其中 0、1、2 分别代表 Iris Setosa、Iris Versicolour 和 Iris Virginica。代码如下：

```
print (iris.data)                               #输出数据集
print (iris.target)                             #输出真实标签
print (len(iris.target) )                       #样本个数
print (iris.data.shape )                        #150 个样本每个样本 4 个特征
```

输出结果如图 4-3 所示。

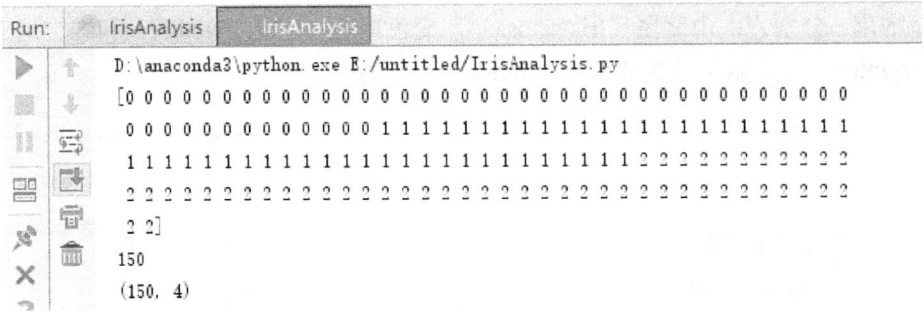

```
Run:  IrisAnalysis  IrisAnalysis
D:\anaconda3\python.exe E:/untitled/IrisAnalysis.py
[0 0 0 0 0 0 0 0 0 0 0 0 0 0 0 0 0 0 0 0 0 0 0 0 0 0 0 0 0 0 0 0 0 0 0 0 0
 0 0 0 0 0 0 0 0 0 0 0 0 0 1 1 1 1 1 1 1 1 1 1 1 1 1 1 1 1 1 1 1 1 1 1 1 1
 1 1 1 1 1 1 1 1 1 1 1 1 1 1 1 1 1 1 1 1 1 1 1 1 1 1 2 2 2 2 2 2 2 2 2 2 2
 2 2 2 2 2 2 2 2 2 2 2 2 2 2 2 2 2 2 2 2 2 2 2 2 2 2 2 2 2 2 2 2 2 2 2 2 2
 2 2]
150
(150, 4)
```

图 4-3　鸢尾花类别

可以看到，类标共分为 3 类，前面 50 个类标为 0，中间 50 个类标为 1，后面为 2。

4.2.4　数据可视化

鸢尾花数据集只有 150 个样本，每个样本只有 4 个特征，容易将其可视化。数据可视化可以更好地了解数据，主要调用 pandas 扩展包进行绘图操作。首先绘制直方图，直观地表现花瓣、花萼的长和宽的特征数量，纵坐标表示汇总的数量，横坐标表示对应的长度。通过调用 hist()函数实现，代码如下：

```
    names = ['sepal-length', 'sepal-width', 'petal-length', 'petal-width',
'class']
    dataset = pandas.read_csv (url, names=names)                    #读取 csv 数据
    print(dataset.describe())
                                                                    #直方图显示
    dataset.hist()
```

输出如图 4-4 所示。

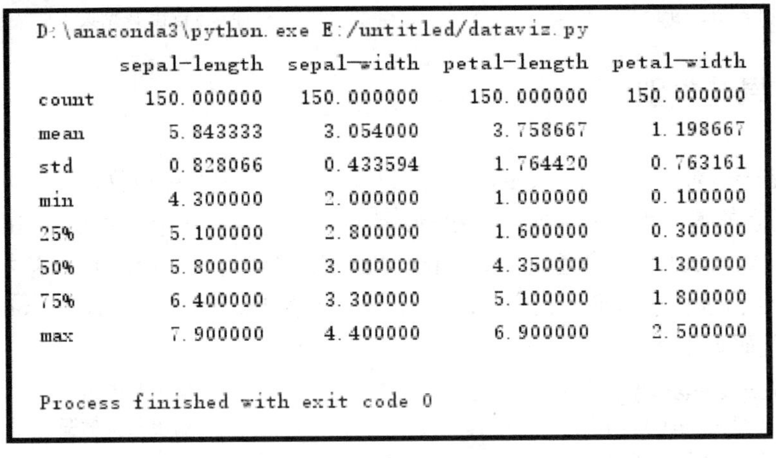

```
D:\anaconda3\python.exe E:/untitled/dataviz.py
       sepal-length  sepal-width  petal-length  petal-width
count    150.000000   150.000000    150.000000   150.000000
mean       5.843333     3.054000      3.758667     1.198667
std        0.828066     0.433594      1.764420     0.763161
min        4.300000     2.000000      1.000000     0.100000
25%        5.100000     2.800000      1.600000     0.300000
50%        5.800000     3.000000      4.350000     1.300000
75%        6.400000     3.300000      5.100000     1.800000
max        7.900000     4.400000      6.900000     2.500000

Process finished with exit code 0
```

图 4-4　特征属性

调用 hist（）函数实现，输出两两特征对比的直方图如图 4-5 所示。

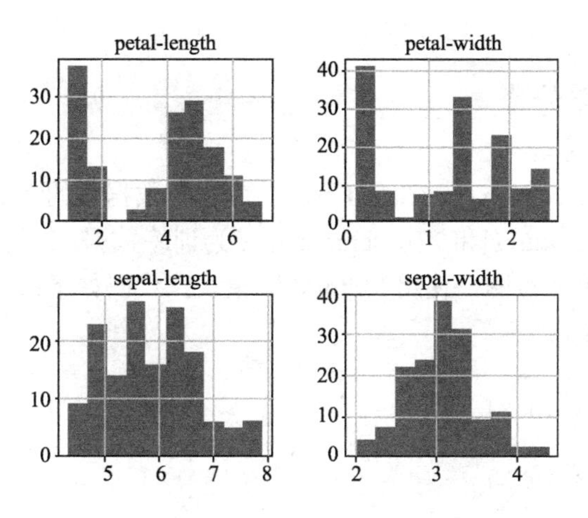

图 4-5　特征比较直方图

4.2.5　训练和分类

划分完训练集和测试集之后，就可以开始预测了。首先是从 sklearn 中导入决策树分类器，对数据集进行训练和分类，代码如下：

```
from sklearn.tree import DecisionTreeClassifier        #导入决策树 DTC 包
                                                        #训练
clf = DecisionTreeClassifier ()                         #所以参数均置为默认状态
clf.fit (iris.data, iris.target)                        #使用训练集训练模型
print (clf)
                                                        #预测
predicted = clf.predict (iris.data)                     #使用模型对测试集进行预测
print (predicted)
```

输出结果如图 4-6 所示。

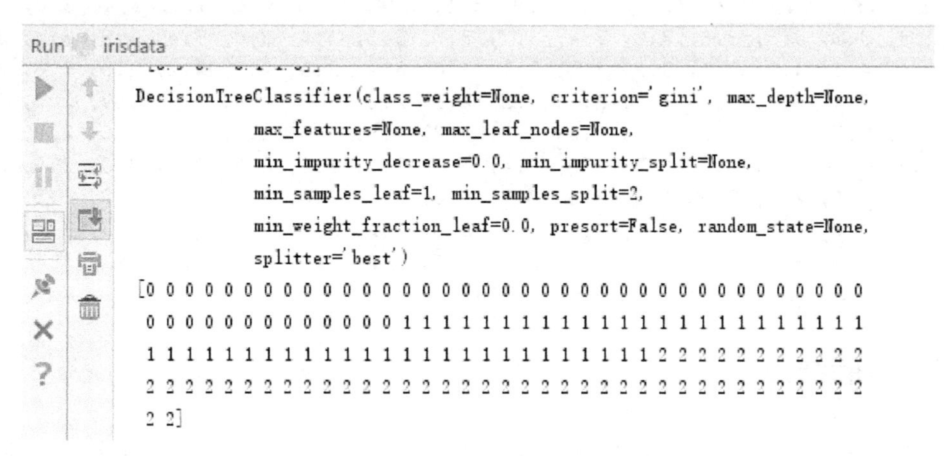

图 4-6　分类结果

4.2.6 数据集多类分类

决策树实现类是 DecisionTreeClassifier，能够执行数据集的多类分类。输入参数为两个数组 x[n_samples,n_features]和 X[n_samples]，x 为训练数据，X 为训练数据的标记数据。把分类好的数据集绘制散点图，使用 Matplotlib 模块，代码如下：

```
#获取花卉两列数据集
X = iris.data
L1 = [x[0] for x in X]
print (L1)
L2 = [x[1] for x in X]
print  (L2)
#绘图
import matplotlib.pyplot as plt
plt.scatter (L1, L2, c=predicted, marker='x')
plt.title ("DTC")                         #图名
plt.show ()                               #显示图片
```

输出结果如下，可以看到分为 3 类，分别代表数据集中的 3 种鸢尾植物。

```
    L1: [5.1, 4.9, 4.7, 4.6, 5.0, 5.4, 4.6, 5.0, 4.4, 4.9, 5.4, 4.8, 4.8, 4.3,
5.8, 5.7, 5.4, 5.1, 5.7, 5.1, 5.4, 5.1, 4.6, 5.1, 4.8, 5.0, 5.0, 5.2, 5.2, 4.7,
4.8, 5.4, 5.2, 5.5, 4.9, 5.0, 5.5, 4.9, 4.4, 5.1, 5.0, 4.5, 4.4, 5.0, 5.1, 4.8,
5.1, 4.6, 5.3, 5.0, 7.0, 6.4, 6.9, 5.5, 6.5, 5.7, 6.3, 4.9, 6.6, 5.2, 5.0, 5.9,
6.0, 6.1, 5.6, 6.7, 5.6, 5.8, 6.2, 5.6, 5.9, 6.1, 6.3, 6.1, 6.4, 6.6, 6.8, 6.7,
6.0, 5.7, 5.5, 5.5, 5.8, 6.0, 5.4, 6.0, 6.7, 6.3, 5.6, 5.5, 5.5, 6.1, 5.8, 5.0,
5.6, 5.7, 5.7, 6.2, 5.1, 5.7, 6.3, 5.8, 7.1, 6.3, 6.5, 7.6, 4.9, 7.3, 6.7, 7.2,
6.5, 6.4, 6.8, 5.7, 5.8, 6.4, 6.5, 7.7, 7.7, 6.0, 6.9, 5.6, 7.7, 6.3, 6.7, 7.2,
6.2, 6.1, 6.4, 7.2, 7.4, 7.9, 6.4, 6.3, 6.1, 7.7, 6.3, 6.4, 6.0, 6.9, 6.7, 6.9,
5.8, 6.8, 6.7, 6.7, 6.3, 6.5, 6.2, 5.9]
    L2: [3.5, 3.0, 3.2, 3.1, 3.6, 3.9, 3.4, 3.4, 2.9, 3.1, 3.7, 3.4, 3.0, 3.0,
4.0, 4.4, 3.9, 3.5, 3.8, 3.8, 3.4, 3.7, 3.6, 3.3, 3.4, 3.0, 3.4, 3.5, 3.4, 3.2,
3.1, 3.4, 4.1, 4.2, 3.1, 3.2, 3.5, 3.1, 3.0, 3.4, 3.5, 2.3, 3.2, 3.5, 3.8, 3.0,
3.8, 3.2, 3.7, 3.3, 3.2, 3.2, 3.1, 2.3, 2.8, 2.8, 3.3, 2.4, 2.9, 2.7, 2.0, 3.0,
2.2, 2.9, 2.9, 3.1, 3.0, 2.7, 2.2, 2.5, 3.2, 2.8, 2.5, 2.8, 2.9, 3.0, 2.8, 3.0,
2.9, 2.6, 2.4, 2.4, 2.7, 2.7, 3.0, 3.4, 3.1, 2.3, 3.0, 2.5, 2.6, 3.0, 2.6, 2.3,
2.7, 3.0, 2.9, 2.9, 2.5, 2.8, 3.3, 2.7, 3.0, 2.9, 3.0, 3.0, 2.5, 2.9, 2.5, 3.6,
3.2, 2.7, 3.0, 2.5, 2.8, 3.2, 3.0, 3.8, 2.6, 2.2, 3.2, 2.8, 2.8, 2.7, 3.3, 3.2,
2.8, 3.0, 2.8, 3.0, 2.8, 3.8, 2.8, 2.8, 2.6, 3.0, 3.4, 3.1, 3.0, 3.1, 3.1, 3.1,
2.7, 3.2, 3.3, 3.0, 2.5, 3.0, 3.4, 3.0]
```

4.2.7 实验结果

对于鸢尾花数据集分类完成的散点图如图 4-7 所示，不同颜色的点代表不同的种类。

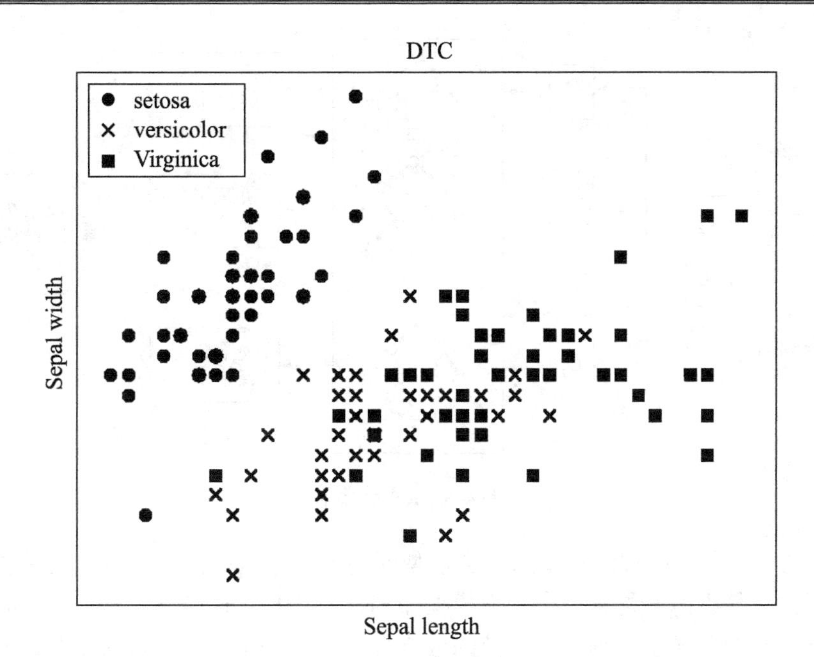

图 4-7　实验结果图

4.3　随 机 森 林

随机森林（RF）是一种统计学习理论，它是利用 bootsrap 重抽样方法从原始样本中抽取多个样本，对每个 bootsrap 样本进行决策树建模，然后组合多棵决策树的预测，通过投票得出最终的预测结果。随机森林具有很高的预测准确率，对异常值和噪声具有很好的容忍度且不容易出现过拟合，因此在医学生物信息管理学等领域有着广泛的应用。本节将介绍随机森林的原理、性质及其优缺点等内容。

4.3.1　随机森林的基本原理

随机森林分类（RFC）是由很多决策树分类模型$\{h\ (X, \Theta k)\ , k=1, \cdots\}$组成的组合分类模型，且参数集$\{\Theta k\}$是独立同分布的随机向量，在给定自变量 X 下，每个决策树分类模型都由一票投票权来选择最优的分类结果。RFC 的基本思想是：首先，利用 bootstrap 抽样从原始训练集中抽取 k 个样本，且每个样本的样本容量都与原始训练集一样；其次，对 k 个样本分别建立 k 个决策树模型，得到 k 种分类结果；最后，根据 k 种分类结果对每个记录进行投票决定其最终分类，详见图 4-8 所示。

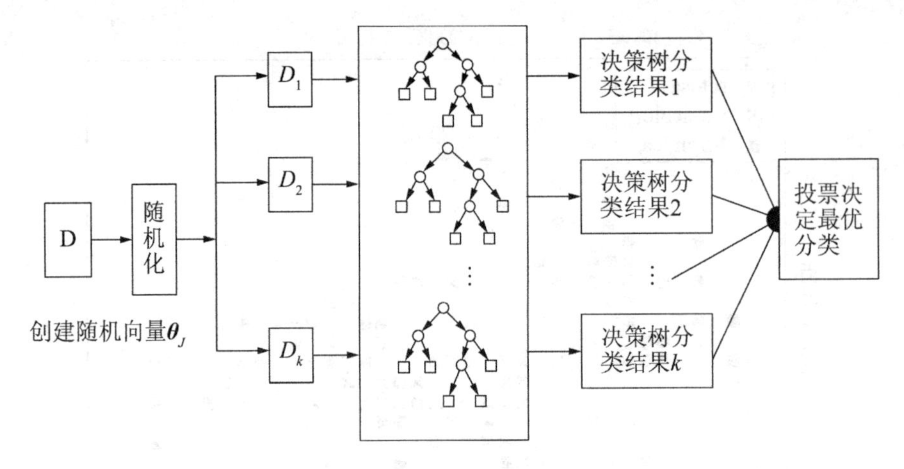

图 4-8　RF 示意图

RF 通过构造不同的训练集增加分类模型间的差异，从而提高组合分类模型的外推预测能力。通过 k 轮训练，得到一个分类模型序列$\{h_1(X), h_2(X), \cdots, h_k(X)\}$，再用它们构成一个多分类模型系统，该系统的最终分类结果采用简单多数投票法。最终的分类决策为：

$$H(x) = \arg\max_{Y} \sum_{i=1}^{k} I(h_i(x) = Y) \tag{4-5}$$

其中，$H(x)$表示组合分类模型，h_i 是单个决策树分类模型，Y 表示输出变量（或称目标变量），$I(\cdot)$为示性函数。式（4-5）说明了使用多数投票决策的方式来确定最终的分类。

4.3.2　随机森林的收敛性

给定一组分类模型$\{h_1(X),h_2(X),\cdots,h_k(X)\}$，每个分类模型的训练集都是从原始数据集$(X,Y)$随机抽样所得，由此可以得到其余量函数（margin function）：

$$mg(X,Y) = av_k I(h_k(x) = Y) - \max_{j \neq k} av_k I(h_k(x) = j) \tag{4-6}$$

余量函数用来测度平均正确分类数超过平均错误分类数的程度。余量值越大，分类预测就越可靠。外推误差（泛化误差）可写成：

$$PE^* = p_{x,y}(mg(X,Y) < 0) \tag{4-7}$$

当决策树分类模型足够多，$h_k(X) = h(X,\Theta k)$服从于强大数定律。可以证明，随着决策树分类模型的增加，所有序列$\Theta 1 \cdots PE^*$几乎处处收敛于：

$$P_{x,y}(P_{\Theta}(h(X,\Theta) = Y) - \max_{j \neq Y} p_{\Theta}(h(X,\Theta) = j) < 0) \tag{4-8}$$

这说明了为什么 RFC 方法不会随着决策树的增加而产生过度拟合的问题，但要注意的是可能会产生一定限度内的泛化误差。

4.3.3　随机森林的 OOB 估计

RF 是决策树的组合，用 bagging 方法产生不同的训练集，也就是从原始训练集里利用 bootstrap 抽样生成新的训练集，对每个新的训练集，利用随机特征选取方法生成决策树，且决策树在生长过程中不进行剪枝。用 bagging 方法生成训练集，原始训练集 D 中每个样本未被抽取的概率为$(1-1/N)^N$，这里 N 为原始训练集 D 中样本的个数。当 N 足够大时，$(1-1/N)^N$将收敛于 $1/e\approx0.368$，这表明原始样本集 D 中接近 37%的样本不会出现在 bootstrap 样本中，这些数据称为袋外（Out-Of-Bag，OOB）数据，使用这些数据来估计模型的性能称为 OOB 估计。之所以使用 bagging 方法，是因为一方面 RFC 使用随机特征时可以提高精度；另一方面还可以使用 OOB 数据估计组合树的泛化误差（PE^*），以及强度（s）和相关系数（ρ）。

对于每一棵决策树，都可以得到一个 OOB 误差估计，将森林中所有决策树的 OOB 误差估计取平均，即可得到 RF 的泛化误差估计。Breiman 通过实验证明，OOB 误差是无偏估计。用交叉验证（CV）估计组合分类器的泛化误差时，可能导致很大的计算量，从而降低算法的运行效率，而采用 OOB 数据估计组合分类器的泛化误差时，可以在构建各决策树的同时计算出 OOB 误差率，最终只需增加少量的计算就可以得到。相对于交叉验证，OOB 估计是高效的，且其结果近似于交叉验证的结果。Tibshirani、Wolpert 和 Macrea-dy 提出了许多装袋预测的泛化误差方法，并建议使用 OOB 估计作为泛化误差估计的方法。Breiman 研究了装袋分类模型（bagged classifier）的误差估计，利用实际例子证明了使用 OOB 估计和使用相同样本容量的测试集的精度一样，因此他认为使用 OOB 估计的话，就没有必要再使用测试集。使用 OOB 数据还可以估计强度和相关系数。它提供了一个内部估计，从而有助于理解分类精度及如何提高精度。

4.3.4　随机森林的随机特征选取

随机特征（输入变量）选取，指 RF 为了提高预测精度，引入随机性，减小相关系数而保持强度不变，每棵决策树都使用一个从某固定概率分布产生的随机向量，可使用多种方法将随机向量合并到树的生长过程。目前主要方法有随机选择输入变量（Forest-RI）和随机组合输入变量（Forest-RC）。很多文献都证明通过随机特征选取的方法相对于其他方法具有更低的泛化误差。比如，Dieterrich 认为随机分割选择比 bagging 方法更好，Breiman 认为在输出变量中引入随机噪声数据方法也优于 bagging 方法。

随机输入变量选取。RF 最简单的随机特征选取是在每一个节点随机选取一小组（比如 F 个）输入变量进行分割，这样决策树的节点分割是根据这 F 个选定的特征，而不是考察所有的特征来决定的。然后利用 CART 方法完全生长树，不进行修剪，有助于减少树的偏倚。一旦决策树构建完毕，就使用多数表决的方法来组合预测，把这样的过程称为随机选择输入变量（Forest random inputs，简称 Forest-RI）。在 RF 构建过程中选择的输入变量个数 F 是固定的。为了增加随机性，可以使用 bagging 方法为 Forest-RI 产生 bootstrap 样本。RF 的强度和相关性都依赖于 F 的大小，如果 F 足够小，树的相关性趋向于减弱；另一方面，分类模型的强度随着输入变量数 F 的增加而提高。由于在每一个节点仅仅需要考察输入变量的一个子集，这种方法显著减少了算法的运行时间。

基于随机变量线性组合的随机森林，假如只有很少的输入变量，比如 M 值不大，用 Forest-RI 法从 M 中随机选择 F 个作为随机特征，这样可能提高模型的强度，但同时也扩大了相关系数。另外一种方法是用许多输入变量的线性组合来定义更多的随机特征来分割树，比如由 L 个变量线性组合作为一个输入特征。在一个给定的节点，L 个变量是随机选取的，以它们的系数作为权重相加，每一个系数都是在[-1,1]之间的均匀分布随机数。生成 F 个线性组合，并从中选取最优的分割。这个过程称为 Forest-RC（Forest random combinations）。

随机特征数的确定。在实际研究中，RF 的随机特征数 F 应该取多少比较合适?不同的随机特征数的选取对模型的强度和相关系数、泛化误差等有何影响？Breiman 研究了随机特征数与强度和相关系数的关系，以及随机特征数与泛化误差的关系，发现对于样本量较小的数据集（比如小于 1000），随着随机特征个数的增加，强度基本保持不变，但是相关系数会相应增加；测试集误差和 OOB 误差比较接近，都随着随机特征数的增加而增加，但 OOB 误差更加稳健。但对于大样本量（比如大于 4000），结果与小样本量不同，强度和相关系数都随着随机特征数的增加而增加，而泛化误差率都随随机特征数的增加而略微减少。Breiman 认为相关系数越低且强度越高的 RF 模型越好。

4.3.5 随机森林的优缺点

1. 随机森林优点

- 在数据集上表现良好，两个随机性的引入，使得随机森林不容易陷入过拟合；
- 在当前的很多数据集上，相对其他算法有着很大的优势，两个随机性的引入，使得随机森林具有很好的抗噪声能力；
- 它能够处理很高维度（feature 很多）的数据，并且不用做特征选择，对数据集的适应能力强：既能处理离散型数据，也能处理连续型数据，数据集无须规范化；
- 可生成一个 Proximities=（p_{ij}）矩阵，用于度量样本之间的相似性：$p_{ij}=a_{ij}/N$，a_{ij} 表示样本 i 和 j 出现在随机森林中同一个叶子节点的次数，N 表示随机森林中树的颗数；
- 在创建随机森林的时候，对 generlization error 使用的是无偏估计；
- 训练速度快，可以得到变量重要性排序（两种：基于 OOB 误分率的增加量和基于分裂时的 GINI 下降量）；

- 在训练过程中，能够检测到 feature 间的互相影响；
- 容易做成并行化方法；
- 实现比较简单。

2．随机森林缺点

- 随机森林已经被证明在某些噪音较大的分类或回归问题上会过拟；
- 对于有不同取值属性的数据，取值划分较多的属性会对随机森林产生更大的影响，所以随机森林在这种数据上产出的属性权值是不可信的。

综上所述，RF 是一种有效的预测工具，是一个组合分类器算法，是树型分类器的组合，它集成了 bagging 和随机选择特征分裂等方法的特点，具有以下特征：RF 的精度和 AdaBoost 相当，甚至更好，但运算速度远远快于 AdaBoost 且不容易过拟合；由 bagging 方法产生的 OOB 数据，可用来进行 OOB 估计。OOB 估计可以用来估计单个变量的重要性，也可用来估计模型的泛化误差；能同时处理连续型变量和分类变量；bagging 和随机选择特征分裂的结合，使该算法能较好地容忍异常值和噪声；RF 还可以提供内部误差估计、强度、相关系数及变量重要性等有用信息。

近年来，RF 在理论和方法上越来越成熟，并被广泛应用到多种学科中，特别是生物生态领域。研究结果表明，RF 比其他算法确有较大的优势。在经济金融方面的应用目前还较少，有兴趣的读者可以做进一步的研究。

4.4　葡萄酒数据集的随机森林分类

这一节将使用随机森林算法实现葡萄酒数据集的分类任务。

4.4.1　数据收集

本节的数据来源是 2009 年 UCI 库中的 Wine Quality Data Set 的数据，大家可以在（http://archive.ics.uci.edu/ml/datasets/Wine+Quality）网址进行下载，选取其中 Vinho Verde 牌子的葡萄牙青酒数据作为分析探究，数据集共计 1600 个样本。在 1600 个样本数据中，包含了 11 个表示该葡萄酒样本的物理及化学性质数据，以及一个代表该葡萄酒样本质量的标志数据，分为高等、中等，低等 3 个质量等级，对应的样本量有 346（21.63%）、1194（74.62%）和 60（3.74%）。各项评价指标如下。

- 品质（QT，离散变量）：目标变量，质量分级为 1 到 3 评分，1 为最低，3 为最高。
- 非挥发性酸含量（Fixed acidity，g/L，连续变量）：酸度赋予葡萄酒清新、清脆的品尝感，但过高的酸度也会令葡萄酒感觉涩口，另外酸也可以防止葡萄酒受到细菌的污染。本节中的葡萄酒中的非挥发性酸值指酒石酸含量，非挥发性酸即对葡萄酒进行加热的时候，这种酸并不会挥发出去。

- 挥发性酸含量（Volatile Acidity，g/L，连续变量）：指醋酸含量。在对葡萄酒进行加热的时候，挥发性酸会挥发出来。
- 柠檬酸含量（Citric Acid，g/L，连续变量）：主要用于添加酸这个程序，用以抑制有害细菌的发育。但由于它的酸性比较浓，一般主要用于去除葡萄酒中多余的铁和铜。
- 残余糖分含量（Residual Sugar，g/L，连续变量）：葡萄酒主要由葡萄酿制，在发酵的过程中，葡萄中的糖分会被发酵酵母分解转化成二氧化碳和酒精。主要反映甜度，让酒味变得柔和。
- 氯化钠含量（Chlorides，g/L，连续变量）：测定的是氯化钠含量，氯离子可能降低葡萄酒的适口性。
- 游离二氧化硫含量（Free Sulfur Dioxide，mg/L，连续变量）：游离二氧化硫一般浮游在葡萄酒的表面，在葡萄酒中有杀菌、澄清、抗氧化、增酸，以及使酒的风味变好等作用，但是过高含量的二氧化硫会使到葡萄酒具有刺激性气味，同时对人体也有毒害作用。
- 总二氧化硫含量（Total Sulfur Dioxide，mg/L，连续变量）：葡萄酒中的二氧化硫是指游离二氧化硫和绑定二氧化硫，两者相加就是总的二氧化硫含量。一般来说，当葡萄酒中的游离二氧化硫挥发后，绑定的二氧化硫将会有一部分转化为游离二氧化硫，这是一个转移平衡的过程。
- 密度（Density，g/ml，连续变量）：一般认为葡萄酒的密度越大，口感会越好。但具体的实际影响还没有得到探究。
- 酸碱度（pH，连续变量）：pH 能对葡萄酒的风味和颜色有较大的影响。在实际操作中，pH 值无论是对葡萄还是葡萄酒来说都是一个易于管理和控制的质量参数。
- 硫酸钾含量（Sulphates，g/L，连续变量）：硫酸盐的增加可能与发酵营养有关，而发酵营养对提高葡萄酒香气是非常重要的。
- 酒精浓度（Alcohol，%，连续变量）：酒精能够为葡萄酒带来甜润感，酒精浓度用于反映葡萄酒的浓厚度。

4.4.2 相关库函数简介

本次实验所需导入的模型有 NumPy、Sklearn 和 PyLab，代码如下：

```
#导入所需的包
import numpy
import urllib.request
from sklearn.model_selection import train_test_split
from sklearn import ensemble
from sklearn.metrics import mean_squared_error
import pylab as plot
```

1. NumPy模型

NumPy 系统是 Python 的一种开源的数值计算扩展。这种工具可用来存储和处理大型矩阵，比 Python 自身的嵌套列表（nested list structure）结构要高效得多（该结构也可以用来表示矩阵）。

一个用 Python 实现的科学计算包包括：一个强大的 *N* 维数组对象 Array；比较成熟的（广播）函数库；用于整合 C/C++和 Fortran 代码的工具包；实用的线性代数、傅里叶变换和随机数生成函数。NumPy 和稀疏矩阵运算包 Scipy 配合使用更加方便。

NumPy（Numeric Python）提供了许多高级的数值编程工具，如矩阵数据类型、矢量处理及精密的运算库。这些工具专为进行严格的数字处理而产生，多为大型金融公司使用，以及核心的科学计算组织如 Lawrence Livermore、NASA，用其处理一些本来使用 C++、Fortran 或 MATLAB 等所做的任务。

NumPy 可以使用 pip 命令安装。首先进入命令提示符，输入 pip install numpy 即可安装 NumPy，如果之前没有安装这个包则会自动下载安装，如果已经安装过，则显示已经安装。

2. Sklearn模型

Sklearn 全称是 Scikit learn，是机器学习领域当中最知名的 Python 模块之一。Sklearn 包含了很多种机器学习的方式，如分类（Classification）、回归（Regression）、非监督分类（Clustering）、数据降维（Dimensionality reduction）、模型选择（Model Selection）和数据预处理（Preprocessing）。

与 NumPy 一样，Sklearn 也可以使用 pip 命令安装。进入命令提示符，输入 pip install sklearn 即可安装 Sklearn，如果之前没有安装这个包则会自动下载安装。如果安装过则会提示已经安装，不需要再进行安装操作。

3. PyLab模块

PyLab 模块是一款由 Python 提供的可以绘制二维和三维数据的工具模块，其中包括了绘图软件包 Matplotlib，其可以生成 MATLAB 绘图库的图像。但是在安装了 Python 后，默认状态下并不包含 PyLab 模块，所以要先安装 PyLab 模块。安装 PyLab，需要使用 pip install scipy 和 pip install matplotlib 两条命令。

4.4.3　数据基本分析

1. 样本数据的整体分析

为了使读者能够对数据的样本有一个总体的认识，先对样本数据进行简单的描述汇总，具体如表 4-1 所示。

表 4-1　总体样本数据的简单描述

变　　量	平 均 值	最 小 值	最 大 值	范　　围	标 准 差
挥发性酸	6.855	3.800	14.200	10.400	0.844
非挥发性酸	0.278	0.080	1.100	1.020	0.101
柠檬酸	0.334	0.000	1.660	1.660	0.121
残余糖分	6.391	0.600	65.800	65.200	5.072
氧化钠	0.046	0.009	0.346	0.337	0.022
游离二氧化硫	35.308	2.000	289.000	287.000	17.007
总二氧化硫	138.361	9.000	440.000	431.000	42.498
密度	0.994	0.987	1.039	0.052	0.003
pH	3.188	2.720	3.820	1.100	0.151
硫酸钾	0.490	0.220	1.080	0.860	0.114
酒精	10.514	8.000	14.200	6.200	1.231
品质	---	1	3	---	---

2. 各等级样本的数据分布及相关分析

由于主要是考察各个品质类别的分类问题，因此为了进一步考察各等级样本的差异，分别对各等级样本进行简单的统计分析，如表 4-2、表 4-3 和表 4-4 所示。

表 4-2　高等葡萄酒样本的简单描述

变　　量	平 均 值	最 小 值	最 大 值	范　　围	标 准 差
挥发性酸	6.725	3.900	9.200	5.300	0.769
非挥发性酸	0.265	0.080	0.760	0.680	0.094
柠檬酸	0.326	0.010	0.740	0.730	0.080
残余糖分	5.262	0.800	19.250	18.450	4.291
氧化钠	0.038	0.012	0.135	0.123	0.011
游离二氧化硫	34.550	5.000	108.000	103.000	13.797
总二氧化硫	125.245	34.000	229.000	195.000	32.725
密度	0.992	0.987	1.001	0.013	0.003
pH	3.215	2.840	3.820	0.980	0.157
硫酸钾	0.300	0.220	1.080	0.860	0.133
酒精	11.416	8.500	14.200	5.700	1.255

表 4-3　中等葡萄酒样本的简单描述

变　　量	平 均 值	最 小 值	最 大 值	范　　围	标 准 差
挥发性酸	6.876	3.800	14.200	10.400	0.839
非挥发性酸	0.277	0.080	0.965	0.885	0.095
柠檬酸	0.338	0.000	1.660	1.660	0.128

（续）

变　　量	平　均　值	最　小　值	最　大　值	范　　围	标　准　差
残余糖分	6.798	0.600	65.800	65.200	5.249
氧化钠	0.048	0.009	0.346	0.337	0.023
游离二氧化硫	35.962	2.000	131.000	129.000	16.740
总二氧化硫	142.571	9.000	344.000	35.000	42.958
密度	0.994	0.987	1.039	0.052	0.003
pH	3.181	2.720	3.810	1.090	0.147
硫酸钾	0.488	0.230	1.060	0.830	0.108
酒精	10.270	8.000	14.000	6.000	1.104

表 4-4　低等葡萄酒样本的简单描述

变　　量	平　均　值	最　小　值	最　大　值	范　　围	标　准　差
挥发性酸	7.181	4.200	11.800	7.600	1.172
非挥发性酸	0.376	0.110	1.100	0.990	0.171
柠檬酸	0.308	0.000	0.880	0.880	0.157
残余糖分	4.821	0.700	17.550	16.850	4.323
氧化钠	0.051	0.013	0.290	0.277	0.029
游离二氧化硫	26.634	3.000	289.000	286.000	31.002
总二氧化硫	130.232	10.000	440.000	430.000	62.373
密度	0.994	0.989	1.000	0.011	0.003
pH	3.183	2.830	3.720	0.890	0.169
硫酸钾	0.476	0.250	0.870	0.620	0.118
酒精	10.173	8.000	13.500	5.500	1.028

从以上表中的三个等级的简单描述来看，可以发现部分变量和质量间存在着一定的相关关系，例如挥发性酸度、非挥发性酸度、氯化钠含量的平均值都随着品质的提升而减低，而硫酸钾含量及酒精浓度都随着品质的提升而提升。另外，比较明显的是质量越高的葡萄酒之间，其属性的波动范围值也越小，反之，质量越低，波动则越大。从标准差来看，一共 11 个变量的标准差，其中标准差数大（>）的 5 个值都属于低等葡萄酒的样本值。

因此，关于数据及模型应该清楚的是：葡萄酒品质的评定是一个味觉和嗅觉等感觉的综合评价，以上指标不但其本身在一定程度上影响葡萄酒的品质，而且这些指标间也有可能是相互综合影响的，同时可以知道，这些感觉应在正常的范围值讨论，这点从品质越高的葡萄酒的指标范围越小就可以知道。因此下文的分析，尤其是关于相关关系分析的部分，若得出 X 变量与因变量呈正相关关系的结论时，则表达的意思是，在对于葡萄酒品质的评判中，在 X 变量的正常范围内，X 与葡萄酒品质呈正相关关系。

而为了进一步考察这一种相关关系，接下来进行相关分析，如表 4-5 和表 4-6 所示。

表4.5和表4.6中，有上标*的数值表示该相关系数通过了双尾检验（显著水平P=0.05）。从表4.5和表4.6中可以看出，残余糖分含量和密度、酒精浓度与密度、总二氧化硫含量和游离二氧化硫含量，以及总二氧化硫含量和密度有较大的相关性，相关系数大于0.5，而残余糖分含量与酒精浓度、总二氧化硫含量与酒精浓度、pH值与非挥发性酸含量，总二氧化硫含量和残余糖分含量有一定的相关性，相关系数均大于0.4，并且以上的相关系数均通过了显著性检验。

表 4-5　各变量的相关系数比较 1

	非挥发性酸	挥发性酸	柠檬酸	残余糖分	氯化钠	游离二氧化硫
非挥发性酸	1	−0.023	0.289	0.089*	0.023	−0.049*
挥发性酸	−0.023	1	−0.149*	0.064*	0.071*	−0.097*
柠檬酸	0.289*	−0.149*	1	0.094*	0.114*	0.094*
残余糖分	0.089*	0.064*	0.094*	1	0.089*	0.299*
氯化钠	0.023	0.071*	0.114*	0.089*	1	0.101*
游离二氧化硫	−0.049	−0.097*	0.094*	0.299*	0.101*	1
总二氧化硫	0.091*	0.089*	0.121*	0.401*	0.199*	0.616*
密度	0.265*	0.027	0.150*	0.839*	0.257*	0.294*
pH	−0.426*	−0.032*	−0.164*	−0.194*	−0.090*	−0.001
硫酸钾	−0.017	−0.036*	0.062*	−0.027	0.017	0.059*
酒精	−0.121*	0.068*	−0.076*	−0.451*	−0.360*	0.250*
品质	−0.101*	−0.136*	−0.014*	−0.078*	−0.178*	0.02*

表 4-6　各变量的相关系数比较 2

	非挥发性酸	挥发性酸	柠檬酸	残余糖分	氯化钠	游离二氧化硫
非挥发性酸	0.091*	0.265*	−0.426*	−0.017*	−0.121*	−0.101*
挥发性酸	0.089*	0.027	−0.032*	−0.036*	0.068*	0.136*
柠檬酸	0.121*	0.150*	−0.164*	0.062*	−0.076*	−0.014*
残余糖分	0.401*	0.839*	−0.194*	−0.027	−0.451*	−0.078*
氯化钠	0.199*	0.257*	−0.090*	0.017*	−0.360*	−0.178*
游离二氧化硫	0.616*	0.294*	−0.001	0.059*	−0.250*	0.02
总二氧化硫	1	0.530*	0.002	0.135*	−0.449*	−0.127*
密度	0.530*	1	−0.094*	0.074*	−0.780*	−0.257*
pH	0.002	−0.094*	1	0.156*	0.121*	0.084*
硫酸钾	0.135*	0.074*	0.156*	1	−0.017	0.051*
酒精	−0.449*	−0.780*	0.121*	−0.017	1	0.359*
品质	−0.127*	−0.257*	0.084*	0.051*	0.359*	1

4.4.4　使用随机森林构建模型

1．使用模型前的数据处理

本次分析的样本数据共计 1600 例，考虑到模型分类中可能出现的过拟合问题，以及需要检验的原因，从整体样本中随机抽取 70%划分为训练集，用于训练分类模型。剩下的 30%作为测试集，用于检验模型的准确性及比较各分类模型的性能。具体操作如下：

```
#从网页中读取数据
url="http://archive.ics.uci.edu/ml/machine-learning-databases/wine-quality/
winequality-red.csv"
data=urllib.request.urlopen(url)
#将数据中第一行的属性读取出来放在 names 列表中，将其他行的数组读入 row 中
#并将 row 中最后一列提取出来放在 labels 中作为标签，并使用 pop 将该列从 row 中去除
#最后将剩下的属性值转化为 float 类型存入 xList 中
xlist=[]
labels=[]
names=[]
firstline=True
for line in data:
    if firstline:
        names=line.strip().split(b';')
        firstline=False
    else:
        row=line.strip().split(b';')
        labels.append(float(row[-1]))
        row.pop()
        floatrow=[float (num)  for num in row]
        xlist.append (floatrow)
#计算几行几列
nrows=len(xlist)
ncols=len(xlist[1])
#转化为 numpy 格式
x=numpy.array(xlist)
y=numpy.array(labels)
winenames=numpy.array(names)
#随机抽 30%的数据用于测试，随机种子为 531 固定值，确保多次运行结果相同便于优化算法
xtrain,xtest,ytrain,ytest=train_test_split(x,y,test_size=0.30,random_
state=531)
mseoos=[]
#测试 50~500 棵决策树的方差(步长 10)
ntreelist=range(50,500,10)
for itrees in ntreelist:
    depth=None
    maxfeat=4
```

2. 建立随机森林模型

建立随机森林模型代码如下，并分别在相应的代码后面添加绘图代码以方便查看结果。

```
#随机森林算法生成训练
winerandomforestmodel=ensemble.RandomForestRegressor(n_estimators=itrees,
max_depth=depth,max_features=maxfeat,oob_score=False,random_state=531)
winerandomforestmodel.fit(xtrain,ytrain)
#测试方差放入列表
prediction=winerandomforestmodel.predict(xtest)
mseoos.append (mean_squared_error(ytest,prediction))
print("MSE")
print(mseoos[-1])
plot.plot(ntreelist,mseoos)
plot.xlabel("number of trees")
plot.ylabel("fang cha")
plot.show()
#用 feature_importances_方法提取属性重要性 NumPy 数组
featureimportance=winerandomforestmodel.feature_importances_
#归一化
featureimportance=featureimportance/featureimportance.max()
#argsort 方法返回 array 类型的索引
sorted_idx=numpy.argsort(featureimportance)
#函数说明：arange([start,] stop[, step,], dtype=None)根据 start 与 stop 指定的
范围及 step 设定的步长，生成一个 ndarray
barpos=numpy.arange(sorted_idx.shape[0]) + .5
plot.barh(barpos,featureimportance[sorted_idx],align='center')
plot.yticks(barpos,winenames[sorted_idx])
plot.xlabel("variable importance")
plot.show()#显示结果图像
```

4.4.5 实验结果

分析测试的相对重要性分布图如图 4-9 所示。应该注意的是，图中显示了 11 个相关参数的完整输入，因为在每个模拟中可以选择不同的变量组。在一些情况下，获得的结果证实了酿酒学理论。例如，酒精的增加（第 4 和第 2 个最相关的因素）往往导致更高品质的葡萄酒。此外，每种葡萄酒类型的排名都不相同。例如，白葡萄酒中的柠檬酸和残糖水平更为重要，其中新鲜度和甜味之间的平衡更受关注。此外，由于醋酸是醋中的关键成分，因此挥发性酸度具有负面影响。最有趣的结果是硫酸盐的高度重要性，在这两种情况下排名第一。在酿酒学上，这个结果可能非常有趣。硫酸盐的增加可能与发酵营养有关，这对改善葡萄酒香气非常重要。

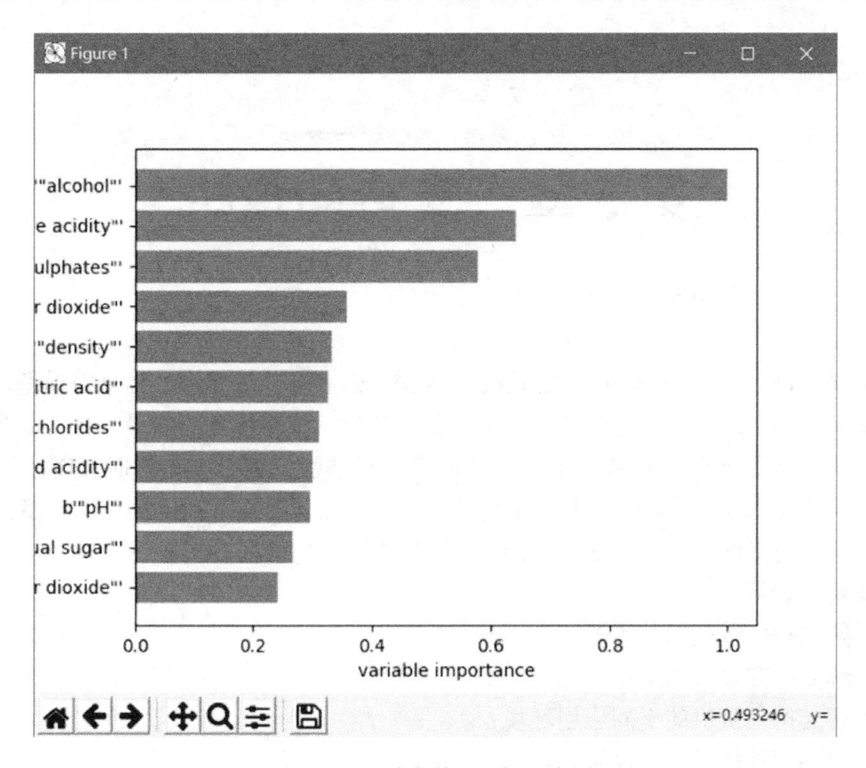

图 4-9　相关参数重要性分布图

4.5　本章小结

随着计算机及网络在人们生活中的日益普及，数据挖掘的必要性逐渐突出。分类技术作为其较为重要且应用广泛的技术之一，对其研究及运用的重要性也逐渐显现。本章着重介绍了决策树和随机森林，对决策树和随机森林的基本概念和算法原理进行了详细讲解，并且使用了决策树对鸢尾花数据集进行分类；使用了随机森林对葡萄酒数据集进行分类。通过对本章的学习，读者应该对决策树算法和随机森林算法有了进一步的认识。

第5章　支持向量机

支持向量机（Support Vector Machine，SVM）通俗来讲是一种二类分类模型，其基本模型定义为特征空间上间隔最大的线性分类器，其学习策略便是间隔最大化，最终可转化为一个凸二次规划问题的求解。虽然支持向量机在解决二值分类问题时获得了巨大的成功，但实际应用中的大量多值分类问题也进一步要求如何将支持向量机推广到多分类问题上，目前有一对多法、一对一法和SVM决策树法这几种常用方法。

本章要点如下：

- 了解支持向量机的基本概念；
- 了解支持向量机的工作原理；
- 了解支持向量机的不同应用环境；
- 使用不同的核函数予以实现。

5.1　SVM的工作原理及分类

本节主要介绍的是支持向量机的工作原理、线性可分的支持向量机，以及线性不可分的支持向量机。

5.1.1　支持向量机的原理

图像识别技术是人工智能的一个重要领域。如图5-1所示，（训练集）红色点（图中斜线以上部分）是已知的分类1，（训练集）蓝色点（图中斜线以下部分）是已知的分类2，想寻找一个分界超平面（图中斜线）（因为本例是二维数据点，所以只是一条线，如果数据是三维的，则就是平面，如果是三维以上，则是超平面）把这两类完全分开，这样的话再来一个样本点需要预测的话，就可以根据这个分界超平面预测出分类结果。

从数学上说，超平面的公式是$W^{\mathrm{T}}x+b=0$，也就是说如何选取这个w。传统方法是根据最小二乘错误法（least squared error），首先随便定选取一个随机平面，也就是随机选取w和b，然后想必会在训练集中产生大量的错误分类，$W^{\mathrm{T}}x+b$结果应该大于0的时候小于0，应该小于0的时候大于0。这时候有一个错误损失，也就是说对于所有错误的分类，最小二乘法的目标就是让它们的平方和值趋于最小，对 w 求导取 0，采用梯度下降算法，可以求出错误平方和的极值，求出最优的 w，也就是求出最优的超平面。

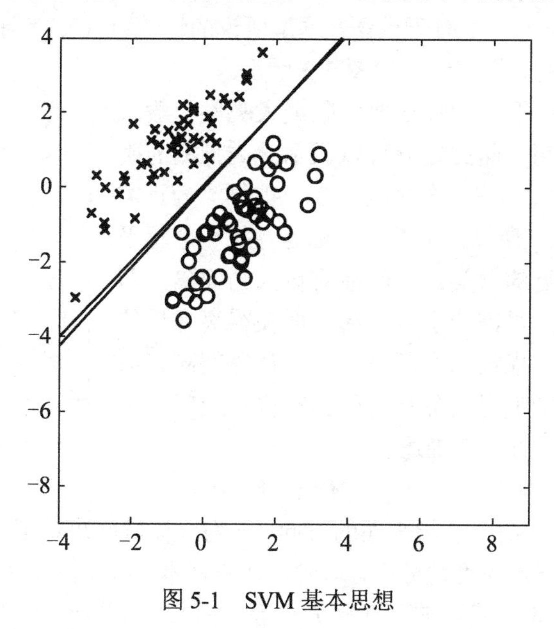

图 5-1　SVM 基本思想

SVM 算法的思路不同于传统的最小二乘策略的思想，采用一种新的思路，这个分界面有什么样的特征呢？第一，它“夹”在两类样本点之间；第二，两类样本点中所有“离它最近的点”都离它尽可能的远，如图 5-2 所示。

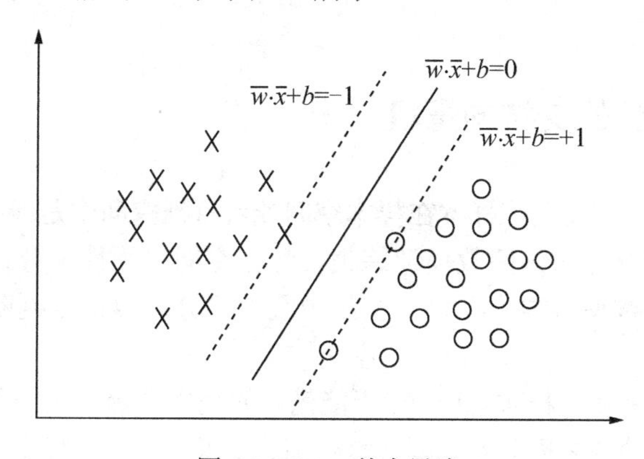

图 5-2　SVM 基本思路

5.1.2　线性可分的支持向量机

如果一个线性函数能够将样本分开，就可以称这些数据样本是线性可分的。那么什么是线性函数呢？其实很简单，在二维空间中就是一条直线，在三维空间中就是一个平面，以此类推，如果不考虑空间维数，这样的线性函数统称为超平面。下面来看一个简单的二维空间的例子，O 代表正类，X 代表负类，样本是线性可分的，但是很显然不是只有这一条直线可以将样本分开，而是有无数条，这里所说的线性可分支持向量机就对应着能将数据正确划分并且间隔最大的直线，如图 5-3 所示。

那么考虑第一个问题，为什么要间隔最大呢？一般来说，一个点距离分离超平面的远近可以表示分类预测的确信度，如图 5-3 中的 A、B 两个样本点，B 点被预测为正类的确信度要大于 A 点，所以 SVM 的目标是寻找一个超平面，使得离超平面较近的异类点之间能有更大的间隔，即不必考虑所有样本点，只需让求得的超平面使得离它近的点间隔最大。接下来考虑第二个问题，怎么计算间隔？只有计算出了间隔，才能使得间隔最大化。在样本空间中，划分超平通过如下线性方程来描述：

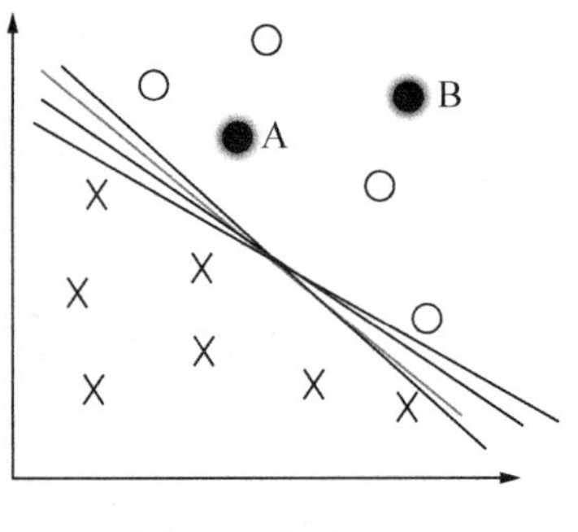

图 5-3　线性 SVM

$$\boldsymbol{W}^T x + \mathrm{b} = 0 \tag{5-1}$$

其中 $\boldsymbol{W}$ 为法向量，决定了超平面的方向，b 为位移量，决定了超平面与原点的距离。假设超平面能将训练样本正确地分类，即对于训练样本 (x_i, y_i)。y_i=+1 表示样本为正样本，y_i=−1 表示样本为负样本，式子前面选择大于等于+1，小于等于−1 只是为了计算方便，原则上可以是任意常数，但无论多少，都可以通过对 $\boldsymbol{w}$ 的变换使其为+1 和−1，此时将公式等于：

$$y_i(\boldsymbol{W}^T x_i + \mathrm{b}) \geqslant 1 \tag{5-2}$$

5.1.3　非线性可分的支持向量机

在前面的讨论中，假设训练样本在样本空间或者特征空间中是线性可分的，但在现实任务中往往很难确定合适的核函数使训练集在特征空间中线性可分，退一步说，即使瞧好找到了这样的核函数使得样本在特征空间中线性可分，也很难判断是不是由于过拟合造成。

线性不可分意味着某些样本点(x_i, y_i)不能满足间隔大于等于 1 的条件，如图 5-4 所示。样本点落在超平面与边界之间。为了解决这一问题，可以对每个样本点引入一个松弛变量 $\delta_i > 0$，使得间隔加上松弛变量大于等于 1，这样约束条件变为：可理解为自动的“特征学习”（representation learning）。特征学习将以往由人类专家设计样本特征这一过程交由机器自动完成，让机器根据任务需求学习特定的特征，更好地完成初始的任务。

$$y_i(W^T x_i + \mathrm{b}) > 1 - \delta_i \tag{5-3}$$

其中 C>0 为惩罚参数，C 值大时对误分类的惩罚增大，C 值小时对误分类的惩罚减小，

最小化目标函数包含两层含义：使$\frac{1}{2}\|w\|^2$尽量小，即间隔尽量大，同时使误分类点的个数尽量小，C是调和两者的系数。因此使用这个方法，可以和线性可分支持向量机一样考虑线性支持向量机的学习过程，此时，线性支持向量机的学习问题变成如下凸二次规划问题的求解，如图 5-4 所示。

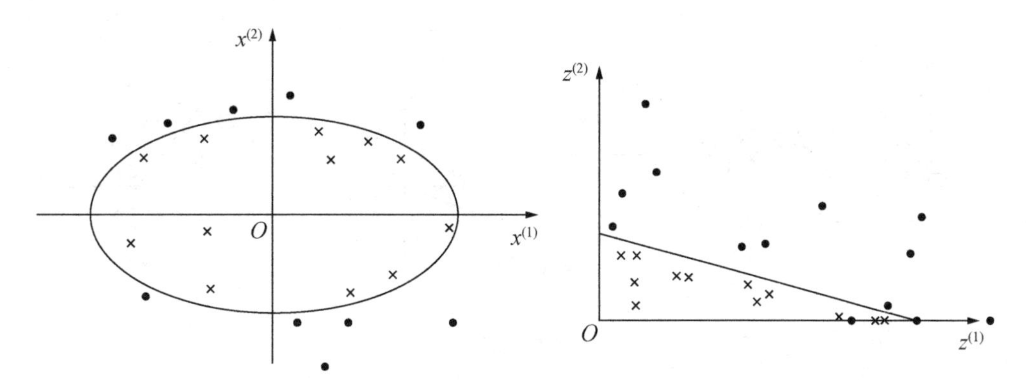

图 5-4　非线性 SVM

5.2 核 函 数

如上一节所介绍，通过将空间映射到跟高维度来分类非线性数据的方法，会带来很大的计算成本：可能会出现很多新的维度，每一个维度可能会带来复杂的计算。因为数据集中的所有向量做这种操作会带来大量的工作，所以寻找一个更简单的方法非常重要。幸运的是目前已经找到了诀窍：SVM 其实并不需要真正的向量，可以用它们的数量积来进行分类。这意味着可以避免计算资源的耗费了。这就是核函数的技巧，它可以减少大量的计算资源的需求。通常，内核是线性的，所以可得到一个非线性的分类器：只需改变点积为我们想要的空间，SVM 就会忠实地对它进行分类。

5.2.1 核函数简介

而对于非线性的情况，SVM 的处理方法是选择一个核函数 k，通过将数据映射到高维空间，来解决在原始空间中线性不可分的问题。

此外，因为训练样例一般是不会独立出现的，它们总是以成对样例的内积形式出现，而用对偶形式表示学习器的优势在于在该表示中可调参数的个数不依赖输入属性的个数，通过使用恰当的核函数来替代内积，可以隐式地将非线性的训练数据映射到高维空间，而不增加可调参数的个数（当然，前提是核函数能够计算对应着两个输入特征向量的内积）。

在线性不可分的情况下，支持向量机首先在低维空间中完成计算，然后通过核函数将输入空间映射到高维特征空间，最终在高维特征空间中构造出最优分离超平面，从而把平面上本身不好分的非线性数据分开。如图 5-5 所示，一堆数据在二维空间无法划分，从而映射到三维空间里划分。

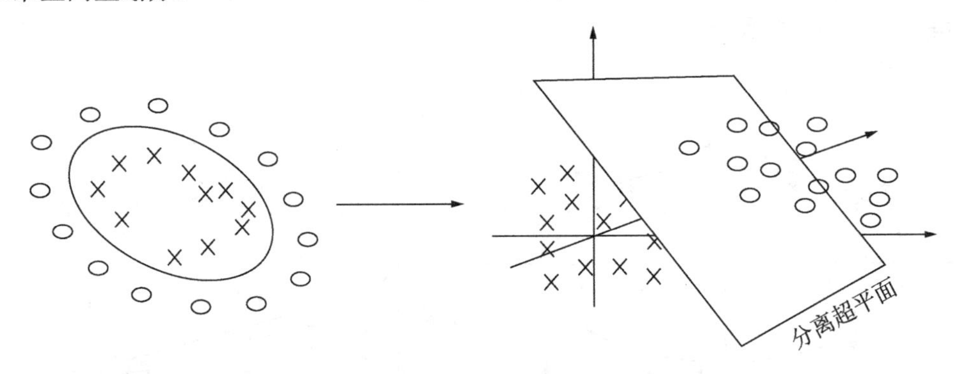

图 5-5　核映射

如果有一种方式可以在特征空间中直接计算内积 $\langle \phi(x_i) \cdot \phi(x) \rangle$，就像在原始输入点的函数中一样，就有可能将两个步骤融合到一起建立一个非线性的学习器，这样直接计算的方法称为核函数方法：

$$K(x,z) = \langle \phi(x) \cdot \phi(z) \rangle \tag{5-4}$$

5.2.2　几种常见的核函数

线性核（Linear Kernel）：

$$K(x,z) = X^T y + c \tag{5-5}$$

多项式核（Polynomial Kernel）：

$$K(x,z) = (axy + c)^d \tag{5-6}$$

径向基核函数（Radial Basis Function）：

$$K(x,z) = \exp(-r\|x - y\|^2) \tag{5-7}$$

这也叫高斯核（Gaussian Kernel）。

5.2.3　核函数如何处理非线性数据

下面来看个核函数的例子。如图 5-6 所示的两类数据，分别分布为两个圆圈的形状，这样的数据本身就是线性不可分的，此时该如何把这两类数据分开呢？

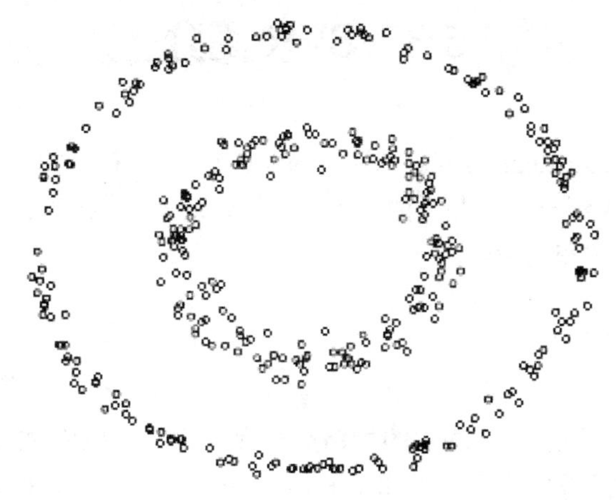

图 5-6　非线性数据

把这里的计算两个向量在隐式映射过后的空间中的内积函数叫做核函数（Kernel Function），例如，在刚才的例子中，核函数为：

$$K(x,z) = (\langle x,z \rangle + 1)^2 \tag{5-8}$$

核函数能简化映射空间中的内积运算——刚好“碰巧”的是，在 SVM 里需要计算的地方数据向量总是以内积的形式出现的。当然，因为这里的例子非常简单，所以可以手工构造出对应的核函数，但对于任意一个映射，想要构造出对应的核函数就很困难了。

5.2.4　如何选择合适的核函数

通常人们会从一些常用的核函数中选择（根据问题和数据的不同，选择不同的参数，实际上就是得到了不同的核函数），例如：

多项式核：显然上节中举的例子是多项式核的一个特例($R = 1$，$d = 2$)。虽然比较麻烦，而且没有必要，不过这个核所对应的映射实际上是可以写出来的，该空间的维度是原始空间的维度。

高斯核：这个核就是前面提到的会将原始空间映射为无穷维空间。不过，如果选得很大的话，高斯特征上的权重实际上衰减得非常快，所以实际上（数值上近似一下）相当于一个低维的子空间；反过来，如果选得很小，则可以将任意的数据映射为线性可分。当然，这并不一定是好事，因为随之而来的可能是非常严重的过拟合问题。不过总的来说，通过调控参数，高斯核实际上具有相当高的灵活性，也是使用最广泛的核函数之一。

线性核：这实际上就是原始空间中的内积。这个核存在的主要目的是使“映射后空间中的问题”和“映射前空间中的问题”两者在形式上统一起来了。

5.3 SVR 简介

SVR（Support Vector Regression，支持向量回归）是支持向量机（SVM）的重要应用分支。SVR 回归就是找到一个回归平面，让一个集合的所有数据到该平面的距离最近。本节主要介绍 SVR 的原理和使用。

5.3.1 SVR 原理

SVR 是 SVM 的一种运用，基本的思路是一致，除了一些细微的区别。使用 SVR 作回归分析，与 SVM 一样需要找到一个超平面，不同的是：在 SVM 中要找出一个间隔（gap）最大的超平面，而在 SVR 中是定义一个 ε，如 5-7 图所示，定义虚线内区域的数据点的残差为 0，而虚线区域外的数据点（支持向量）到虚线的边界的距离为残差（ξ）。与线性模型类似，希望这些残差（ξ）最小（Minimize）。所以大致上来说，SVR 就是要找出一个最佳的条状区域（2ε 宽度），再对区域外的点进行回归。

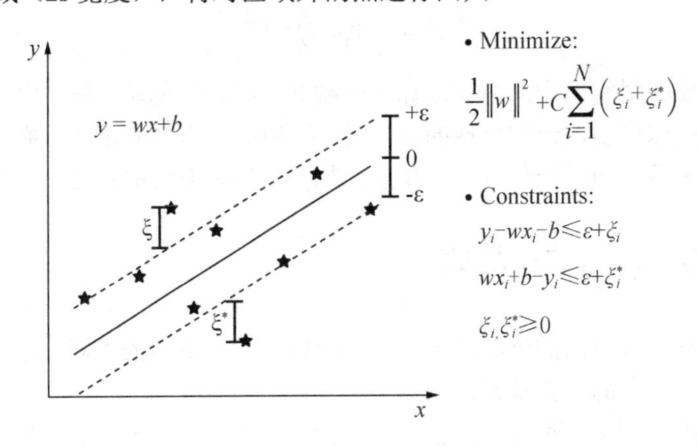

图 5-7 SVR 的基本原理

对于非线性的模型，与 SVM 一样使用核函数（kernel function）映射到特征空间，然后再进行回归。

5.3.2 SVR 模型

在 Python 中，建立 SVR 模型也很简单。首先载入 sklearn.svm 包，该包提供了一个 SVR()函数。代码如下：

```
#SVR 模型
import numpy as np
from sklearn.svm importSVR
import matplotlib.pyplot as plt
```

接着需要生成样本数据，使用随机生成函数生成，代码如下：

```
X = np.sort(5 * np.random.rand(40, 1), axis=0)
#产生 40 组数据，每组一个数据，axis=0 决定按列排列，=1 表示行排列
y = np.sin(X).ravel()
#np.sin()输出的是列，和 X 对应，ravel 表示转换成行
```

然后，使用 SVR()函数拟合回归模型，代码如下：

```
svr_rbf = SVR(kernel='rbf', C=1e3, gamma=0.1)
#选用高斯核函数
svr_lin = SVR(kernel='linear', C=1e3)
#选用线性核函数
svr_poly = SVR(kernel='poly', C=1e3, degree=2)
#选用多项式核函数
#拟合回归模型
y_rbf = svr_rbf.fit(X, y).predict(X)
y_lin = svr_lin.fit(X, y).predict(X)
y_poly = svr_poly.fit(X, y).predict(X)
```

最后，只需要调用 plt.plot()函数，就可以可视化最终的结果，这样 SVR 模型构建的一般过程就完成了。

5.4　时间序列曲线预测

本节分别采用了 3 种核函数进行实验，即高斯核函数、线性核函数和多项式核函数，通过比较 3 种核函数的回归和预测效果，选取最优的核函数进行预测。

5.4.1　生成训练数据集

首先导入所需要的库，然后用随机数种子和正弦函数生成数据集，并将数据集打印到控制台。代码如下：

```
#导入相应的包
import numpy as np
from sklearn import svm
import matplotlib.pyplot as plt
from sklearn.metrics import mean_squared_error, mean_absolute_error
```

```
if __name__ == "__main__":
    N = 50                                                    #生成训练数据 x 和 y
    np.random.seed(0)                                         #初始化为 0
    print('训练数据集(x,y):')
    x = np.sort(np.random.uniform(0, 6, N), axis=0)           #生成 x
    print ('x =\n', x)
    y = 2*np.sin(x) + 0.1*np.random.randn(N)                  #生成 y
    x = x.reshape(-1, 1)
    print ('y =\n', y)
```

生成的训练数据集如图 5-8 所示。

```
训练数据集(x,y):
x =
 [0.1127388  0.12131038 0.36135283 0.42621635 0.5227758  0.70964656
 0.77355779 0.86011972 1.26229537 1.58733367 1.89257011 2.1570474
 2.18226463 2.30064911 2.48797164 2.5419288  2.62219172 2.62552327
 2.73690199 2.76887617 3.13108993 3.17336952 3.2692991  3.29288102
 3.40826737 3.41060369 3.61658026 3.67257434 3.70160398 3.70581298
 3.83952613 3.87536468 4.00060029 4.02382722 4.09092179 4.18578718
 4.2911362  4.64540214 4.66894051 4.68317506 4.75035023 4.79495139
 4.99571907 5.22007289 5.350638   5.55357983 5.66248847 5.6680135
 5.78197656 5.87171005]
y =
 [ 0.05437325  0.43710367  0.65611482  0.78304981  0.87329469
1.38088042
  1.23598022  1.49456731  1.81603293  2.03841677  1.84627139
1.54797796
  1.63479377  1.53337832  1.22278185  1.15897721  0.92928812
0.95065638
  0.72022281  0.69233817 -0.06030957 -0.23617129 -0.23697659
-0.34160192
 -0.69007014 -0.48527812 -1.00538468 -1.00756566 -0.98948253
-1.05661601
 -1.17133143 -1.46283398 -1.47415531 -1.61280243 -1.7131299
-1.78692494
 -1.85631003 -1.98989791 -2.11462751 -1.90906396 -1.95199287
-2.14681169
 -1.77143442 -1.55815674 -1.48840245 -1.35114367 -1.27027958
-1.04875251
 -1.00128962 -0.67767925]
```

图 5-8　训练数据集

5.4.2　运用不同的核函数进行支持向量回归

本节调用 SVM 的 SVR 函数进行支持向量回归，并同时选取核函数。这里高斯核函数的 C、gamma 分别设置为 100 和 0.4；线性核函数的 C 设置为 100，多项式核函数的 C、深度分别设置为 100 和 3。代码如下：

```
print ('SVR - RBF')
#高斯核函数的 C、gamma 分别设置为 100 和 0.4
```

```
    svr_rbf = svm.SVR(kernel='rbf', gamma=0.4, C=100)
    svr_rbf.fit(x, y)
print ('SVR - Linear')
#线性核函数的 C 设置为 100
    svr_linear = svm.SVR(kernel='linear', C=100)
    svr_linear.fit(x, y)
print ('SVR - Polynomial')
#多项式核函数的 C、深度分别设置为 100 和 3
    svr_poly = svm.SVR(kernel='poly', degree=3, C=100)
    svr_poly.fit(x, y)
print ('Fit OK.')
```

5.4.3 生成测试数据集

有了训练数据集，还需要测试数据集，使用同样的方法生成，代码如下：

```
print('测试数据集(x_test,y_test):')
    print('x_test=\n',x_test)
    np.random.seed(0)
    y_test = 2*np.sin(x_test) + 0.1*np.random.randn(N)
    print('y_test=\n',y_test)
    x_test=x_test.reshape(-1,1)
```

产生的测试数据集如图 5-9 所示。

```
测试数据集(x_test,y_test):
x_test=
 [0.1127388  0.29018424 0.46762967 0.64507511 0.82252054 0.99996597
 1.17741141 1.35485684 1.53230228 1.70974771 1.88719314 2.06463858
 2.24208401 2.41952945 2.59697488 2.77442032 2.95186575 3.12931118
 3.30675662 3.48420205 3.66164749 3.83909292 4.01653836 4.19398379
 4.37142922 4.54887466 4.72632009 4.90376553 5.08121096 5.2586564
 5.43610183 5.61354726 5.7909927  5.96843813 6.14588357 6.323329
 6.50077444 6.67821987 6.8556653  7.03311074 7.21055617 7.38800161
 7.56544704 7.74289247 7.92033791 8.09778334 8.27522878 8.45267421
 8.63011965 8.80756508]
y_test=
 [ 0.40140551  0.61227325  0.99941721  1.42660623  1.65248194
1.58517741
  1.94224256  1.93841533  1.98819651  2.02178341  1.91512975
1.90646352
  1.64214653  1.3340363   1.08056872  0.7513228   0.52658932
0.00404649
 -0.29752136 -0.75730153 -1.24915443 -1.21924569 -1.44857377
-1.81143751
 -1.65789287 -2.11875915 -1.99523008 -1.98220505 -1.71222746
-1.56200323
 -1.48320997 -1.20358822 -1.03389731 -0.8172318  -0.30853272
0.09590072
  0.55478152  0.88991816  1.04470392  1.33293812  1.49523548
1.64476155
  1.74669675  2.18274942  1.94463324  1.89704713  1.69987985
1.72989531
  1.26585879  1.13625503]
```

图 5-9　测试数据集

5.4.4 预测并生成图表

使用 predict()函数对时间序列曲线进行预测，并将 3 种核函数的预测结果打印出来。代码如下：

```
y_rbf = svr_rbf.predict(x_test)
y_linear = svr_linear.predict(x_test)
y_poly = svr_poly.predict(x_test)
#绘制结果图,使用不同颜色和线条
plt.figure(figsize=(9, 8), facecolor='w')
plt.plot(x_test, y_rbf, 'r-', linewidth=2, label='RBF Kernel')
plt.plot(x_test, y_linear, 'g-', linewidth=2, label='Linear Kernel')
plt.plot(x_test, y_poly, 'b-', linewidth=2, label='Polynomial Kernel')
plt.plot(x, y, 'ks', markersize=5, label='train data')
plt.plot(x_test, y_test, 'mo', markersize=6, label='test data')
plt.scatter(x[svr_rbf.support_], y[svr_rbf.support_], s=200, c='r',
marker='*', label='RBF
       Support Vectors', zorder=10)
```

实验结果图如 5-10 所示。

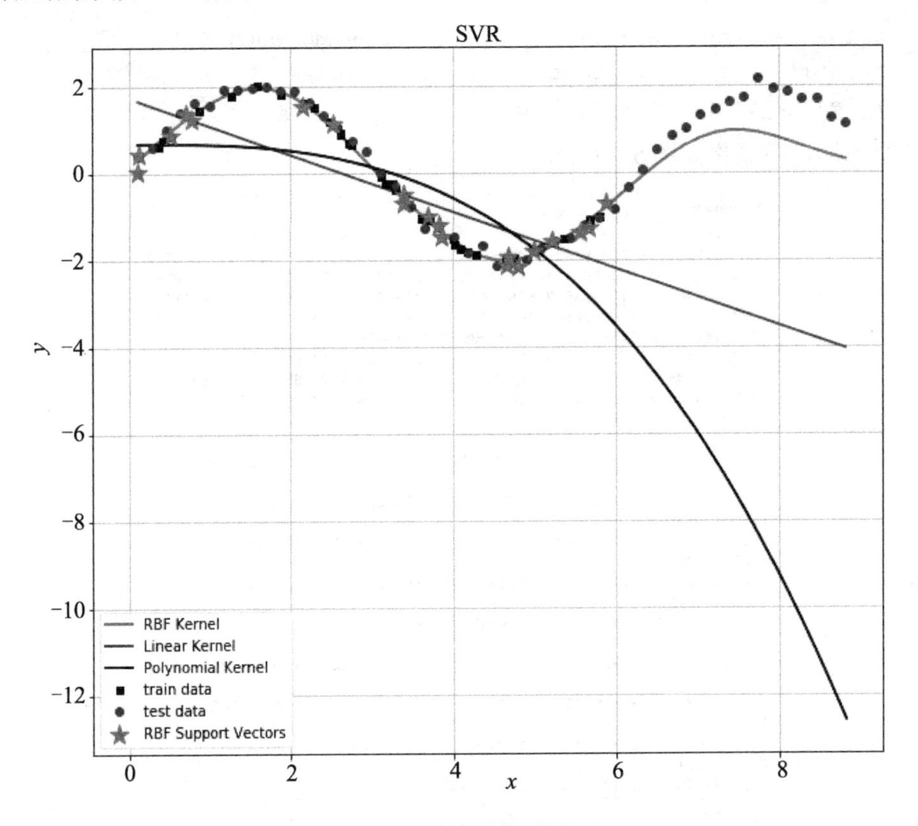

图 5-10　3 种核函数的预测结果

根据给出的数据集，时间序列曲线应该接近于正弦函数曲线。图 5-10 显示，3 种核函数中 RBF 核函数的拟合和预测效果明显优于其他两种核函数，所以接下来将采用 RBF 核函数进行进一步的实验。

5.4.5　获取预测误差

可以通过测试的 *y* 值和预测的 *y* 值之间的平均绝对误差来评估预测的精确度。由图 5-11 可知，高斯核函数的预测效果大幅优于其他两种核函数，代码如下：

```
print("高斯核函数支持向量机的平均绝对误差为:", mean_absolute_error(y_test,
y_rbf))
print("高斯核函数支持向量机的均方误差为:", mean_squared_error(y_test,y_rbf))
print("线性核函数支持向量机的平均绝对误差为:", mean_absolute_error(y_test,
y_linear))
print("线性核函数支持向量机的均方误差为:", mean_squared_error(y_test,
y_linear))
print("多项式核函数支持向量机的平均绝对误差为:",mean_absolute_error(y_test,
y_poly))
print("多项式核函数支持向量机的均方误差为:", mean_absolute_error(y_test,
y_poly))
```

实验结果如图 5-11 所示。

```
高斯核函数支持向量机的平均绝对误差为： 0.2991626684794366
高斯核函数支持向量机的均方误差为： 0.21767135158016046
线性核函数支持向量机的平均绝对误差为： 1.9340672905726333
线性核函数支持向量机的均方误差为： 7.1923747027102
多项式核函数支持向量机的平均绝对误差为： 3.4871157592072293
多项式核函数支持向量机的均方误差为： 3.4871157592072293
```

图 5-11　预测误差

由实验可知，高斯核函数的预测效果最好，所以选择高斯核函数进行时间序列曲线预测。高斯核函数具有两个参数：C 和 gamma。其中，C 是惩罚系数，即对误差的宽容度。C 值越高，说明越不能容忍出现误差，容易过拟合。C 值越小，容易欠拟合。C 值过大或过小，泛化能力变差。gamma 是选择 RBF 函数作为 kernel 后，该函数自带的一个参数，其隐含地决定了数据映射到新的特征空间后的分布，gamma 值越大，支持向量越少，gamma 值越小，支持向量越多。所以能否选取最优的 C 和 gamma 值，对训练的效果影响至关重要。实验采用 GridSearchCV 函数建立参数模型，将每对 C 和 gamma 的训练效果生成一个网格，最后利用 best_params_函数选取最优的 C 和 gamma 值。

5.4.6 创建数据集

为了进一步测试 SVR 算法的技能，本次实验训练和测试的数据集采用与 5.4.1 节的数据集相同，这样对比性更强。

5.4.7 选取最优参数

选取最优参数代码如下：

```
#使用 SVR 模型
model = svm.SVR(kernel='rbf')
c_can = np.linspace(105,107,10)
print('c_can=',c_can)
gamma_can = np.linspace(0.4, 0.5, 10)
#输出最优参数
print('gamma_can=',gamma_can)
svr_rbf = GridSearchCV(model, param_grid={'C': c_can, 'gamma': gamma_can},
cv=5)
svr_rbf.fit(x, y)
```

实验结果输出如下：

```
最优参数:
{'C': 106.1111111111, ' gamma': 0. 4444444444445}
```

5.4.8 预测并生成图表

使用得到的最优参数来预测结果，并绘制出更直观的观察结果图像，代码如下：

```
sp = svr_rbf.best_estimator_.support_
#plt 绘制结果图,使用不同颜色和线条
plt.figure(figsize=(9, 8),facecolor='w')
plt.scatter(x[sp], y[sp], s=200, c='r', marker='*', label='Support Vectors')
plt.plot(x_test, y_rbf, 'r-', linewidth=2, label='RBF Kernel')
plt.plot(x, y, 'ks', markersize=5, label='train data')
plt.plot(x_test, y_test, 'mo', markersize=5, label='test data')
plt.legend(loc='lower left')
plt.title('SVR', fontsize=16)
plt.xlabel('X')
plt.ylabel('Y')
plt.grid(True)
plt.show()
```

实验结果如图 5-12 所示。

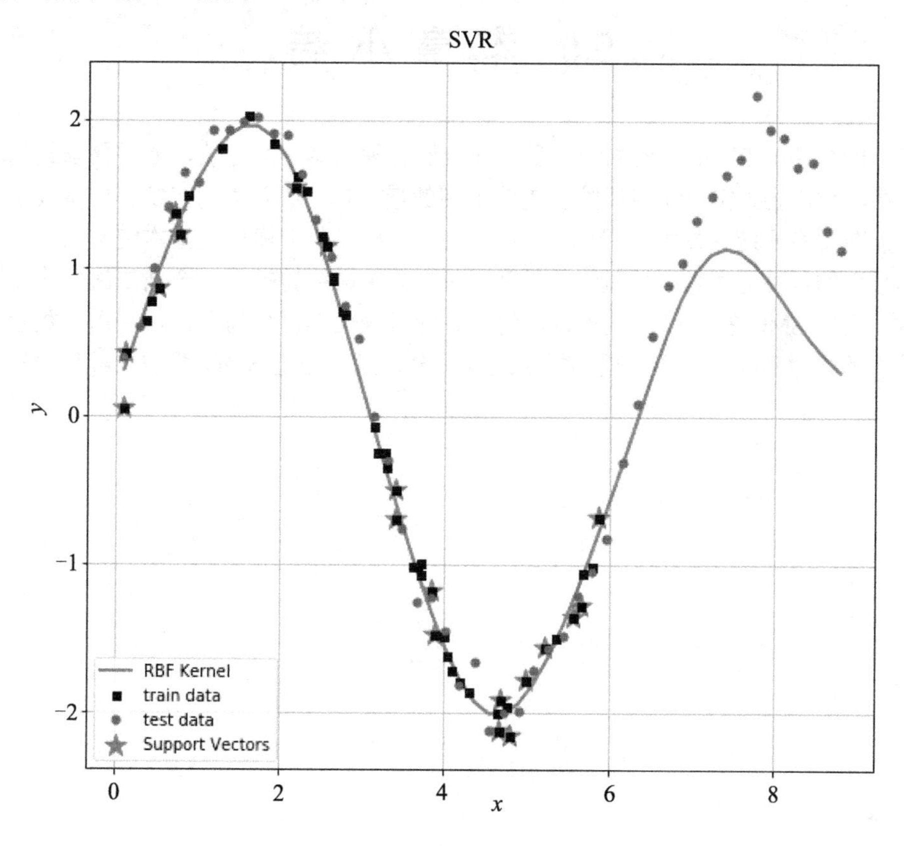

图 5-12　最优参数的预测结果

5.4.9　获取预测误差

再次获取预测误差，代码如下：

```
print("选取最优参数的高斯核函数支持向量机的平均绝对误差为:",
    mean_absolute_error(y_test,y_rbf))
print("选取最优参数的高斯核函数支持向量机的均方误差为:",
    mean_squared_error(y_test,y_rbf))
```

实验结果如下：

```
选取最优参数的高斯核函数支持向量机的平均绝对误差为:0.27368330353557796
选取最优参数的高斯核函数支持向量机的均方误差为:0.1877226713045285
```

通过和 5.4.5 节的实验结果进行比较，可以看出选择最优参数的 RBF 核函数训练效果更好，可以更好地进行时间序列曲线预测。

5.5 本章小结

本章所介绍的 SVM 是基于统计学习理论的一种机器学习方法，通过寻求结构风险最小来提高泛化能力，实现经验风险和置信范围的最小化，从而达到在统计样本较少的情况下，也能获得良好统计规律的目的。SVM 也是一种二分类模型，基本定义是特征空间上的间隔最大的线性分类器，学习策略是间隔最大化，最终转换成一个凸二次优化规划问题的求解，利用 SMO 算法可高效求解该问题。针对线性不可分问题，可利用函数映射将原始样本空间映射到高维空间，使得样本线性可分，进而通过 SMO 算法求解拉普拉斯对偶问题。

第 6 章　隐马尔可夫模型

隐马尔可夫模型（Hidden Markov Model，HMM）已经成为了现代语音识别系统中构建统计模型的重要手段。各种 HMM 的变形也被广泛应用于其他领域，并被认为是非常成功有效的技术。

本章要点如下：

- 了解隐马尔可夫模型；
- 了解 Viterbi 算法的原理；
- 实现 HMM 模型在中文分词中的应用。

6.1　隐马尔可夫模型简介

隐马尔可夫模型作为一种统计分析模型创立于 20 世纪 70 年代，20 世纪 80 年代开始传播和发展，成为信号处理的一个重要方向，现已成功地用于语音识别、行为识别、文字识别及故障诊断等领域。本节主要介绍隐马尔可夫模型的概念及其工作流程。

6.1.1　隐马尔可夫模型的概念

隐马尔可夫模型已经成为了现代语音识别系统中构建统计模型的重要手段。各种 HMM 的变形也被广泛应用于其他领域，并被认为是非常成功且有效的技术。本章主要从 HMM 的扩展及在其他实际工程中的具体应用借鉴经验，从如何能更好地解决登录词问题和歧义问题讲起，以便更好、更准确地进行分词。

隐马尔可夫模型是统计模型，它用来描述一个含有隐含未知参数的马尔可夫过程。它的状态不能直接观察到，但能通过观测向量序列观察到，每个观测向量都是通过某些概率密度分布表现为各种状态，每一个观测向量是由一个具有相应概率密度分布的状态序列产生。所以，隐马尔可夫模型是一个双重随机过程——具有一定状态数的隐马尔可夫链和显示随机函数集。

隐马尔可夫模型是一个五元组$<S, O, A, B, \pi>$：

- S：状态集合，即所有可能的状态 S_1，S_2，…，S_n 所组成的集合。

- O：观察序列，即实际存在的一个状态的有向序列，如状态 O_1，O_2，…，O_n，注意状态是存在顺序的。
- A：状态转移分布，即 S 的各元素中两两之间转移的概率值。比如当前是 S_2，下一个状态是 S_9 的转移概率为 $S_{2,9}$（小于 1）。
- B：每种状态出现的概率分布。
- π：初始的状态分布。

6.1.2 详例描述

Alice 和 Bob 是好朋友，但是他们离得比较远，每天都是通过电话了解对方当天做了什么事。Bob 仅仅对 3 种活动感兴趣：公园散步，购物及清理房间。他选择做什么事情只凭当天天气。Alice 对于 Bob 所住地方的天气情况并不了解，但是知道总的变化趋势。在 Bob 告诉 Alice 每天所做的事情基础上，Alice 想要猜测 Bob 所在地的天气情况。

Alice 认为天气的运行就像一个马尔可夫链。其有两个状态，即“雨”和“晴”，但是无法直接观察它们。也就是说，它们对于 Alice 是隐藏的。每天，Bob 有一定的概率进行下列活动：“散步”“购物”或“清理”。因为 Bob 会告诉 Alice 他的活动，所以这些活动就是 Alice 的观察数据。这整个系统就是一个隐马尔可夫模型 HMM。

Alice 知道这个地区天气变化的总趋势，并且平时知道 Bob 会做的事情。也就是说这个隐马尔可夫模型的参数是已知的。可以用程序语言（Python）写下来：

```
// 状态数目，两个状态：雨或晴
states = ('Rainy', 'Sunny')
// 每个状态下可能的观察值
observations = ('walk', 'shop', 'clean')
//初始状态空间的概率分布
start_probability= {'Rainy': 0.6, 'Sunny': 0.4}
// 与时间无关的状态转移概率矩阵
transition_probability = {
'Rainy' : {'Rainy': 0.7, 'Sunny': 0.3},
'Sunny' : {'Rainy': 0.4, 'Sunny': 0.6},}
//给定状态下，观察值概率分布,发射概率
emission_probability = {
'Rainy' : {'walk': 0.1, 'shop': 0.4, 'clean': 0.5},
'Sunny' : {'walk': 0.6, 'shop': 0.3, 'clean': 0.1},}
```

在这些代码中，start_probability 代表了 Alice 对于 Bob 第一次给她打电话时的天气情况的不确定性（Alice 知道的只是那个地方平均来说下雨天多些）。在这里，这个特定的概率分布并非是平衡的，平衡概率应该接近（在给定变迁概率的情况下）{'Rainy': 0.571, 'Sunny': 0.429}。transition_probability 表示马尔可夫链下的天气变迁情况。在这个例子中，如果今天下雨，那么明天天晴的概率只有 30%。代码 emission_probability 表示 Bob 每天作某件事的概率。如果下雨，有 50%的概率是他在清理房间；如果天晴，则有 60%的概率是他在外面散步。

Alice 和 Bob 通了三天电话后发现第一天 Bob 去散步了，第二天他去购物了，第三天他清理房间了。Alice 现在有两个问题：这个观察序列“散步、购物、清理”的总的概率是多少？（注：这个问题对应于 HMM 的基本问题之一：已知 HMM 模型 λ 及观察序列 O，如何计算 $P(O|\lambda)$？最能解释这个观察序列的状态序列（晴/雨）又是什么？（注：这个问题对应 HMM 基本问题之二：给定观察序列 $O=O_1, O_2, \cdots O_T$ 以及模型 λ，如何选择一个对应的状态序列 $S=q_1, q_2, \cdots q_T$，使得 S 能够最为合理地解释观察序列 O）。

至于 HMM 的基本问题之三：如何调整模型参数，使得 $P(O|\lambda)$最大？这个问题事实上就是给出很多个观察序列值，来训练以上几个参数的问题。

6.1.3　HMM 流程

为了获得更好的结果，实验构造了两层分割算法。第 1 层基于每个单词的词典和频率，认为每个字符都是顶点，每个字都是连接两个顶点的边，而频率其实就是边的权重。因此，得到一个有向无环图（Directed Acyclic Graph）。因此，可以使用图论中的知识来找到这个图的最大可能路线。

第 2 层是基于 HMM 模型和 Viterbi 算法。每个角色的位置（B，E，M，S）是一个隐藏状态，而句段是这些隐藏状态链的可见输出。另外，必须考虑每个角色的位置只是前者的结果，所以这个句子可以看作马尔可夫链（Markov Chain）。

6.2　Viterbi 算法

Viterbi 算法是 HMM 模型的三大算法之一。HMM 模型解决三大问题，即评估、解码和学习。Viterbi 算法能够找到最佳解，其思想精髓在于将全局最佳解的计算过程分解为阶段最佳解的计算。定义 Viterbi 变量为 HMM 在时间 t 沿着某一条路径到达状态 q_i，且输出观察值 $O_1O_2\cdots O_i$ 的最大概率为：

$$\delta_t(i)=\max_{X_1X_2\cdots X_{i-1}} p(X_1X_2\cdots X_t=q_i, O_1O_2\cdots O_t\mid\lambda) \tag{6-1}$$

这样每个节点的变量存储了到这个节点的最可能路径的概率，使用动态编程，可以采用如下的方法计算最可能路径：

初始化：

$$\delta_1(i)=\pi_i b_{io_1} \tag{6-2}$$

迭代计算：

$$\delta_1(j)=\max_{1\leqslant i\leqslant N}\left[\delta_{t-1}(i)a_{ij}\right]b_{jo_t}\quad 2\leqslant t\leqslant T \tag{6-3}$$

$$\psi_t(j) = \arg\max_{1 \leqslant i \leqslant N}\left[\delta_{t-1}(i)a_{ij}\right]b_{jo_t} \quad 1 \leqslant j \leqslant T \tag{6-4}$$

取最优：

$$p^* = \max_{1 \leqslant i \leqslant N}\left[\delta_T(i)\right] \tag{6-5}$$

$$q_T^* = \arg\max_{1 \leqslant i \leqslant N}\left[\delta_T(i)\right] \tag{6-6}$$

回溯路径：

$$q_T^* = \psi_{t+1}(q_{t+1}^*) \tag{6-7}$$

Viterbi 最优化准则是：无论过去的状态和决策如何，对前面的决策所形成的状态而言，余下的诸决策必须构成最优策略。也就是说，不论前面的状态和策略如何，以后的最优策略只取决于由最初策略所决定的当前状态，最优决策序列中的任何子序列都是最优的。假设为了解决某一优化问题，需要依次做出 N 个决策 D_1，D_2，D_3，…，D_N，如若这个决策序列是最优的，对于任何一个正数 k，$1<k<n$，不论前面 k 个决策是怎样的，以后的最优决策只取决于由前面决策所确定的当前状态，即以后的决策 D_k+1，D_k+2，…，D_N 也是最优的。

假设：现给定一个汉字字符串 Strn 由 n 个汉字组成，Strn=$W_1W_2W_3$……W_n（$n \geqslant 1$）则有 D_i（$1 \leqslant i \leqslant n$）定义为汉字 W_i 判定是一个词末尾汉字（即在 i 处判定一个词结束）的决策点。根据本节讨论的四字词及四字以内的词范围可知：在字符串 Strn 中每相邻的四个汉字必有一个是词末尾字，即相邻的四个 D_i（$1 \leqslant i \leqslant n$）节点有一个是必经节点，每一个节点的父节点就代表前一个判定词结尾的节点，由于在本节的讨论范围内，一词可以包含两个字、三个字和四个字，那么一个节点的父节点的位置应该是在该节点前二个字、三个字和四个字的地方。例如，对 D_i 节点而言，可以有 4 条路径：

- Word1=W_i;
- Word2= W_i-1 W_i;
- Word3=W_i-2 W_i-1W_i;
- Word4=W_i-3W_i-2W_i-1W_i。

经过 D_i 节点，所以它的父节点有 D_i-1，D_i-2，D_i-3，D_i-4 四个。根据这种思想构建的决策树如图 6-1 决策树所示。

问题的关键转化为如何从若干条由 D_1~D_n 的路径中选择估价值最高的那条路径，在这条路径上的所有节点的下标，就是记录在给定字符串中确定为每个词结束的位置，这样就得到了估价值最高的词切分结果。从上面决策树图中可以看出，每个节点（D_1、D_2、D_3、D_4 除外）都有 4 个父节点，根据不同的父节点的估价值对该节点的估价值进行计算，记录下使得该节点估价值最大的那个父节点，这样递归计算一直到 D_n 为止，最后从 D_n 开始找到它所记录的父节点，再根据这个父节点向前找到它的父节点，以此类推，一直可以找到

D_1 节点，这样就找到估价值最高的那条路径了。

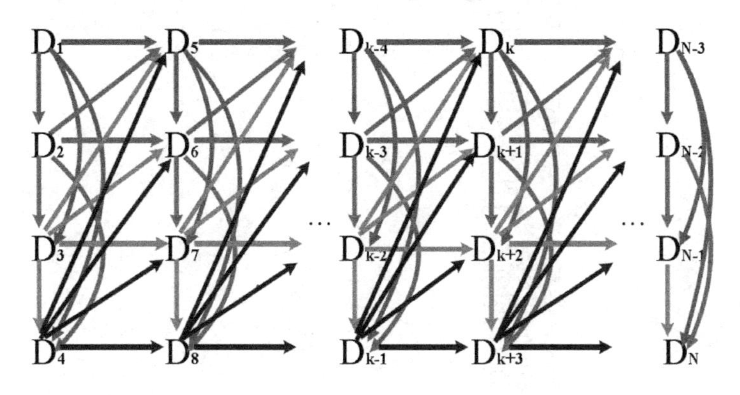

图 6-1　决策树

至此就完成了 Viterbi 算法初始化、迭代计算、取最优和回溯路径的整个过程，从而把待切分句子切分完成。

6.3　HMM 模型用于中文分词

为了方便操作，在实验中提供了程序的交互界面，在该界面中，可以进行词典的选择加载，词语的添加与删除，字典中词语的规则改变，以及分别实现获取段落和获取单词的效果。下面几节中将分别介绍各个功能的使用与实现。

6.3.1　UI 界面

选择 Tkinter 作为平台来建立用户界面，因为它基于 TCL 语言，因此可以在 Windows 和 Mac OS 等许多操作系统上运行。所有按钮和文本框等都是 Tkinter 的内置部分。

当按下每个按钮时，想调用某个函数来获得某种结果。

Tkinter 的优点首先是界面简单美观，可以很容易地知道每个按钮的功能；其次是当分割句子或在 Lexicon 中添加单词时，会将滚动条带置于最后，对用户非常方便。

6.3.2　数据及其编码

要充分实现中文分词，就必须有充足的数据词典以展示中文分词。为此，本节用一个单独的记事本来记录词典中每一个词及其编码，如图 6-2 所示。

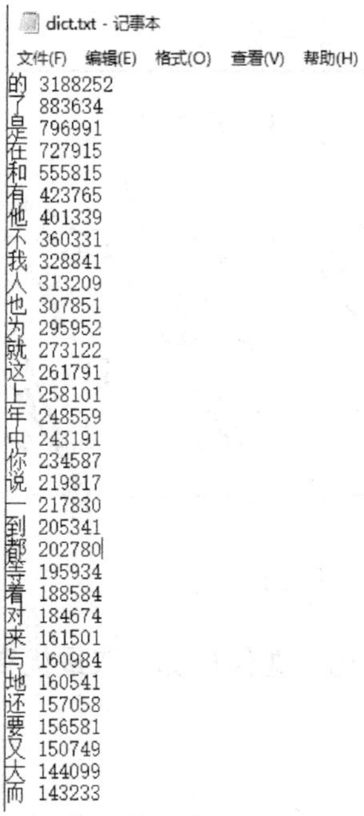

```
dict.txt - 记事本
文件(F)  编辑(E)  格式(O)  查看(V)  帮助(H)
的 3188252
了 883634
是 796991
在 727915
和 555815
有 423765
他 401339
不 360331
我 328841
人 313209
也 307851
为 295952
就 273122
这 261791
上 258101
年 248559
中 243191
你 234587
说 219817
一 217830
到 205341
都 202780
等 195934
着 188584
对 184674
来 161501
与 160984
地 160541
还 157058
要 156581
又 150749
大 144099
而 143233
```

图 6-2　字典

加载方法的代码如下：

```
#将 Dict 中的每个单词分成若干段作为前缀
def generatePrefixDict():
    global Possibility,PrefixDict,total,Dictionary_URL
    fo = Lexicon.loadDict(Dictionary_URL)
    PrefixDict = set()
    FREQ = {}
    for line in fo.read().rstrip().split("\n"):
        word,freq = line.split(' ')[:2]
        FREQ[word] = float(freq)
        total += float(freq)                    #计算单词总数
        for idx in range(len(word)):            #生成前缀字典
            prefix = word[0:idx+1]
            PrefixDict.add(prefix)
    fo.close()
    #将频率转换成可能性
    Possibility = dict((key,log(value/total)) for key,value in FREQ.items())
#得到一个句子的 DAG
def getDAG(sentence:str):
    global PrefixDict,Possibility
    DAG = {}
    N = len(sentence)
    for i in range(N):
        lst_pos = []
        #这个列表是为了保存那些可以用第 i 个字符组成单词的字符索引
        j = i
        word = sentence[i]
```

```
        #如果这个字符不是字典,必须让它成为一个单词
        lst_pos.append(i)
        while(j<N and word in PrefixDict):
            if(word in Possibility):
                if(lst_pos[0]!=j):
                    lst_pos.append(j)
            j+=1
            word = sentence[i:j+1]
        #把这个第 i 个列表放入 DAG [i]
        DAG[i]=lst_pos
    return  DAG
#获得 DAG 之后,应该计算该图具有最大可能性的路线
def calculateRoute(DAG:dict,route:dict,sentence:str):
    #从右至左
    global Possibility , min_Possibility
    N = len(sentence)
    route[N]=(0.0,'')
    #实际上这是一个递归过程
    for i in range(N-1,-1,-1):
        max_psblty = None
        max_cur = i
        for j in DAG[i]:
            #考虑每一个可能的词
            word = sentence[i:j+1]
            posb1 = Possibility.get(word,min_Possibility)
            posb2 = route[j+1][0]
            posb = posb1 + posb2
            if max_psblty is None:
                max_psblty = posb
            if(posb>=max_psblty):
                max_psblty = posb
                max_cur = j
        route[i] = (max_psblty,max_cur)
```

6.3.3 HMM 模型

HMM 可以被认为是两个部分，一个是 POS 的模型，另一个是计算最佳方式（维特比算法）。代码如下：

```
def viterbi(obs):
    V = [{}]
    path={}
    #拥有第一个字符
    for s in States:
        #这个状态的可能性是开始*发射
        V[0][s] = start_P[s] + emit_P[s].get(obs[0],MIN_FLOAT)
        #记录这条路径
        path[s] = [s]
    #拥有其他字符
    for i in range(1,len(obs)):
        char = obs[i]
        V.append({})
```

```
        newPath = {}
        #检查每个可能的状态
        for s in States:
            #假设在这种情况下并计算出可能性
            emit =  emit_P[s].get(char, MIN_FLOAT) #emit it
            prob_max = MIN_FLOAT
            state_max = PrevStatus[s][0]
            for preState in PrevStatus[s]:
                #计算以前的状态
                prob = V[i-1][preState] + trans_P[preState][s] + emit
                if(prob>prob_max):
                    prob_max = prob
                    state_max = preState
            V[i][s] = prob_max
            newPath[s] = path[state_max] + [s]
        path = newPath
    finalProb = MIN_FLOAT
    finalState = ""
    for fs in ('E','S'):                              #循环读取
        p = V[len(obs)-1][fs]
        if(p>finalProb):
            finalProb = p
            finalState = fs
return (finalProb,path[finalState])                   #返回结果
```

6.3.4 实验结果

在本章的实验中，页面展示的功能有：文件、词典、规则、帮助、获得句子、获得词语，以及清除和保存。同时还有一个输入框和输出框，方便对比展示前与展示后的效果。图 6-3 至图 6-7 图分别为各个功能的演示结果。

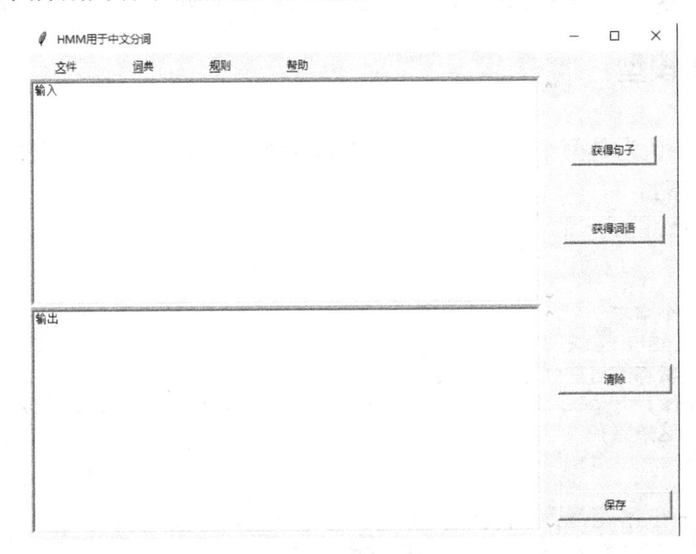

图 6-3 界面

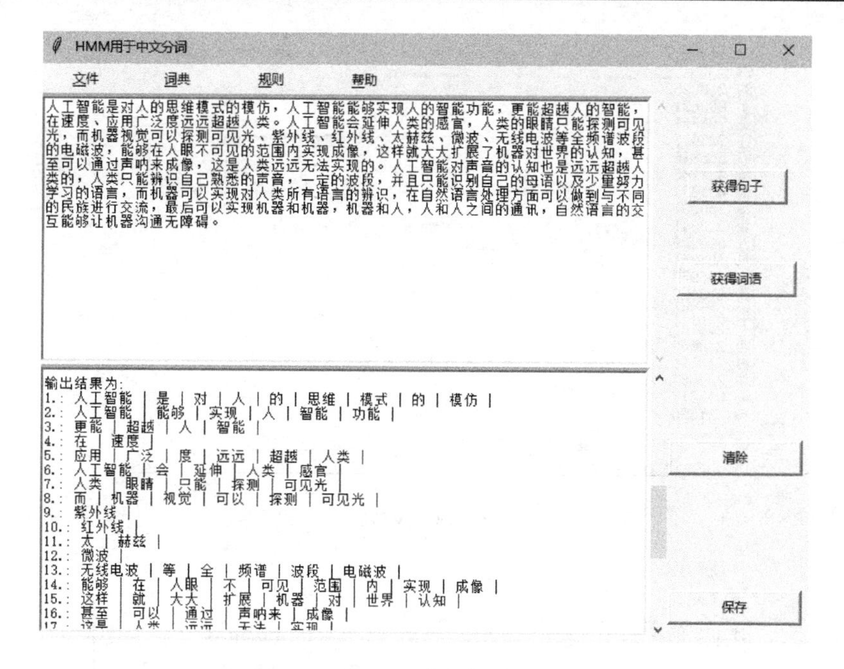

图 6-4　获得句子

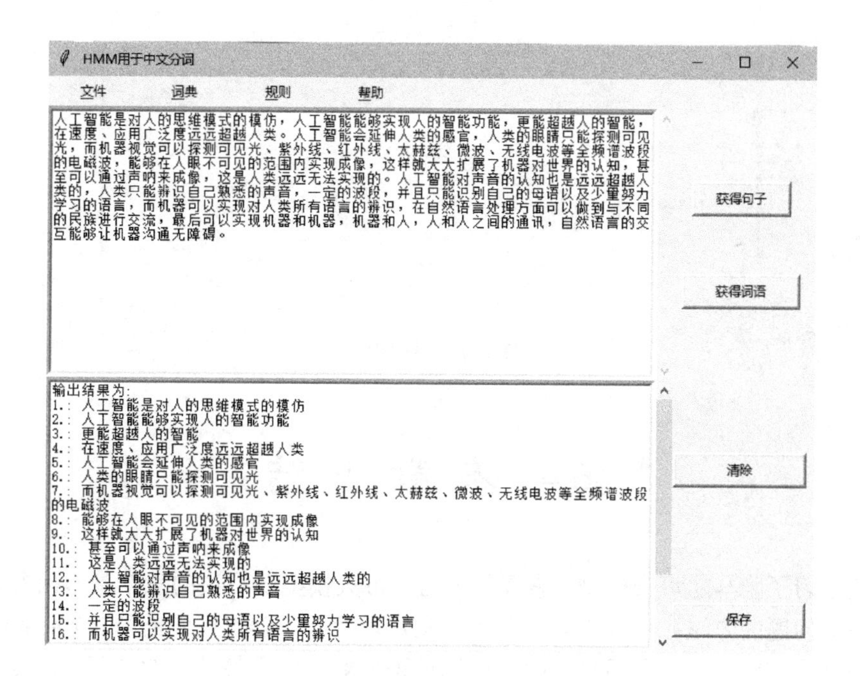

图 6-5　获得短语

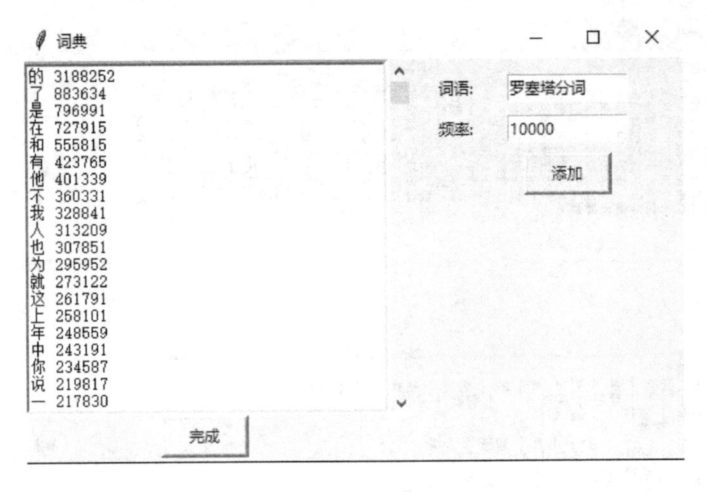

图 6-6　词典

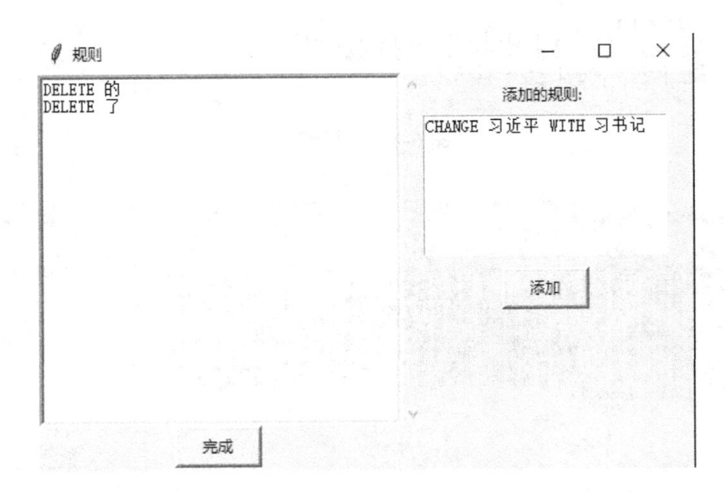

图 6-7　添加规则

6.4　本章小结

本章学习了隐马尔可夫模型，掌握了隐马尔可夫模型要解决的三个基本问题，以及解决三个基本问题的方法；深入学习了解码问题，以及解决解码问题的 Viterbi 算法，运用 Viterbi 算法思想精髓“将全局最佳解的计算过程分解为阶段最佳解的计算”，实现了对语料的初步分词工作。

第7章　BP神经网络模型

在人工神经网络的发展历史上，感知机（Multilayer Perceptron，MLP）网络曾对人工神经网络的发展发挥了极大的作用，也被认为是一种能够真正使用的人工神经网络模型，它的出现曾掀起了人们研究人工神经元网络的热潮。单层感知网络（M-P模型）作为最初的神经网络，具有模型清晰、结构简单、计算量小等优点。但是随着研究工作的深入，人们发现它还存在不足之处，例如无法处理非线性问题，即使计算单元的作用函数不用阀函数而用其他较复杂的非线性函数，仍然只能解决线性可分问题，而不能实现某些基本功能，从而限制了它的应用。增强网络的分类和识别能力，以及解决非线性问题的唯一途径是采用多层前馈网络，即在输入层和输出层之间加上隐含层，构成多层前馈感知器网络。BP神经网络具有任意复杂的模式分类能力和优良的多维函数映射能力，解决了简单感知器不能解决的异或（Exclusive OR，XOR）问题和一些其他问题。

本章要点如下：

- 了解人工神经网络；
- 了解BP神经网络的基本概念；
- 掌握BP神经网络的原理；
- 使用TensorFlow实现BP神经网络。

7.1　背景介绍

人工神经网络（Artificial Neural Network，ANN）是20世纪80年代以来人工智能领域兴起的研究热点。它从信息处理角度对人脑神经元网络进行抽象，构建某种简单模型，按不同的连接方式组成不同的网络。在工程与学术界常将人工神经网络简称为神经网络或类神经网络。神经网络是一种运算模型，由大量的节点（或称神经元）之间相互连接构成。每个节点代表一种特定的输出函数，称为激励函数或者激活函数（activation function）。每两个节点间的连接都代表一个对于通过该连接信号的加权值，称之为权重，这相当于人工神经网络的记忆。网络的输出则根据网络的连接方式、权重值和激活函数的不同而不同。而网络自身通常都是对自然界某种算法或者函数的逼近，也可能是对一种逻辑策略的表达。简而言之，搭建人工神经网络利用函数拟合的性质体现自然规律。

21 世纪以来，人工神经网络的研究工作不断深入，已经取得了很大的进展，其在模式识别、智能机器人、自动控制、预测估计、生物、医学和经济等领域已成功地解决了许多现代计算机难以解决的实际问题，表现出了良好的智能特性。

7.2 结构特点

人工神经网络是由大量处理单元互联组成的非线性、自适应信息处理系统。它是在现代神经科学研究成果的基础上提出的，试图通过模拟大脑神经网络处理、记忆信息的方式进行信息处理。人工神经网络具有以下 4 个基本特征。

- 非线性：非线性关系是自然界的普遍特性。大脑的智慧就是一种非线性现象。人工神经元处于激活或抑制两种不同的状态，这种行为在数学上表现为一种非线性关系。具有阈值的神经元构成的网络具有更好的性能，可以提高容错性和存储容量。
- 非局限性：一个神经网络通常由多个神经元广泛连接而成。一个系统的整体行为不仅取决于单个神经元的特征，而且由单元之间的相互作用、相互连接所决定，通过单元之间的大量连接模拟大脑的非局限性。联想记忆是非局限性的典型例子。
- 非常定性：人工神经网络具有自适应、自组织和自学习能力。神经网络不但处理的信息可以有各种变化，而且在处理信息的同时，非线性动力系统本身也在不断变化，经常采用迭代过程描写动力系统的演化过程。
- 非凸性：一个系统的演化方向，在一定条件下将取决于某个特定的状态函数。例如能量函数，它的极值表示为系统比较稳定的状态。非凸性是指这种函数有多个极值，因此系统具有多个较稳定的平衡态，这将导致系统演化的多样性。

7.3 网络模型

目前已有数十种神经网络模型，主要有 4 种类型：前向型、反馈型、随机型和竞争型。

- 前向型：网络中各个神经元接受前一级的输入，并输出到下一级，网络中没有反馈，可以用一个有向无环路图表示。这种网络实现信号从输入空间到输出空间的变换，它的信息处理能力来自于简单非线性函数的多次复合。网络结构简单，易于实现。反传网络是一种典型的前向网络。
- 反馈型：网络内神经元间有反馈，可以用一个无向的完备图表示。这种神经网络的信息处理是状态的变换，可以用动力学系统理论处理。系统的稳定性与联想记忆功能有密切关系。Hopfield 网络、玻耳兹曼机均属于这种类型。
- 随机型：具有随机性质的模拟退火（SA）算法解决了优化计算过程陷于局部极小的问题，并已在神经网络的学习及优化计算中得到成功的应用。

- 竞争型：自组织神经网络是无教师学习网络，它模拟人脑行为，根据过去经验自动适应无法预测的环境变化，由于无监督，这类网络通常采用竞争原则进行网络学习和自动聚类。目前该种类型广泛应用于自动控制、故障诊断等各类模式识别中。

7.4　人工神经网络简介

前面的内容中简单介绍了传统神经网络的基本概念与特点，本节将介绍传统神经网络的基本组成部分和前向传播等内容。

7.4.1　神经元

对于神经元的研究由来已久，1904 年生物学家就已经发现了神经元的组成结构。一个神经元通常具有多个树突，主要用来接受传入信息；而轴突只有一条，轴突尾端有许多轴突末梢可以给其他多个神经元传递信息。轴突末梢跟其他神经元的树突产生连接，从而传递信号。这个连接的位置在生物学上叫做“突触”。人脑中的神经元形状可以用图 7-1 做简单的展示。

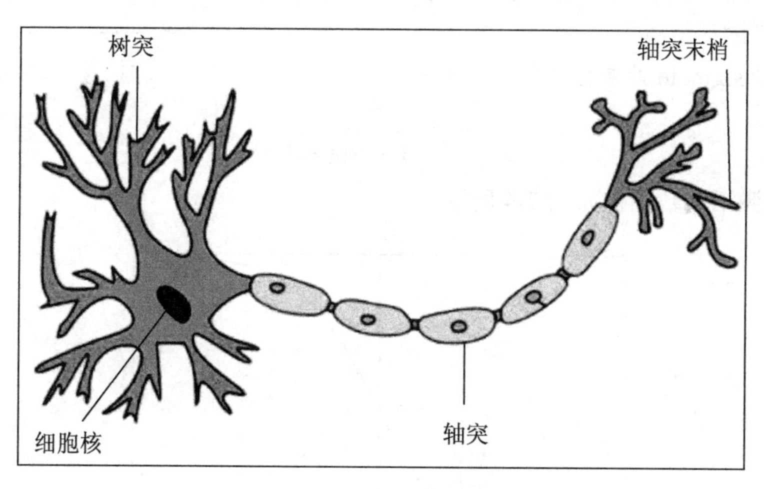

图 7-1　生物学中的神经元

神经元模型是一个包含输入、输出与计算功能的模型。输入可以类比为神经元的树突，而输出可以类比为神经元的轴突，计算则可以类比为细胞核。如图 7-2 展示了简单的神经元计算过程。

神经元可以使用任何标准函数来处理数据，比如线性函数，这些函数统称为激活函数（activation function）。一般来说，神经网络学习算法要能正常工作，激活函数应当是可导（derivable）和光滑的。常用的激活函数有逻辑斯谛函数，每个神经元接收几个输入，根据这几个输入再计算输出。这样的一个个神经元连接在一起组成了神经网络，对数据挖掘应用来说，它非常强大。这些神经元紧密连接，密切配合，能够通过学习得到一个模型，使得神经网络成为机器学习领域最强大的模型学习之一。

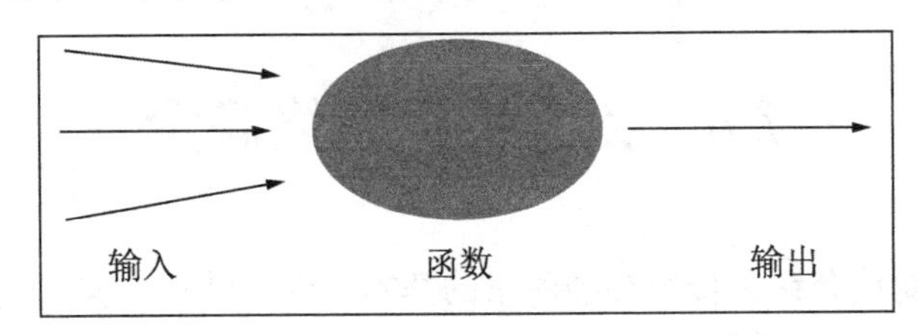

图 7-2　神经元示例

7.4.2　单层神经网络

如图 7-3 是一个最简单的单层神经网络，包括输入、权重和输出。

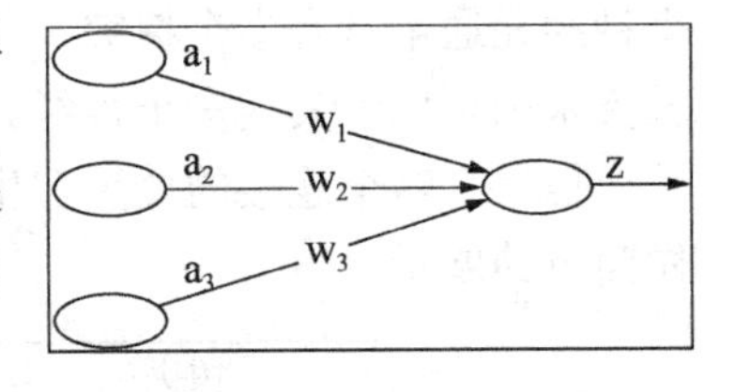

图 7-3　神经元示意图

这个神经元是由 a_1、a_2、a_3 作为输入，w_1、w_2、w_3 是权重，输入节点后，经过激活函数 F，得到输出 z。其中函数 F 被称为“激活函数”。

这里，以 sigmoid 函数作为激活函数：

$$f(z)=\frac{1}{1+\exp(-z)} \tag{7-1}$$

sigmoid 激活函数图像如图 7-4 所示。

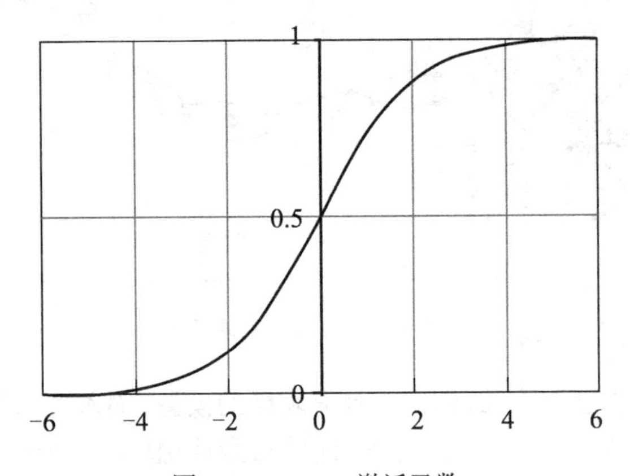

图 7-4　sigmoid 激活函数

sigmoid 激活函数的取值范围为[0,1]。所以对于一个神经元来说，整个过程就是向神经元输入数据，然后经过激活函数对数据做某种转换，最终得到一个输出结果。单层神经网络的主要区别在于输出向量 z，输出元的数量多于 1 时，即认为 z 是向量。

$$g(W^{*}a)=z \tag{7-2}$$

7.4.3　双层神经网络

单层神经网络无法解决异或问题。但是当增加一个计算层以后，两层神经网络不仅可以解决异或问题，而且具有非常好的非线性分类效果。不过两层神经网络的计算是一个问题，没有一个较好的解法。1986 年，Rumelhar 和 Hinton 等人提出了反向传播（Backpropagation，BP）算法，解决了两层神经网络所需要的复杂计算量问题，从而带动了业界使用两层神经网络研究的热潮。目前出现的大量神经网络的教材，也都是重点介绍两层（带一个隐藏层）神经网络的内容。

两层神经网络除了包含一个输入层和一个输出层以外，还增加了一个中间层，此时，中间层和输出层都是计算层。如果扩展上节的单层神经网络（见图 7-3），在右边新加一个层次（只含有一个节点），如图 7-5 所示。

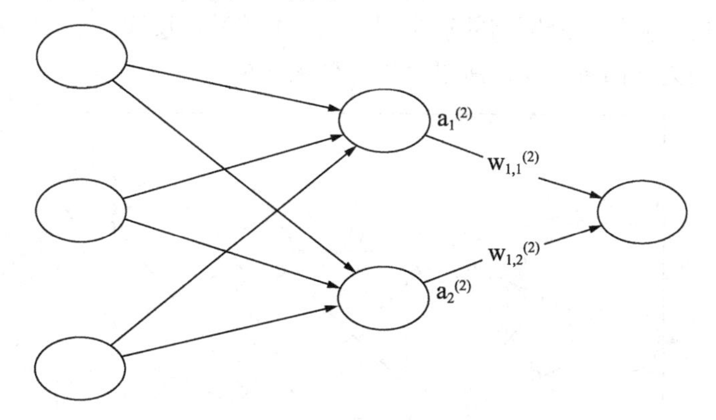

图 7-5　双层神经网络

其矩阵形式计算公式变化为：

$$\begin{gathered} g(W^{(1)}*a^{(1)})=a^{(2)} \\ g(W^{(2)}*a^{(2)})=z \end{gathered} \tag{7-3}$$

事实上，这些节点是默认存在的。它本质上是一个只含有存储功能，且存储值永远为 1 的单元。在神经网络的每个层次中，除了输出层以外，都会含有这样一个偏置单元。正如线性回归模型与逻辑回归模型中一样。在考虑了偏置以后的神经网络的矩阵运算如下：

$$\begin{gathered} g(W^{(1)}*a^{(1)}+b^{(1)})=a(2) \\ g(W^{(2)}*a^{(2)}+b^{(2)})=z \end{gathered} \tag{7-4}$$

与单层神经网络不同。理论证明，两层神经网络可以无限逼近任意连续函数。也就是说，面对复杂的非线性分类任务，两层（带一个隐藏层）神经网络可以很好地分类。

7.4.4 多层神经网络

2006 年，Hinton 在 *Science* 和相关期刊上发表了论文，首次提出了“深度信念网络”的概念。与传统的训练方式不同，“深度信念网络”有一个“预训练”（pre-training）的过程，这可以方便地让神经网络中的权值找到一个接近最优解的值，之后再使用“微调”（fine-tuning）技术对整个网络进行优化训练。这两个技术的运用大幅度减少了训练多层神经网络的时间。Hinton 给多层神经网络的相关学习方法赋予了一个新名词“深度学习”。很快，深度学习在语音识别领域暂露头角。2012 年，深度学习技术又在图像识别领域大展拳脚。Hinton 与他的学生在 ImageNet 竞赛中，用多层的卷积神经网络成功地对包含 1000 个类别的 100 万张图片进行了训练，取得了分类错误率为 15%的好成绩，这个成绩比第二名低了近 11 个百分点，充分证明了多层神经网络识别效果的优越性。之后，关于深度神经网络的研究与应用不断涌现。实际应用表示，延续两层神经网络的方式来设计一个多层神经网络是可行的。

多层神经网络在两层神经网络的输出层后面，继续添加层次。原来的输出层变成中间层，新加的层次成为新的输出层，所以可以得到图 7-6。

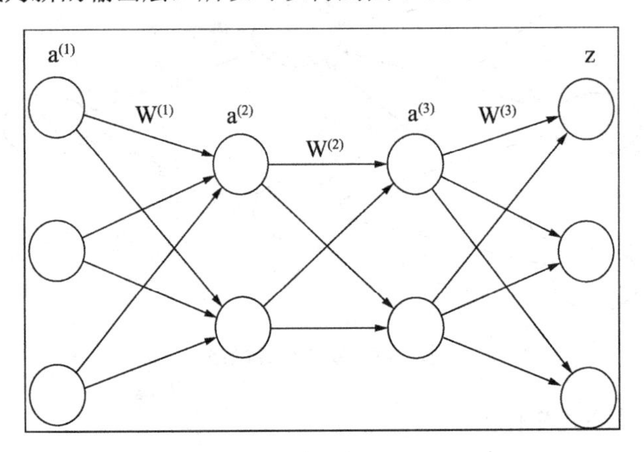

图 7-6 多层神经网络

这时，多层神经网络的矩阵运算公式为：

$$
\begin{aligned}
g(W^{(1)}*a^{(1)}) &= a^{(2)} \\
g(W^{(2)}*a^{(2)}) &= a^{(3)} \\
g(W^{(3)}*a^{(3)}) &= z
\end{aligned}
\tag{7-5}
$$

多层神经网络中，输出也是按照一层一层的方式来计算。从最外层开始，算出所有单元的值以后，再继续计算更深一层。只有当前层所有单元的值都计算完毕以后，才会算下一层，有点像计算向前不断推进的感觉，所以这个过程叫做“正向传播”。

与两层神经网络不同，多层神经网络中的层数增加了很多。增加更多的层次有什么好处？能够更深入地表示特征，更强地表现函数的模拟能力。更深入地表示特征可以这样理解：随着网络的层数增加，每一层对于前一层次的抽象表示更深入。在神经网络中，每一层神经元学习到的是前一层神经元值的更抽象的表示。例如第一个隐藏层学习到的是“边缘”的特征，第二个隐藏层学习到的是由“边缘”组成的“形状”的特征，第三个隐藏层学习到的是由“形状”组成的“图案”的特征，最后的隐藏层学习到的是由“图案”组成的“目标”的特征。通过抽取更抽象的特征对事物进行区分，从而获得更好的区分与分类能力。

7.5　BP 神经网络

以基本的人工神经元为基础衍生出来的另一种典型的神经网络结构是 BP（Back Propagation）神经网络。BP 神经网络是一种非线性多层前向反馈网络，目前广泛应用于气象预测中。BP 神经网络一般分为三层，分别是输入层、隐含层和输出层，这三层中的每一层的神经元状态只影响下一层的神经元状态，若预测结果得不到期望输出，网络则进行反向传播。主要思路是：输入数据，利用反向传播算法对网络的权值和阈值不断地进行调整训练，根据预测误差调整权值和阈值，输出与期望趋近的结果，直到预测结果可以达到期望。BP 网络拓扑结构如图 7-7 所示。

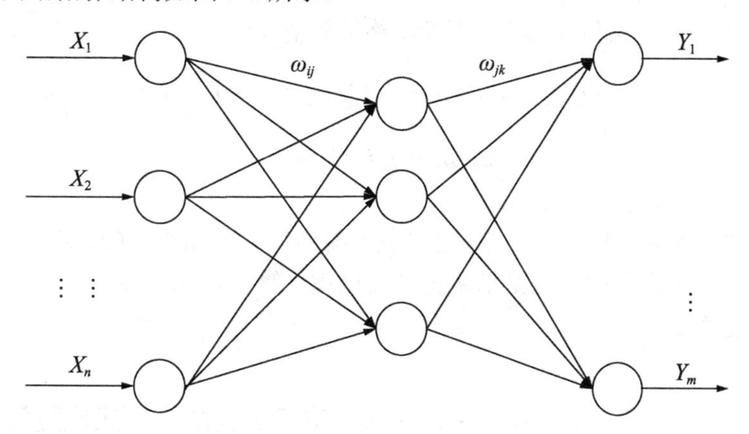

图 7-7　BP 网络拓扑结构

图 7-7 中，输入值为 $X_1, X_2, \cdots, X_n$，输出值为 $Y_1, Y_2, \cdots, Y_m$，权值为 ω_{ij} 和 ω_{jk}。由图 7-7 可以看出，神经网络向前传导过程可以看成是从 n 个自变量到 m 个因变量的函数映射过程。

BP 神经网络对输入数据的处理步骤如下：

（1）初始化网络。通过网络系统的输入样本来确定网络的输入维数，有 n 个输入神经元，m 个输出神经元，初始化输入层和隐含层，以及输出层神经元之间的连接权值 ω_{ij}, ω_{jk}，初始化隐含层和输出阈值 a, b，并设置学习率和激活函数。

（2）计算隐含层输出。X 表示为输入变量，ω_{ij}, a 分别为输入层和隐含层间的连接权值及隐含层阈值，隐含层输出 H 的计算为：

$$H_j = f\left(\sum_{i=1}^{n} \omega_{ij} x_i + a_j\right), j = 1,2,\cdots,l \tag{7-6}$$

公式（7-6）中，l 为隐含层节点数，f 为隐含层激活函数。

（3）计算输出层。H 为隐含层的输出，ω_{ij}, b 分别为连接权值和阈值，BP 网络的预测输出 Y 为：

$$Y_k = \sum_{j=1}^{l} H_j \omega_{jk} + b_k, k = 1,2,\cdots,m \tag{7-7}$$

（4）计算误差。误差 e 的计算为：

$$\mathrm{e}_k = Y_k - O_k, k=1,2,\cdots,m \tag{7-8}$$

公式（7-8）中，Y_k 为网络的预测值，O_k 是实际期望的值。

（5）更新权值。通过预测误差 e 对网络连接权值 ω_{ij}, ω_{jk} 进行更新：

$$\omega_{ij} = \omega_{ij} + \eta H_j\left(1 - H_j\right) x_i \sum_{k=1}^{m} \omega_{jk} \ \mathrm{e}_k, i=1,2,\cdots,n; j=1,2,\cdots,l$$

$$\omega_{jk} = \omega_{jk} + \eta H_j \mathrm{e}_k, j=1,\cdots,l; k=1,\cdots,m \tag{7-9}$$

公式（7-9）中，η 是学习率。

（6）阈值更新。根据预测误差 e 更新网络的阈值 a,b：

$$a_j = a_j + \eta H_j (1 - H) \sum_{k=1}^{m} \omega_{jk} \mathrm{e}_k, j = 1,\cdots,l$$

$$b_k = b_k + \eta \mathrm{e}_k, k = 1,\cdots,m \tag{7-10}$$

公式（7-10）中，η 是学习率。

（7）判断迭代是否可以结束，若算法迭代没有结束，则返回第（2）步，直到算法结束。

注：第（1）步到第（3）步是信号的前馈过程，第（4）步到第（7）步是神经网络反向更新参数的过程。

7.6 通过 TensorFlow 实现 BP 神经网络

本一节将使用 TensorFlow 来训练 BP 神经网络，这样能更深入地理解 BP 神经网络的原理及工作过程。

首先导入相应的库。代码如下：

```
import tensorflow as tf
from numpy.random import RandomState
```

接着定义神经网络的参数、输入和输出节点。代码如下：

```
#定义训练数据的批大小
batch_size=10
#声明 w1 变量,生成 2×3 的矩阵,均值为 0,标准差为 1
w1=tf.Variable(tf.random_normal([2,3],stddev=1,seed=1))
#声明 w2 变量,生成 3×1 的矩阵,均值为 0,标准差为 1
w2=tf.Variable(tf.random_normal([3,1],stddev=1,seed=1))
#定义输入 x 和输出 y
x=tf.placeholder(tf.float32,shape=(None,2),name="x-input")
y_=tf.placeholder(tf.float32,shape=(None,1),name="y-input")
```

然后定义前向传播过程、损失函数及反向传播算法。代码如下：

```
#前向传播
a=tf.matmul(x,w1)
y=tf.matmul(a,w2)
#损失函数及反向传播
cross_entropy=-tf.reduce_mean(
    y_ * tf.log(tf.clip_by_value(y,1e-10,1.0)))
train_step=tf.train.AdamOptimizer(0.001).minimize(cross_entropy)
```

接着生成模拟数据集，用于训练神经网络。代码如下：

```
rdm=RandomState(1)
#数据量大小为 128
dataset_size=128
X=rdm.rand(dataset_size,2)
Y = [[int(x1 + x2 < 1)] for (x1,x2) in X ]
```

创建一个会话来运行 TensorFlow 程序。代码如下：

```
with tf.Session() as sess:
#初始化变量
    init_op=tf.initialize_all_variables()
sess.run(init_op)
# 输出目前(未经训练)的参数取值。
    print(sess.run(w1))
    print(sess.run(w2))
print("\n")
```

得到的训练之前的参数结果如下：

```
参数 w1 为:[[-0.8113182   1.4845988   0.06532937]
           [-2.4427042   0.0992484   0.5912243 ]]
参数 w2 为:[[-0.8113182 ]
           [ 1.4845988 ]
           [ 0.06532937]]
```

最后训练模型，得到训练后的参数结果如下：

```
#设定训练轮数
STEPS = 5000
#训练的循环,5000 轮
    for i in range(STEPS):
        start = (i * batch_size) % dataset_size
        end = min(start + batch_size,dataset_size)
        sess.run(train_step,feed_dict = {x:X[start:end],y_:Y[start:end]})
```

```
        if i % 1000 == 0:
            #每隔 1000 轮,计算在所有数据上的交叉熵并输出
            total_cross_entropy = sess.run(cross_entropy,feed_dict={x:X,y_:Y})
            print('After %d training step(s),cross_entropy on all data is %g '
            % (i,total_cross_entropy))
    print(sess.run(w1))
    print(sess.run(w2))
    # 输出训练后的参数取值
print("\n")
```

随着不断地训练，这里每隔 1000 轮会计算在所有数据上的交叉熵并输出，结果如下：

```
After 0 training step(s),cross_entropy on all data is 0.0674925
After 1000 training step(s),cross_entropy on all data is 0.0159159
After 2000 training step(s),cross_entropy on all data is 0.00878574
After 3000 training step(s),cross_entropy on all data is 0.00702452
After 4000 training step(s),cross_entropy on all data is 0.00556032
```

由上面的数据可以发现，交叉熵的值在不断变小，这说明了预测结果和真实的结果在不断地接近。

在训练之后，网络参数的值变成如下结果：

```
参数 w1 为:[[-2.0239997  2.6406362  1.7973481]
            [-3.4943583  1.0951073  2.164396 ]]
参数 w2 为:[[-1.8473945]
            [ 2.7406585]
            [ 1.4671712]]
```

对比训练前和训练后的参数 w1 和 w2，可以发现这两个参数都发生了明显的改变，这就是由训练所发生的改变，它使得整个神经网络能够更好地做出准确的预测。

以上就是 TensorFlow 训练 BP 神经网络的全部过程。整体来说，训练神经网络的过程大致可以分为以下 3 个步骤：

（1）定义神经网络的结构及前向传播。

（2）定义损失函数及选择反向传播优化的算法。

（3）生成会话并且在训练数据上反复运行反向传播优化算法。

7.7 本章小结

本章主要介绍了人工神经网络（Artificial Neural Network），介绍了神经网络的基本概念与特点，以及神经网络的基本组成部分、前向传播等内容；阐述了单层神经网络、双层神经网络及多层神经网络的概念和原理；接着介绍了 BP 神经网络，包括其网络结构和工作原理；最后使用 TensorFlow 实现了 BP 神经网络，进一步强化读者对 BP 神经网络的理解和使用。

第8章　卷积神经网络

随着大数据越来越多，如何从海量的数据中提取价值，更好地为相关企业服务，已成为迫在眉睫的问题，在这样的背景下，人工智能技术逐渐成为一个研究热点。人工智能是使用计算机来模拟人类智能，使其能够以类似于人的思维方式甚至是超越人类的方式对事件做出反应。深度学习在人工智能领域中占据着重要地位，它的最终目的是建立能够和人类一样具有思考能力的神经网络，这种神经网络能够像人一样对事物做出具有智能的反应。深度学习又被称为深层神经网络（Deep Neural Networks），和传统的神经网络相比，它的层次更深，规模更大，复杂度更高，训练难度也更大。当拥有海量的数据时，深度学习更能够抓住数据内在特征，效果也更好。近年来，由于计算机技术的迅猛发展，特别是硬件条件的提升，深层神经网络的训练时间大大减少，深度学习也迅速成为一个研究热点。如今，深度学习技术已经逐渐应用在了人们生活的各个方面，如语音识别、自动翻译、图像识别和个性化推荐等。

本章要点如下：

- 了解卷积神经网络的基本概念；
- 了解卷积神经网络的工作原理；
- 了解图像识别技术；
- 使用卷积神经网络实现雷达图像识别。

8.1　传统图像识别技术

图像分类是计算机视觉领域中的一个研究热点，国内外学者对图像分类算法进行了大量而深入的研究并取得了重要的成果。传统图像分类的关键技术主要包括3个部分，分别是预处理、特征提取和分类方法。

8.1.1　图像预处理

图像预处理的主要目的是减除图像中的噪声。通常情况下采用滤波技术对图像进行预处理，消除图像的噪声。常用的滤波技术包含空间滤波、频域滤波和基于统计学的滤波。

空间滤波直接作用于图像像素上，通过滤波模板与图像卷积来抑制噪声。常用的空间滤波方法有最大值滤波、中值滤波和均值滤波。

频域滤波将图像变换到一个新的变换域，在变换域内对图像的参数进行修改，然后再采用逆变换的方式返回图像的空间域。常用的方法有 DCT 变换、高斯低通滤波和小波分析。

基于统计学的滤波方法通过数学方法统计得到图像的局部或者全局的信息，然后根据这些信息保留图像信息的主要成分，常用的方法有 PCA 主成分分析法。

8.1.2 图像特征提取

图像特征提取算法为图像分类器提供分类信息，特征信息的好坏直接影响到分类器的效率和准确度。图像有许多特征，比如点特征、线特征、局部特征和全局特征等。归纳起来，图像特征可以分为视觉特征、统计特征和变换系数特征。图像的视觉特征包括图像的轮廓边缘特征、颜色特征、纹理特征和形状特征等。

图像的统计特征通过运用统计方法得到图像的统计信息，如图像矩阵、图像峰值、图像均值、图像方差和图像灰度直方图。

变换系数特征利用数学变换方法，比如小波变换、傅里叶变换等对图像进行变换，这些数学变换方法的系数看作是图像的变换系数特征。

不同的图像特征对应着不同特征提取算法，如图像的轮廓边缘特征可以使用 canny 算子和 sobel 算子进行提取，图像的主要成分信息可以通过 PCA 主成分分析算法进行提取。随着图像特征相关理论的深入研究，图像特征提取算法朝着多特征融合和多种提取方法结合的趋势发展。

8.1.3 图像分类方法

图像分类方法分为两大类，第一类是在图像空间域或者变换域对图像进行分类，第二类是利用卷积神经网络自动学习图像特征进行图像分类。第一类图像分类方法可以统称为传统图像分类方法。第二类可以归纳为深度学习网络中的一种网络。

空间域分类方法主要利用图像的视觉特征对图像进行分类。常用的分类方法有：利用纹理特征进行分类，利用形态特征进行分类和利用边缘轮廓信息进行分类等。空间域分类方法的分类精度都比较理想，缺点是数据量过大，计算复杂度高。

变换域特征空间分类方法需要对图像进行如傅里叶变换和 K-L 变换等操作，然后在图像变换域的特征空间提取图像变换域的特征进行分类。常用的分类方法有：基于支持向量机的图像分类方法和基于贝叶斯网络的图像分类等。变换域特征空间对图像进行分类，可以降低数据维度，降低计算复杂性，缺点是特征的相关性比较高，分类准确率与特征提取方法和效果有关。

8.2　卷积神经网络简介

本节将简单介绍卷积神经网络的相关知识，包括其发展历程，以及最原始的卷积神经网络结构。

8.2.1　卷积神经网络发展历程

卷积神经网络发展史中的第一个里程碑事件发生在 20 世纪 60 年代前后的神经科学中。加拿大神经科学家 David H. Hubel 和 Torsten Wiesel 于 1959 年提出猫的初级视皮层中单个神经元的“感受野”（receptive field）概念，紧接着于 1962 年发现了猫的视觉中枢里存在感受野、双目视觉和其他功能结构，标志着神经网络结构首次在大脑视觉系统中被发现。

1980 年前后，日本科学家福岛邦彦在 Hubel 和 Wiesel 工作的基础上，模拟生物视觉系统并提出了一种层级化的多层人工神经网络，即“神经认知”，以处理手写字符识别和其他模式识别任务。神经认知模型在后来也被认为是现今卷积神经网络的前身。在福岛邦彦的神经认知模型中，两种最重要的组成单元是“S 型细胞”(S-cell)和“C 型细胞”(C-cell)，两类细胞交替堆叠在一起构成了神经认知网络。其中，S 型细胞用于抽取局部特征，C 型细胞则用于抽象和容错。

随后，Yann LeCun 等人在 1998 年提出基于梯度学习的卷积神经网络算法，并将其成功用于手写数字字符识别，在当时的技术条件下就取得了低于 1%的错误率。因此，LeNet-5 这一卷积神经网络便在当时效力于美国几乎所有的邮政系统，用来识别手写邮政编码进而分拣邮件和包裹。可以说，LeNet-5 是第一个产生实际商业价值的卷积神经网络，同时也为卷积神经网络以后的发展奠定了坚实的基础。

时间来到 2012 年，在有计算机视觉界“世界杯”之称的 ImageNet 图像分类竞赛四周年之际，Geoffrey E. Hinton 等人凭借卷积神经网络 Alex-Net 力挫日本东京大学和英国牛津大学等劲敌，且以超过第二名近 12%的准确率一举夺得该竞赛冠军，霎时间学业界纷纷惊愕，哗然。自此便揭开了卷积神经网络在计算机视觉领域逐渐称霸的序幕，此后每年 ImageNet 竞赛的“冠军”非深度卷积神经网络莫属。直到 2015 年，在改进了卷积神经网络中的激活函数后，卷积神经网络在 ImageNet 数据集上的性能第一次超过了人类预测错误率。近年来，随着神经网络特别是卷积神经网络相关领域人员增多，技术的日新月异，卷积神经网络也变得愈加复杂。下一节中将介绍卷积神经网络的基本结构。

8.2.2　卷积神经网络结构简介

卷积神经网络是人工神经网络和深度学习相结合的结构，所谓深度学习指的是含有多层隐藏层的神经网络。目前，卷积神经网络是人工神经网络中应用最广泛的领域。卷积神经网络与普通神经网络非常相似，是近年来发展起来的一种高效识别方法，它在大规模数据集上有很好的应用。

卷积神经网络的主要结构包括：输入层（Input Layer）、卷积层（Conv Net Layer）、池化层（Pooling Layer）、全连接层（Full Connection Layer）和输出层（Output Layer）。它是一种前馈式神经网络，每一层都有对应的一种特征输出，并且每个特征图有多个神经元。神经元通过利用对应的滤波器（卷积块或池化块）处理图像所传递过来的信息，构成特征图。每个卷积层后都有一个池化层，从低维映射到高维，此时的映射由于参数过多，维度过高，不适宜作为后层神经的输入，所以必须对该层的输出做降维处理，因此就引入了池化层。若是不对后期数据进行降维，则容易造成过拟合，甚至还会导致维数灾难。

LeCun 最先提出了一个完整的卷积神经网络算法和经典的网络结构模型 LeNet-5。本节将采用 LeNet-5 网络结构来介绍卷积神经网络的结构组成，以及网络的运算法则。其结构如图 8-1 所示，当时已成功将其应用于美国银行业的手写字符识别处理中。

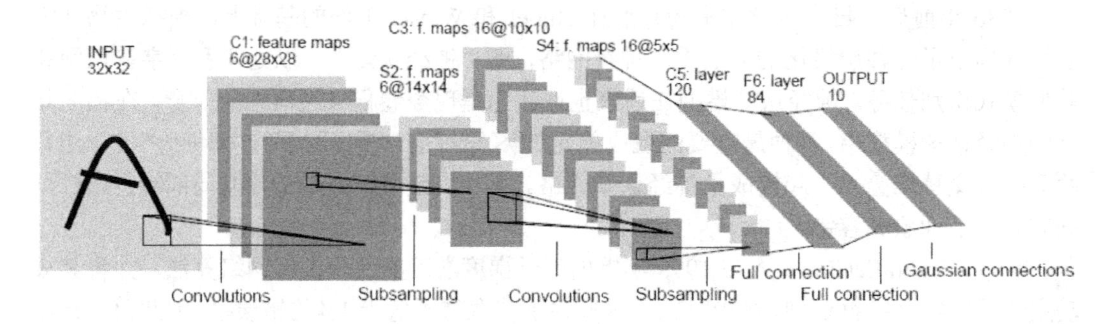

图 8-1　LeNet-5 网络结构

下面先大致介绍各个网络部分。

- 输入层（INPUT）：卷积输入层可以直接作用于原始输入数据，对于输入的是图像来说，输入数据就是图像的像素值。
- 卷积层（Convolutions）：卷积神经网络的卷积层，也叫做特征提取层，包括两个部分。第一部分是真正的卷积层，主要作用是提取输入数据特征。每一个不同的卷积核提取输入数据的特征都不相同，卷积层的卷积核数量越多，就能提取越多的输入数据的特征。第二部分是 pooling 层，也叫下采样层/池化层，主要目的是在保留有用信息的基础上减少数据处理量，加快训练网络的速度。通常情况下，卷积神经网络至少包含二层卷积层（这里把真正的卷积层和下采样层统称为卷积层），即卷积层，pooling 层，卷积层，pooling 层。卷积层数越多，在前一层卷积层基础上就能够提取更加抽象的特征。
- 全连接层（Full connection）：可以包含多个全连接层，实际上就是多层感知机的隐含层部分。通常情况下后面层的神经节点都和前一层的每一个神经节点连接，同一层的神经元节点之间是没有连接的。每一层的神经元节点分别通过连接线上的权值进行前向传播，加权组合得到下一层神经元节点的输入。

- 输出层（OUTPUT）：输出层神经节点的数目是根据具体应用任务来设定的。如果是分类任务，卷积神经网络输出层通常是一个分类器。

8.3　卷积神经网络的结构及原理

卷积神经网络（Convolutional Neural Networks，CNN）是一类包含卷积计算且具有深度结构的前馈神经网络（Feedforward Neural Networks，FNN），是深度学习（Deep Learning）的代表算法之一。本节将会详细讲解卷积神经网络的各层结构和实现原理。

8.3.1　卷积层

本节将介绍卷积层，在了解卷积层的模型原理前，需要先了解什么是卷积。在数学课上大家都学过卷积的知识，微积分中卷积的表达式为：

$$S(t)=\int x(t-a)w(a)\mathrm{d}a \tag{8-1}$$

离散形式是：

$$s(t)=\sum_{a} x(t-a)\omega(a) \tag{8-2}$$

这个式子如果用矩阵可以表示为：

$$s(t)=(X*W)(t) \tag{8-3}$$

公式（8-3）中的星号表示卷积。

如果是二维卷积，则表示为：

$$s(i,j)=(X*W)(i,j)=\sum_{m}\sum_{n} x(i-m,j-n)w(m,n) \tag{8-4}$$

在 CNN 中，虽然也是说卷积，但是卷积公式和数学中的定义稍有不同，比如对于二维的卷积，定义为：

$$s(i,j)=(X*W)(i,j)=\sum_{m}\sum_{n} x(i+m,j+n)w(m,n) \tag{8-5}$$

其中，$\boldsymbol{W}$ 称为卷积核，而 $\boldsymbol{X}$ 则称为输入。如果 $\boldsymbol{X}$ 是一个二维输入的矩阵，而 $\boldsymbol{W}$ 也是一个二维的矩阵。但是如果 $\boldsymbol{X}$ 是多维张量，则 $\boldsymbol{W}$ 也是一个多维的张量。

不同的卷积核能够提取到图像中的不同特征，卷积运算一个重要的特点就是：通过卷积运算，可以使原信号特征增强，并且降低噪音。

卷积核在二维平面上平移，并且卷积核的每个元素与被卷积图像对应位置相乘，再求和，通过卷积核的不断移动，就有了一个新的图像，这个图像完全由卷积核在各个位置时的乘积求和的结果组成。

二维卷积在图像中的效果就是：对图像的每个像素的邻域（邻域大小就是核的大小）加权求和得到该像素点的输出值。具体做法如图 8-2 所示。

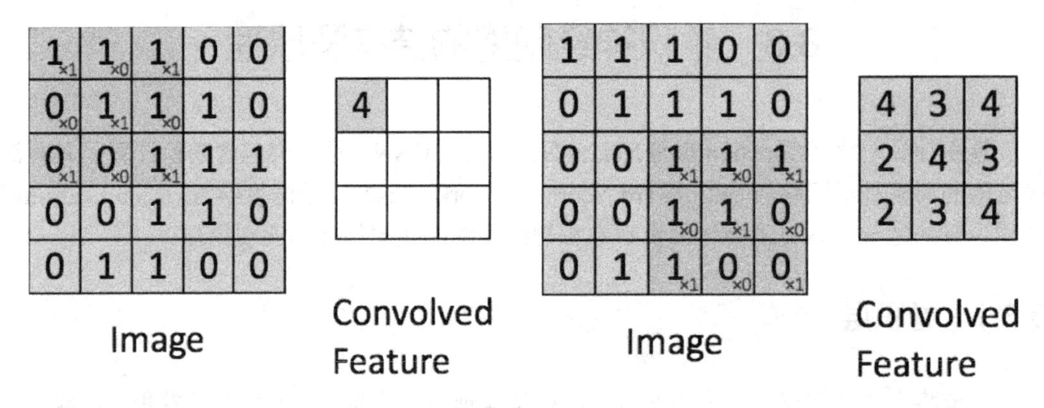

图 8-2　卷积操作

在经典的 LeNet 网络中，以 C1 层进行说明：C1 层是一个卷积层，有 6 个卷积核（提取 6 种局部特征），核大小为 5×5，能够输出 6 个特征图（Feature Map），大小为 28×28。C1 有 156 个可训练参数（每个滤波器有 5×5=25 个 unit 参数和一个 bias 参数，一共 6 个滤波器，共（5×5+1）×6=156 个参数），共 156×（28×28）=122304 个连接。

事实上，卷积网络中的卷积核参数是通过网络训练学出的，除了可以学到类似的横向、纵向边缘滤波器，还可以学到任意角度的边缘滤波器。当然，不仅如此，检测颜色、形状、纹理等众多基本模式的滤波器（卷积核）都可以包含在一个足够复杂的深层卷积神经网络中。通过“组合”这些滤波器（卷积核）以及随着网络后续操作的进行，基本而一般的模式会逐渐被抽象为具有高层语义的“概念”表示，并以此对应到具体的样本类别中。

8.3.2　池化层

本节将介绍池化层，通常使用的池化操作为平均值池化（average-pooling）和最大值池化（max-pooling）。需要指出的是，同卷积层操作不同，池化层不包含需要学习的参数，使用时仅需指定池化类型（average 或 max）、池化操作的核大小（kernel size）和池化操作的步长等超参数即可。

平均值（最大值）池化在每次操作时，将池化核覆盖区域中所有值的平均值（最大值）作为池化结果，即：

最大池化结果为：

$$y_{i^{l+1}}, j_{i^{l+1}}, d = \frac{1}{HW} \sum_{0 \leqslant i \leqslant H, 0 \leqslant j \leqslant W} x^{l}_{i^{l+1}} \times H + i, j^{l+1} \times W + j, d^{l} \tag{8-6}$$

平均池化结果为：

$$y_{i^{l+1}}, j_{i^{l+1}}, d = \max_{0 \leqslant i \leqslant H, 0 \leqslant j \leqslant W} x^{l}_{i^{l+1}} \times H + i, j^{l+1} \times W + j, d^{l} \tag{8-7}$$

下面这个例子采用取最大值的池化方法，同时采用的是 2×2 的池化，步幅为 2，如图 8-3 所示。

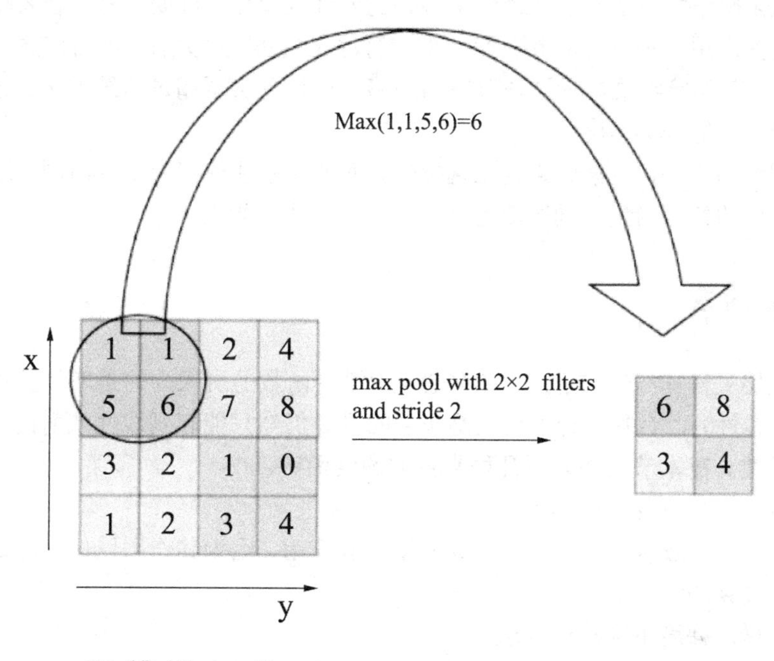

图 8-3　最大池化层实例

首先对红色（左上角 1,1,5,6）的 2×2 区域进行池化，由于此 2×2 区域的最大值为 6，那么对应的池化输出位置的值也为 6，由于步幅（stride）为 2，此时移动到绿色（右上角 2,4,7,8）的位置去进行池化，输出的最大值为 8。同样的方法，可以得到黄色区域（右下角 3,2,1,2）和蓝色区域（右下角 1,0,3,4）的输出值。最终，输入 4×4 的矩阵在池化后变成了 2×2 的矩阵，进行了压缩。

在图 8-3 的例子中可以发现，池化操作后的结果相比其输入变了，其实池化操作实际上就是一种“下采样”操作。另一方面，池化也可以看成是一个用 p 范数作为非线性映射的“卷积”操作，特别的，当 p 趋近正无穷时就是最常见的最大值池化。

池化层的引入是仿照人的视觉系统对视觉输入对象进行降维（下采样）和抽象。在卷积神经网络过去的工作中，研究者普遍认为池化层有如下 3 种功效：

- 特征不变性。池化操作使模型更关注是否存在某些特征而不是特征具体的位置，可看作是一种很强的先验，使特征学习包含某种程度自由度，能容忍一些特征微小的位移。

- 特征降维。由于池化操作的下采样作用，池化结果中的一个元素对应于原输入数据的一个子区域，因此池化相当于在空间范围内做了维度约减，从而使模型可以抽取更广范围的特征。同时减小了下一层输入大小，进而减小计算量和参数个数。
- 在一定程度防止过拟合，更方便优化。

不过，池化操作并不是卷积神经网络必须的元件或操作。近期，德国著名高校弗赖堡大学的研究者提出用一种特殊的卷积操作来代替池化层实现降采样，进而构建一个只含卷积操作的网络，其实验结果显示这种改造的网络可以达到甚至超过传统卷积神经网络（卷积层池化层交替）的分类精度。

在卷积神经网络中，经常会碰到池化操作，而池化层往往在卷积层后面，通过池化来降低卷积层输出的特征向量，同时改善结果（不易出现过拟合）。

8.3.3 激活函数

激活函数层又称非线性映射层，顾名思义，激活函数的引入为的是增加整个网络的表达能力（即非线性），否则，若干线性操作层的堆叠仍然只能起到线性映射的作用，无法形成复杂的函数。在本节中将介绍几种常见的激活函数。

激活函数应该具有的性质如下：

- 非线性。线性激活层对于深层神经网络没有作用，因为其作用以后仍然是输入的各种线性变换。
- 连续可微。梯度下降法的要求。
- 范围最好不饱和，当有饱和的区间段时，若系统优化进入到该段，梯度近似为 0，网络的学习就会停止。
- 单调性。当激活函数是单调时，单层神经网络的误差函数是凸的，好优化。
- 在原点处近似线性，这样当权值初始化为接近 0 的随机值时，网络可以学习得较快，不用调节网络的初始值。

通常使用的激活函数有 sigmoid、tanh 和 relu 函数。

sigmoid 函数的公式为：

$$f(x)=\frac{1}{1+\mathrm{e}^{-x}} \tag{8-8}$$

sigmoid 函数的图像如图 8-4 所示。

sigmoid 函数在神经网络研究初期曾一度非常受欢迎，其输出在 0 和 1 之间，可以将输入数据压缩化，增加模型的稳定性。但由于其对数据的压缩，会造成原始数据的梯度降低甚至消失。

tanh 函数的公式为：

$$\tanh(x)=\frac{1-\mathrm{e}^{-2x}}{1+\mathrm{e}^{-2x}} \tag{8-9}$$

tanh 函数的图像如图 8-5 所示。

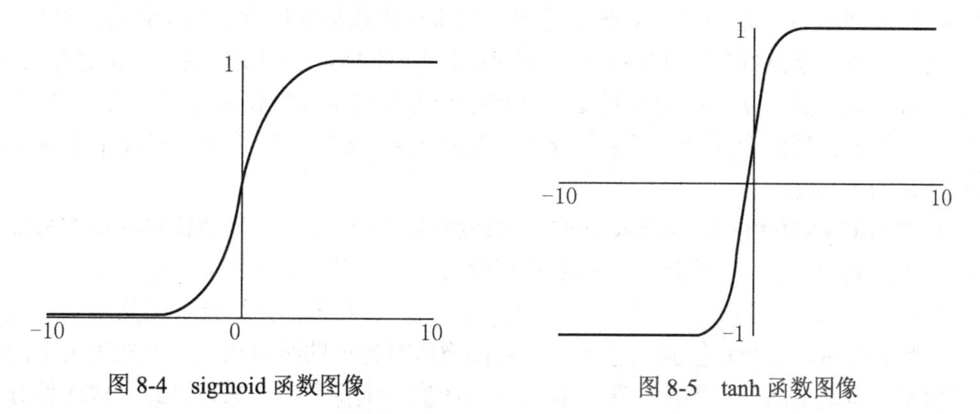

图 8-4　sigmoid 函数图像　　　　图 8-5　tanh 函数图像

tanh 函数比 sigmoid 函数收敛速度更快。相比 sigmoid 函数，tanh 函数的输出以 0 为中心。但是 tanh 函数还是没有改变 sigmoid 函数的最大问题——由于饱和性产生的梯度消失。

relu 函数的公式为：

$$y=\begin{cases}0(x\leqslant 0)\\ x(x>0)\end{cases} \tag{8-10}$$

relu 函数的图像如图 8-6 所示。

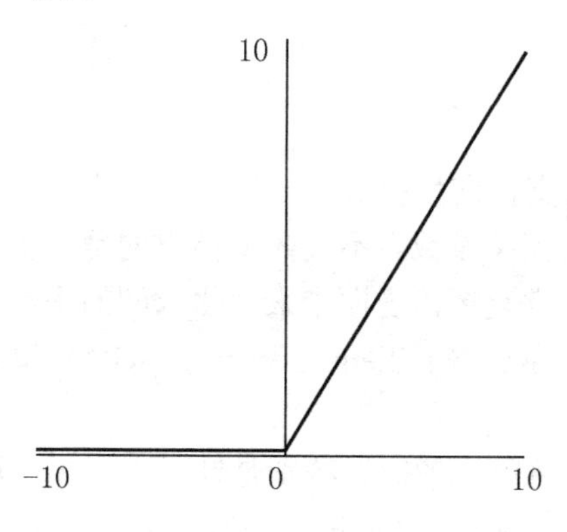

图 8-6　relu 函数图像

相比 sigmoid 和 tanh 函数，relu 函数在梯度下降中能够快速收敛。sigmoid 和 tanh 函数涉及了很多很 expensive 的操作（比如指数），relu 函数可以更加简单地实现。relu 函数有效缓解了梯度消失的问题，但是随着训练的继续，可能会出现神经元死亡，权重无法更新的情况。如果发生这种情况，那么流经神经元的梯度从这一点开始将永远是 0。也就是说，relu 函数下的神经元在训练中不可逆地死亡了。

8.3.4 全连接层

全连接层（Fully Connected layers，FC）在整个卷积神经网络中起到“分类器”的作用。如果说卷积层、池化层和激活函数层等操作是将原始数据映射到隐藏层特征空间的话，全连接层则起到将学到的“分布式特征表示”映射到样本标记空间的作用。在实际使用中，全连接层可由卷积操作实现：对前层是全连接的全连接层可以转化为卷积核为 1×1 的卷积；而前层是卷积层的全连接层可以转化为卷积核为$h \times w$的全局卷积，h 和 w 分别为前层卷积结果的高和宽。

在基本的 CNN 网络中，全连接层的作用是将经过多个卷积层和池化层的图像特征图中的特征进行整合，获取图像特征具有的高层含义，之后用于图像分类。在 CNN 网络中，全连接层将卷积层产生的特征图映射成一个固定长度（一般为输入图像数据集中的图像类别数）的特征向量。这个特征向量包含了输入图像所有特征的组合信息，虽然丢失了图像的位置信息，但是该向量将图像中最具有特点的图像特征保留了下来，以此完成图像分类任务。从图像分类任务的角度来看，计算机只需要对图像内容进行判定，计算输入图像具体所属类别数值（所属类别概率），将最有可能的类别输出即可完成分类任务。

以 VGG-16 为例，对 224×224×3 的输入，最后一层卷积可得输出为 7×7×512，如后层是一层含 4096 个神经元的 FC，则可用卷积核为 7×7×512×4096 的全局卷积来实现这一全连接运算过程，其中该卷积核参数为："filter size = 7，padding = 0，stride = 1，D_in = 512，D_out = 4096"，经过此卷积操作后可得输出为 1×1×4096。

8.3.5 反馈运算

同其他机器学习模型（支持向量机等）一样，卷积神经网络包括其他深度学习模型都依赖最小化损失函数来学习模型参数。不过需要指出的是，从凸优化理论来看，神经网络模型不仅是非凸函数而且异常复杂，这便带来优化求解的困难。该情形下，深度学习模型采用随机梯度下降法（Stochastic Gradient Descent，SGD）和误差反向传播进行模型参数更新。

具体来讲，在卷积神经网络求解时，特别是针对大规模应用问题，常采用批处理的随机梯度下降法。批处理的随机梯度下降法在训练模型阶段随机选取 n 个样本作为一批样本，先通过前馈运算得到预测并计算其误差，后通过梯度下降法更新参数，梯度从后往前逐层反馈，直至更新到网络的第一层参数，这样的一个参数更新过程称为一个“批处理过程”。不同批处理之间按照无放回抽样遍历所有训练集样本，遍历一次训练样本称为“一轮”。其中，批处理样本的大小不宜设置过小。过小时，由于样本采样随机，按照该样本上的误差更新模型参数不一定在全局上最优（此时仅为局部最优更新），会使得训练过程产生振荡。而批处理大小的上限则主要取决于硬件资源的限制，如 GPU 显存大小。

下面来看误差反向传播的详细过程。假设某批处理前馈后得到 n 个样本上的误差为 z，且最后一层的损失函数为 L，则易得：

$$\frac{\partial z}{\partial \omega^L}=0 \tag{8-11}$$

$$\frac{\partial z}{\partial x^L}=x^L-y \tag{8-12}$$

不难发现，实际上每层操作都对应了两部分导数：一部分是误差关于第 i 层参数的导数 $\frac{\partial z}{\partial w^i}$，另一部分是误差关于该层输入的导数 $\frac{\partial z}{\partial x^i}$。其中，关于参数 w^i 的导数 $\frac{\partial z}{\partial w^i}$ 用于参数的更新：

$$w^i \leftarrow w^i-\eta\frac{\partial z}{\partial w^i} \tag{8-13}$$

η 是每次随机梯度下降的步长，一般随训练轮数的增多而减少。

关于输入 x^i 的导数 $\frac{\partial z}{\partial x^i}$ 则用于误差向前层的反向传播。可将其视为最终误差从最后一层传递至第 i 层的误差信号。

下面以第 i 层参数更新为例。当误差更新信号（导数）反向传播至第 i 层时，第 i+1 层的误差导数为 $\frac{\partial z}{\partial x^{i+1}}$，第 i 层参数更新时需计算 $\frac{\partial z}{\partial w^i}$ 和 $\frac{\partial z}{\partial x^i}$ 的对应值。根据链式法则，可得到：

$$\frac{\partial z}{\partial\left(vec\left(\omega^i\right)^{\mathrm{T}}\right)}=\frac{\partial z}{\partial\left(vec\left(x^{i+1}\right)^{\mathrm{T}}\right)}\cdot\frac{\partial vec\left(x^{i+1}\right)^{\mathrm{T}}}{\partial\left(vec\left(\omega^i\right)^{\mathrm{T}}\right)} \tag{8-14}$$

$$\frac{\partial z}{\partial\left(vec\left(x^i\right)^{\mathrm{T}}\right)}=\frac{\partial z}{\partial\left(vec\left(x^{i+1}\right)^{\mathrm{T}}\right)}\cdot\frac{\partial vec\left(x^{i+1}\right)^{\mathrm{T}}}{\partial\left(vec\left(x^i\right)^{\mathrm{T}}\right)} \tag{8-15}$$

此处使用向量标记 vec 是由于实际工程实现时张量运算均转化为向量运算。前面提到，由于 $i+1$ 层时已计算得到，在第 i 层用于更新该层参数时仅需对其做向量化和转置操作即可得到 $\frac{\partial z}{\partial\left(vec\left(x^i\right)^{\mathrm{T}}\right)}$。另一方面，在第 i 层，由于 x^i 经 w^i 直接作用得 x^{i+1}，因而反向求导时亦可直接得到其偏导数 $\frac{\partial vec\left(x^{i+1}\right)^{\mathrm{T}}}{\partial\left(vec\left(x^i\right)^{\mathrm{T}}\right)}$ 和 $\frac{\partial vec\left(x^{i+1}\right)^{\mathrm{T}}}{\partial\left(vec\left(\omega^i\right)^{\mathrm{T}}\right)}$。如此，可求得公式（8-14）和（8-15）中等号左端项 $\frac{\partial z}{\partial w^i}$ 和 $\frac{\partial z}{\partial x^i}$。后根据公式（8-13）更新该层参数，并将 $\frac{\partial z}{\partial x^i}$ 作为该层误差传

至前层，即第 i-1 层，如此下去，直至更新到第 1 层，从而完成一个批处理的参数更新。

当然，上述方法是通过手动书写导数并用链式法则计算最终误差对每层不同参数的梯度，这一过程不仅烦琐，且容易出错，特别是对一些复杂操作，其导数很难求得甚至无法显式写出。针对这种情况，一些深度学习库，如 Theano 和 TensorFlow 都采用了符号微分的方法进行自动求导来训练模型。符号微分可以在编译时就计算导数的数学表示，并进一步利用符号计算方式进行优化。

8.4 卷积神经网络的优点

8.1 节和 8.3 节中分别介绍了传统方法和卷积神经网络方法。而现有的传统图像分类方法能很好地完成图像分类任务，相比传统的方法，为什么卷积神经网络特别适合用于图像分类任务呢？下面从 5 个方面来说明原因。

1. 图像特征的层次化结构

相关研究表明，图像特征具有层次化结构，传统方法无法做到自动组合这些层次化的特征，如图 8-7 所示。

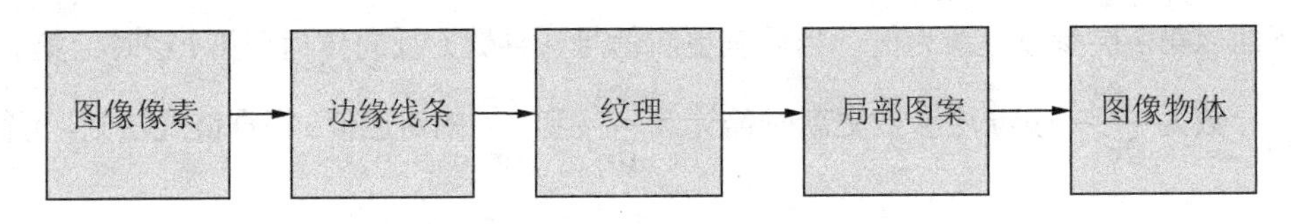

图 8-7　图像特征的层次化结构

图像相邻区域的像素组成边缘线条，边缘线条组合得到图像纹理，图像纹理经过组合形成局部图案，最后所有的局部图案构成一个图像物体。卷积神经网络具有组合图像层次化特征的能力。

2. 卷积神经网络的仿生物学理论

1981 年，David Hubel 和 Torsten Wiesel 在猫的大脑视觉皮层上所做的实验证明了人类大脑视觉系统其实是不断地将低级特征通过神经元之间的连线传递为高级特征的过程，通过组合低层特征一步一步得到高层特征，越是高层特征就变得越抽象。卷积神经网络卷积层的二维卷积方式使其能够直接从图像像素中提取数据特征，这种处理方式更加接近人类大脑视觉系统的工作方式。

3. 卷积神经网络的局部连接属性

卷积神经网络属于局部连接网络，局部连接网络是基于对自然图像的深刻研究而提出来的。由于自然图像存在局部区域稳定性的属性，自然图像中某一局部区域的统计特征相对于图像的其他相邻局部区域具有相似性，因此神经网络从自然图像中学习到的某一局部区域的特征同样适合于图像的其他相邻局部区域。如图 8-8 所示为全连接网络，图 8-9 所示为局部连接网络。

局部连接网络比全连接网络有很大的优势。假设图 8-8 和图 8-9 左边的输入图像层为 L1 层，右边神经节点层为 L2 层，对于图 8-8 全连接网络层来说，如果 L1 层输入图像的分辨率为 1000×1000，L2 隐含层有 100 万个神经元，每个隐含层神经元全部都连接到 L1 层输入图像的每一个像素点，那么连接线达到了 1000×1000×1000000=10^12，也就是 10 的 12 次方个权值参数。对于图 8-9 局部连接网络，L2 隐含层中每一个神经节点与 L1 层节点相同位置附近 10×10 大小的图像区域相连接，则 100 万个隐层神经元只有 100 万×100，即 10^8 个权值参数，其权值连接个数比全连接网络足足减少了 4 个数量级。因此卷积神经网络相对于全连接网络来说，在训练速度上有很大的优势。

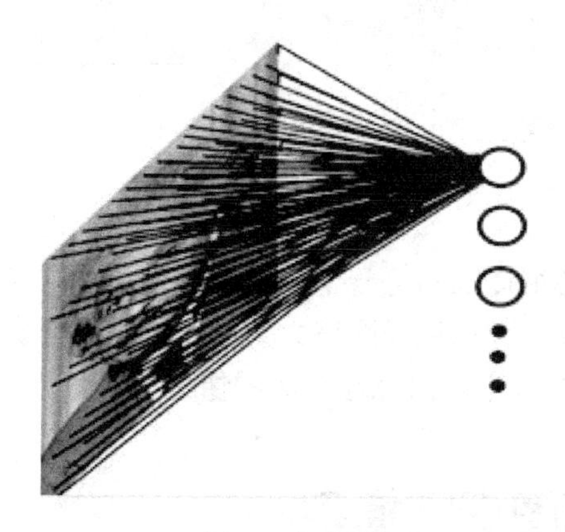

图 8-8 全连接网络

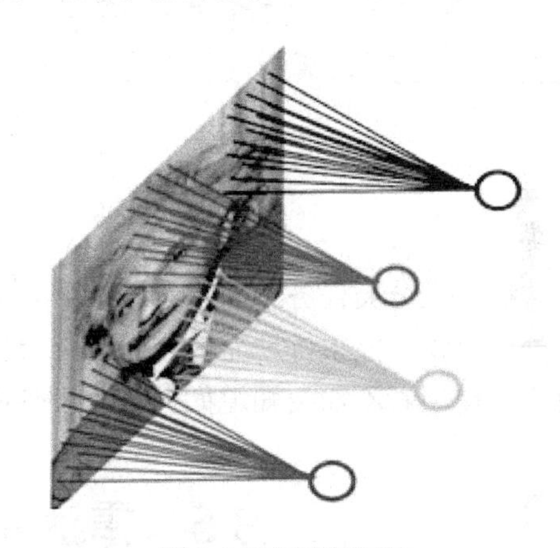

图 8-9 局部连接网络

4．卷积神经网络的权值共享特性

权值共享是卷积神经网络的另外一个重要特性，卷积神经网络中相同的卷积核共享相同的卷积核权值和偏置值。同一种卷积核使用同样的权值按照某种顺序去卷积图像，比如从左到右，从上到下的顺序进行图像卷积。那么卷积后得到所有神经节点都是共享连接参数，也就是说每个神经元都是用同一个卷积核去卷积图像。所以一种卷积核只提取了图像的一种特征，如果需要提取多种输入图像的不同特征，则需要使用多种卷积核。权值共享减少了卷积神经网络需要学习的参数。

5．卷积神经网络端对端的处理方式

传统图像分类中，研究人员需要花费大量精力去研究如何提取到更好的图像特征，如 HOG 和 SIFT 等特征。卷积神经网络进行图像分类的最大优点是采用端对端的处理方式，把传统图像分类任务中的图像预处理、特征提取变为一个黑盒子，研究人员只需要把精力

放在研究如何设计卷积神经网络的网络架构和优化网络参数上。卷积神经网络把与图像卷积得到的特征进行前向传播，然后通过网络输出值与数据标签的差值反向传播来调整网络参数，通过这样的方式卷积神经网络能够自动提取到有利于分类任务的特征，不需要人为干预。如图 8-10 展示了卷积神经网络与传统图像分类之间的差异性。

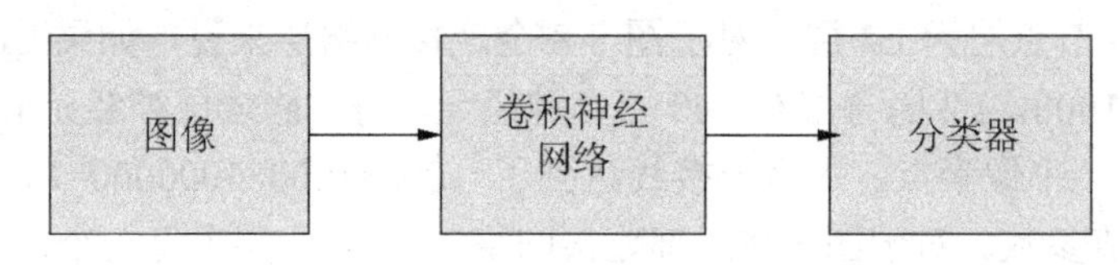

a）卷积神经网络图像分类方法

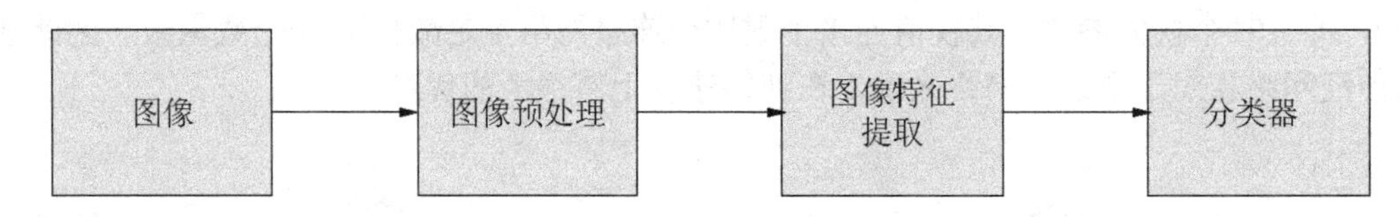

b）传统图像分类方法

图 8-10　图像分类方法对比

传统图像分类任务中的图像预处理，图像特征提取的每一个处理步骤需要非常专业的图像处理知识才能很好地完成整个图像分类任务。卷积神经网络大大简化了图像分类任务的流程，使用者不需要知道如何进行图像特征提取也能出色地完成图像分类任务。

8.5　雷达剖面图识别模型

本节介绍的识别模型依据自动站观测的极大风风速数据与一小时累积降雨量对天气类型进行分类。针对不同天气类型，以自动站为中心、半径为 8km 的反射率剖面图输入基于深度机器学习的卷积神经网络中，通过针对大量样本的学习获得最优的识别模型。将雷达反射率实时产品输入此模型可识别有无雷雨大风天气。此方案共包括数据准备、雷达剖面标定、构建模型、学习与识别 5 个模块。

8.5.1　数据准备

读取自动气象站数据，对不同天气类型进行分类，并基于南京市气象局雷达基础数据生成 CAPPI 产品，作为构建模型的输入数据。

1．天气分类

将极大风速（wind）为 14m/s、一小时累积降雨量（pre）为 2.0mm 分别作为大风、强降水发生的标准，依据这两个阈值将自动站所在区域的天气分为雷雨大风、大风、降水和无强天气（简称晴空）4 类天气类型，如表 8-1 所示。

表 8-1　天气分类标准

天 气 类 型	判 别 标 准
雷雨大风	wind≥14m/s；pre≥2.0mm
大风	wind≥14m/s；pre<2.0mm
降水	wind<14m/s；pre≥2.0mm
晴空	wind<14m/s；pre<2.0mm

从 CIMISS 数据库中下载南京市所有雷达自动站的极大风速、极大风速出现的时间及一小时累积降雨量等数据。根据表 8-1 对自动站出现极大风时的天气进行分类。

2．雷达数据处理

根据极大风出现的时间，下载临近时刻南京市气象局雷达基础数据，进行雷达质量控制等数据处理，生成垂直高度 1～17km、垂直分辨率 1km 的三维 CAPPI 反射率产品，作为雷达剖面的输入数据。

3．雷达剖面标定

以自动站为中心、半径为 8km、以自动站正北方向为起始方向，顺时针每隔 1 对三维 CAPPI 反射率产品进行多维剖面，将此类多维剖面产品定义为雷达剖面。雷达剖面能够从不同角度立体展示自动站及附近区域的反射率回波状况。每一个剖面方向具有不同的回波特征，如图 8-11 所示。

然后将不同角度的回波剖面图像输入模型，让模型学习更多的雷雨大风天气的反射率回波特征，有利于建立更优的识别模型。

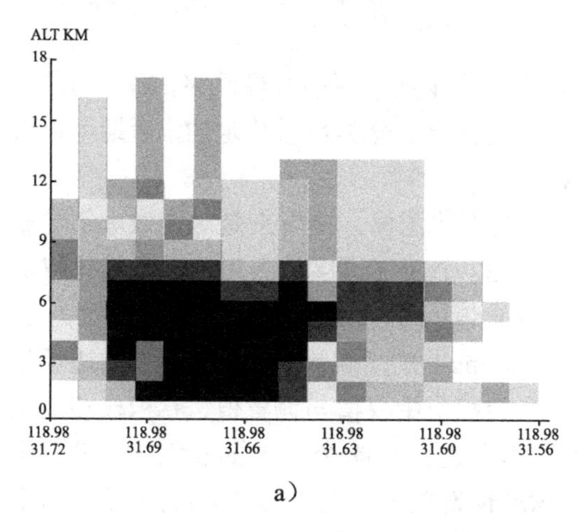

a）

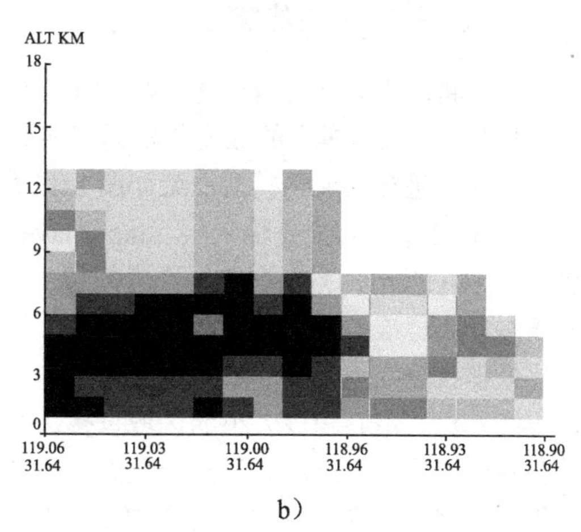

b）

图 8-11　雷达剖面（a：0°剖面；b：90°剖面；c：180°剖面；d：270°剖面）1

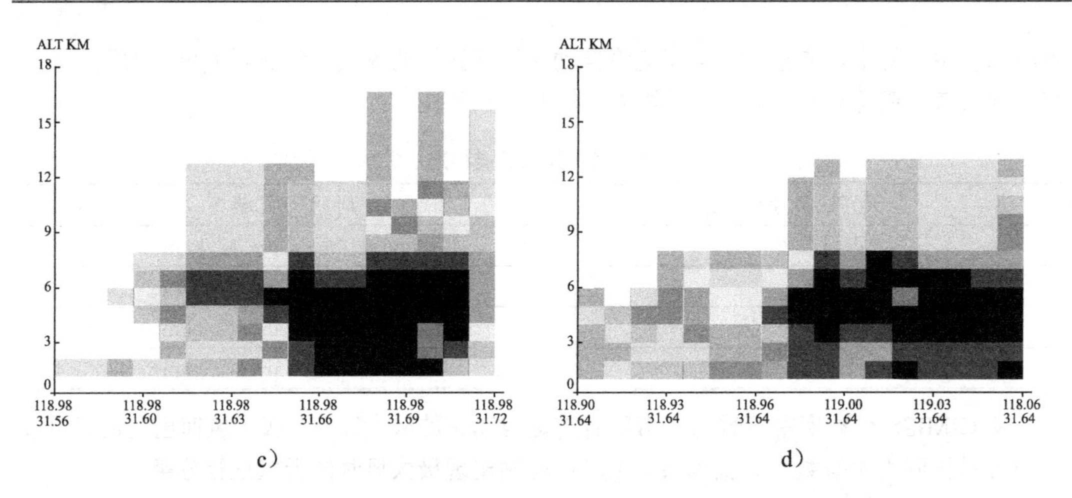

图 8-11　雷达剖面（a：0°剖面；b：90°剖面；c：180°剖面；d：270°剖面）2

8.5.2　构建模型

在雷达剖面图识别问题上，采用了基于深度学习的卷积神经网络（CNN）作为切入点。卷积神经网络最初是为解决图像识别问题设计的，它可以直接使用图像的原始像素作为输入，而不必事先提取特征，也减少了使用传统方法时必须要做的大量重复、烦琐的数据预处理工作。卷积神经网络训练的模型同样对放大、缩小、平移、旋转等畸变具有不变性，有很强的泛化性。其最大特点就在于卷积的局部感知和权值共享结构，这样就可以大幅度减少神经网络的参数量，防止过拟合的同时又降低了神经网络模型的复杂度，其精准度也非常高。用卷积神经网络做图像识别大体分为三步：即提取特征，训练模型，识别检测。下面先对其模型进行构建。

1．卷积神经网络的搭建

这里将用于识别的模型建成具有 4 层卷积层和 3 层全连接层的神经网络，输出的结果为 4 种分类。网络模型的深度是根据需要测试数据的规模及分类数量决定的，后期可以根据实际情况进行拓展。模型框架如图 8-12 所示。

图 8-12 中，首先是输入层（input layer），就是原始图像。接下来是对图像进行卷积操作（convolutions），在第一个卷积层中，定义了 32 个 5×5 维度的卷积核，初始化权值取正态分布标准差为 0.01 上的随机值，并初始化偏置值为 0。卷积操作步长统一设置为 1，边界处理设置为越界补 0 形式。池化操作（subsampling）的步长设置为 2，而它的边界处理方法是对不足卷积核大小的区域直接丢弃。剩余卷积层中权值与偏置值、卷积核和池化的初始化操作与第一层是保持一致的。第二个卷积层设置了 64 个 5×5 的卷积核；第三个卷积层设置了 128 个 3×3 的卷积核；第四个卷积层也设置了 128 个 3×3 的卷积核。由于 CNN 可将图片像素作为直接输入，所以需要改变数据维度才能得到最终的一维分类结果。

因此，在第一个全连接层（full conn 1）中定义了 1024 个神经元，用来转化维度。考虑到神经元的激活规律：当数据具有激活效果时，激活效果越明显神经元被唤起的效果越强。因此非线性激活函数用 ReLu。为了防止过多不必要的神经元参与计算，在全连接层之间定义了 dropout 机制，它可以使部分神经元处于休眠状态，目的是避免因启动过多的神经元导致计算量过大的问题，也是更近似人类思维的机制。第二层全连接（full conn 2）定义了 512 个神经元，同样使用 ReLu 激活函数并追加 dropout。最后一层全连接（full conn 3）定义了 4 个神经元用于结果输出（output），分别代表四类的概率化结果。

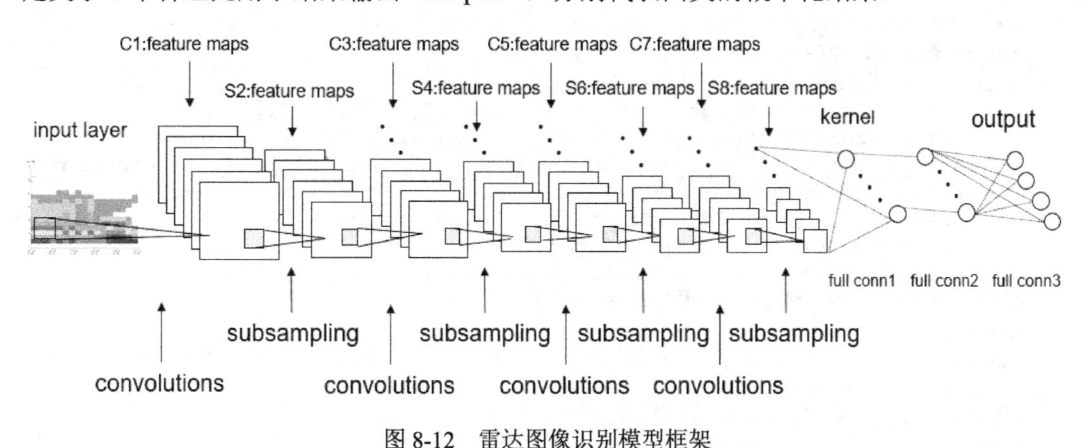

图 8-12　雷达图像识别模型框架

代码编写流程如下：首先将相关模块引入到编写文件中，然后定义常量，包括模型保存路径、图片读取路径和图片放缩尺寸信息等，最后是搭建神经网络框架。采用先定义占位符后填充的方案，封装 data 和 label 列表，data 存储的是转化为矩阵数据的图片，label 中存储的是对应图片的标签。为防止顺序读取可能带来的不利影响，将图片先做顺序乱序处理（同一类之间与不同类之间顺序随机打乱）后，再封装到 data 中。代码如下：

搭建网络需要引入以下模块：

```
#导入需要的库
from skimage import io, transform
import glob
import os
import tensorflow as tf
import numpy as np
```

相关常量有数据集路径、模型保存路径及压缩图片的尺寸。常量定义如下：

```
#数据集地址
path='./traindataset/'
#模型保存地址
model_path='./radar_net4/model.ckpt'
#将所有的图片 resize 成 100×100×3
width=100
heigh=100
rgb=3
```

对于输入数据，通常情况下需要定义两个占位符，分别存储数据与标签。可以把它理解为骨架，等需要数据流进入时才需要填充。占位符的设定通常需要标记 3 种特征，分别是存储类型、存储维度及命名空间。

```
x=tf.placeholder(tf.float32,shape=[None,width,heigh,rgb],name='x')
y=tf.placeholder(tf.int32,shape=[None,],name='y')
```

通过定义一个 inference()方法来搭建卷积神经网络，以下是含有四层卷积层和四层池化层的模型。

```
def inference(input_tensor, train, regularizer):
#第一个卷积层，卷积核 5×5，深度 32
with tf.variable_scope('layer1-conv1'):
    conv1_weights = tf.get_variable("weight",[5,5,3,32],
    initializer=tf.truncated_normal_initializer(stddev=0.1))
    conv1_biases = tf.get_variable("bias", [32], initializer=tf.constant_
    initializer(0.0))
    conv1 = tf.nn.conv2d(input_tensor, conv1_weights,
    strides=[1, 1, 1, 1], padding='SAME')
    relu1 = tf.nn.relu(tf.nn.bias_add(conv1, conv1_biases)
#第一个池化层，卷积核 2×2，步长为 2
with tf.name_scope("layer2-pool1"):
    pool1 = tf.nn.max_pool(relu1, ksize = [1,2,2,1],strides=[1,2,2,1],
    padding="VALID")
#第二个卷积层，卷积核 5×5，深度 64
with tf.variable_scope("layer3-conv2"):
    conv2_weights = tf.get_variable("weight",[5,5,32,64],
    initializer=tf.truncated_normal_initializer(stddev=0.1))
    conv2_biases = tf.get_variable("bias", [64], initializer=tf.constant_
    initializer(0.0))
    conv2 = tf.nn.conv2d(pool1, conv2_weights, strides=[1, 1, 1, 1],
    padding='SAME')
    relu2 = tf.nn.relu(tf.nn.bias_add(conv2, conv2_biases)
#第二个池化层，卷积核 2×2，步长为 2
with tf.name_scope("layer4-pool2"):
    pool2 = tf.nn.max_pool(relu2, ksize=[1, 2, 2, 1], strides=[1, 2, 2, 1],
    padding='VALID')
#第三个卷积层，卷积核 3×3，深度 128
with tf.variable_scope("layer5-conv3"):
    conv3_weights = tf.get_variable("weight",[3,3,64,128],
    initializer=tf.truncated_normal_initializer(stddev=0.1))
    conv3_biases = tf.get_variable("bias", [128], initializer=tf.
    constant_initializer(0.0))
    conv3 = tf.nn.conv2d(pool2, conv3_weights, strides=[1, 1, 1, 1],
    padding='SAME')
    relu3 = tf.nn.relu(tf.nn.bias_add(conv3, conv3_biases))
#第三个池化层，卷积核 2×2，步长为 2
with tf.name_scope("layer6-pool3"):
    pool3 = tf.nn.max_pool(relu3, ksize=[1, 2, 2, 1], strides=[1, 2, 2, 1],
    padding='VALID'
#第四个卷积层，卷积核 3×3，深度 128
with tf.variable_scope("layer7-conv4"):
    conv4_weights = tf.get_variable("weight",[3,3,128,128],
```

```
    initializer=tf.truncated_normal_initializer(stddev=0.1))
    conv4_biases = tf.get_variable("bias", [128], initializer=tf.
    constant_initializer(0.0))
    conv4 = tf.nn.conv2d(pool3, conv4_weights, strides=[1, 1, 1, 1],
    padding='SAME')
    relu4 = tf.nn.relu(tf.nn.bias_add(conv4, conv4_biases))
#第四个池化层，卷积核 2×2，步长为 2
with tf.name_scope("layer8-pool4"):
    pool4 = tf.nn.max_pool(relu4, ksize=[1, 2, 2, 1], strides=[1, 2, 2, 1],
    padding='VALID')
    nodes = 6*6*128
    reshaped = tf.reshape(pool4,[-1,nodes])
```

连接卷积层的是三层全连接。输入为转化后的最后一层卷积的维度，输出则是 4 个分类，也以神经元个数代之，代码如下：

```
#第一个全连接层，转化为一维，输出节点数为 1024，加 dropout，大小为 0.5
with tf.variable_scope('layer9-fc1'):
    fc1_weights = tf.get_variable("weight", [nodes, 1024],
    initializer=tf.truncated_normal_initializer(stddev=0.1))
    if regularizer != None: tf.add_to_collection('losses', regularizer
    (fc1_weights))
    fc1_biases = tf.get_variable("bias", [1024], initializer=tf.constant_
    initializer(0.1))
    fc1 = tf.nn.relu(tf.matmul(reshaped, fc1_weights) + fc1_biases)
    if train: fc1 = tf.nn.dropout(fc1, 0.5)
#第二个全连接层，输出节点数为 512，加 dropout，大小为 0.5
with tf.variable_scope('layer10-fc2'):
    fc2_weights = tf.get_variable("weight", [1024, 512],
    initializer=tf.truncated_normal_initializer(stddev=0.1))
    if regularizer != None: tf.add_to_collection('losses', regularizer
    (fc2_weights))
    fc2_biases = tf.get_variable("bias", [512], initializer=tf.constant_
    initializer(0.1))
    fc2 = tf.nn.relu(tf.matmul(fc1, fc2_weights) + fc2_biases)
    if train: fc2 = tf.nn.dropout(fc2, 0.5)
#第三个全连接层，输出节点数为 4
with tf.variable_scope('layer11-fc3'):
    fc3_weights = tf.get_variable("weight", [512, 4],
    initializer=tf.truncated_normal_initializer(stddev=0.1))
    if regularizer != None: tf.add_to_collection('losses', regularizer
    (fc3_weights))
    fc3_biases = tf.get_variable("bias", [4], initializer=tf.constant_
    initializer(0.1))
    logit = tf.matmul(fc2, fc3_weights) + fc3_biases
return logit
```

至此，已经构建好了识别图像的神经网络模型了。

2．模型训练

训练集包含 4×2500 张雷达图片，即每种类型 2500 张，将其全部用来训练。将训练图片按批输入到模型中，经过 4 个卷积层之后，需要将输出结果变成一维向量，捕捉数据扁平化后的长度并输入到全连接层。初始化所有的参数，并设置 dropout 的激活率为 0.5，即一半的神经元置于活跃状态。按批输入的目的就是避免一次性将数据全部放入网络中导致内存不足的问题。先将图片乱序处理后，按照每一批 100 张的量级输入进网络中进行训练。为保证获得更高的正确率，训练集中的图片全部训练完后，继续重复操作，迭代次数为 10 次。将学习模型保存成 ckpt 文件类型。

捕获前馈层的预测结果，配合损失函数与优化器进行反向传播。损失函数采用交叉熵来定义，优化器采用 Adam。代码如下：

```
regularizer = tf.contrib.layers.l2_regularizer(0.0001)
logits = inference(x,False,regularizer)
b = tf.constant(value=1,dtype=tf.float32)
logits_eval= tf.multiply(logits,b,name='logits_eval')
#损失函数，使用交叉熵
loss=tf.nn.sparse_softmax_cross_entropy_with_logits(logits=logits,
labels=y)
#优化器采用 Adam
train_op=tf.train.AdamOptimizer(learning_rate=0.001).minimize(loss)
correct_prediction= tf.equal(tf.cast(tf.argmax(logits,1),tf.int32), y)
#准确率
acc= tf.reduce_mean(tf.cast(correct_prediction, tf.float32))
```

训练时采用 Mini-batch 策略进行。通过将样本的长度整除一次批处理的个数得到总迭代次数。将一个生成器放入迭代器中，每迭代一次，生成对应的批量数据。代码如下：

```
def minibatches(inputs=None, targets=None, batch_size=None, shuffle=
False):
assert len(inputs) == len(targets)
    if shuffle:
        indices = np.arange(len(inputs))
        np.random.shuffle(indices)
#迭代，生成对应的批量数据
    for start_idx in range(0, len(inputs) - batch_size + 1, batch_size):
        if shuffle:
            excerpt = indices[start_idx:start_idx + batch_size]
        else:
            excerpt = slice(start_idx, start_idx + batch_size)
        yield inputs[excerpt], targets[excerpt]
```

TensorFlow 程序的开启需要依赖一个 Session 入口，称之为一次会话。在启动训练前，首先需要将会话开启。通过 run()函数初始化所有变量后，开始训练：

```
n_epoch=10                                                  #训练轮数
batch_size=80                                               #批大小
saver=tf.train.Saver()
sess=tf.Session()                                           #开启会话
sess.run(tf.global_variables_initializer())
for epoch in range(n_epoch):
    #训练模型
    train_loss, train_acc, n_batch = 0, 0, 0
    for x_train_a, y_train_a in minibatches(x_train, y_train, batch_size,
    shuffle=True):
```

```
        _,err,ac=sess.run([train_op,loss,acc], feed_dict={x: x_train_a, y:
        y_train_a})
        train_loss += err; train_acc += ac; n_batch += 1
        print("局部准确率:"+str(np.sum(ac)))
    print("训练成功率:"+str(epoch)+str((np.sum(train_acc)/ n_batch)))
saver.save(sess,model_path)                                    #保存模型
sess.close()
```

3. 自动化识别

识别过程就是评测模型在测试集上的准确率。测试样本保存在指定测试文件夹中。利用 Python 中 io 包的 imread 方法将图片读入到 data 列表中，并将该列表输入到模型里。测试操作与训练一样都要通过开启会话的形式进行，首先要读取模型中的图形流节点 meta，之后将模型通过 restore 方法恢复。恢复后的模型需要获取到指定输入的数据节点才能接受测试数据，因此可以通过 get_tensor_by_name 方法指定入口，并将之前赋值的 data 列表输入进去，即可完成输入模型操作。

代码编写流程如下：首先将相关模块引入编写文件中，然后批量读取将要识别的数据，并将图片量化，接着调用模型，再后识别数据并将结果生成相关产品。代码如下：

引入以下包结构：

```
from skimage import io,transform
import tensorflow as tf
import numpy as np
import time
import os
import struct
import geopandas as gp
from matplotlib import pyplot as plt
from skimage import draw
from PIL import Image
from PIL import ImageDraw
from PIL import ImageFont
```

通过定义一个方法来获得数据与存储路径：

```
def obtain_data(root_path,target_obj,path,data,ab_rootPath):
    test_objectFile = os.listdir(root_path)
    if target_obj in test_objectFile:
        f = open(ab_rootPath)
#读取数据
        while 1:
            line = f.readline()
            if not line:
                break
            path.append(line.rstrip('\n'))
#获得存储路径
        for obj_path in path[1:]:
            rel_path = obj_path.split(" ")[2]
            l_data = read_one_image(rel_path)                     #读取图片
            data.append(l_data)                                   #存储图片
```

```
        f.close()                                              #退出路径
    else:
        return 0,0
    return path,data
```

obtain_data 获取到的只是一个路径，需要根据这些路径来读入真正的图像数据。在之前引入的 io 包中，imread 方法可以将图片以矩阵数据形式获取到，代码如下：

```
defread_one_image(path):
    img = io.imread(path)                                      #读取原图
    img = transform.resize(img,(w,h))                          #改变到设定大小
    return np.asarray(img)
```

通过上述方法，获取到每张图像的数据后，就可以将数据传入识别函数了。识别的核心是之前所保存的训练模型，因此要在识别函数中将模型唤醒，并通过一个域名通道将图像数据输入进去。由图 8-12 所示，输出即是产生的识别结果。代码实现如下：

```
defreco_result(data,n):
    feed_dict = {x:data}
    output = []                                                #保存结果
    logits = graph.get_tensor_by_name("logits_eval:0")
    classification_result = sess.run(logits,feed_dict)         #进行分类
    output = tf.argmax(classification_result,1).eval()         #输出分类结果
    for i in range(batch):                                     #显示结果
        n = n+1
        path[n] = path[n].split(" ")[2]
        print(path[n]+'的类型是:'+mete_digcategory[output[i]])
        result_output.append(mete_digcategory[output[i]])
```

局部方法实现后就可以调用主循环函数实现自动化识别了，代码如下：

```
hile True:
#存储识别出来的结果集合[0,1,2,1,…,3…]
    result_output = []
    #data 列表负责存储由 read_one_image 返回的矩阵数据
    data = []
    path = []
    #保存遍历根目录文件项
    test_objectFile = []
    try:
        path,data = obtain_data(root_path,target_obj,path,data,ab_rootPath)
        if path==0 and data==0:
            continue
        else:
            with tf.Session() as sess:                         #开启会话
                saver = tf.train.import_meta_graph(model_ckpt) #调用模型
                saver.restore(sess,tf.train.latest_checkpoint(model_path))
                graph = tf.get_default_graph()
                x = graph.get_tensor_by_name("x:0")
                                                               #生成结果
                filetime,generateTime,title,voteResult=
```

```
create_grid(path,data,ab_rootPath,gridH,gridC,station) create_bin(title,
filetime,voteResult,generateTime,station,gridH,gridC,
            radarCount,startLon,startLat,endLon,endLat,xReso,yReso)
            print("Finish")
   except:
      os.remove(ab_rootPath)                                    #出错自动退出
      pass
```

8.6　模型测试分析

本节将对训练好的模型进行部署及测试，得到最终的测试效果。

8.6.1　部署基本模块

本节内容中涉及以下模块，直接利用 pip install（package name）命令即可安装成功。

- TensorFlow：是基于 Python 脚本语言的高级应用，是一个采用数据流图（data flow graphs），用于数值计算的开源软件库。安装 TensorFlow 时需注意，它有 CPU 和 GPU 两种版本。在网络良好的条件下，打开 cmd 环境，输入命令行即可执行安装。安装 CPU 版本的命令是：pip install tensorflow。安装 GPU 版本的命令是：pip install tensorflow-gpu。
- Geopandas：是 Python 处理空间数据可视化的"利器"。在自动化识别过程中需要此模块来读取 GIS 数据。
- Pillow：Python Imaging Library 是 Python 的一个强大而方便的图像处理库，Python 2.7 之前该模块称之为 PIL；Python 3.6 版本后更名为 Pillow。

8.6.2　创建项目结构

本项目的组成结构如图 8-13 所示。

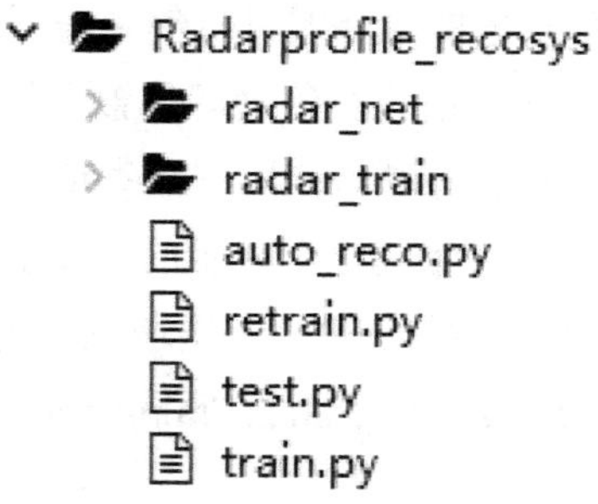

```
Radarprofile_recosys
    radar_net
    radar_train
    auto_reco.py
    retrain.py
    test.py
    train.py
```

图 8-13　项目结构图

项目名称 Radarprofile_recosys，内部包含两个文件夹：radar_net 和 radar_train。前者存放训练模型，后者存放训练样本。4 个 Python 文件分别是：执行训练操作的 train.py、执行测试的 test.py、负责继续训练的 retrain.py 和自动化识别的 auto_reco.py。

8.6.3 训练网络

这里的训练数据集有 10000 张雷达剖面图像，其中包括 4 个分类：rain-wind、rain-nowind、norain-wind 和 norain-nowind。每个类别中有 2500 张图像，图像尺寸均为 540×440。调用 train.py 文件，执行 30 次迭代的训练，并记录每次的准确率。训练准确率如图 8-14 所示。

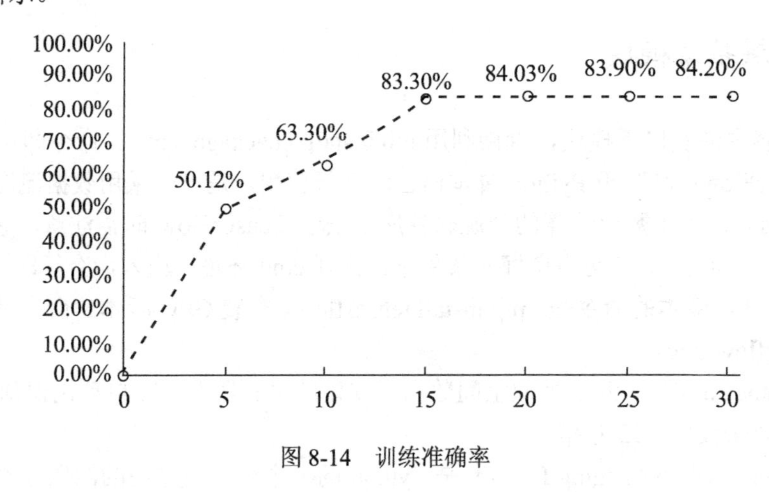

图 8-14　训练准确率

将模型保存至相应路径中，用于识别或继续训练。

8.6.4 自动化测试

在真实环境中，需要测试的图像是实时源源不断地产生的。为便于观察测试结果，需要让识别结果可视化。传统打印日志的方法难以收集和分析，因此采用给不同测试结果标记上颜色，并直接覆盖在对应雷达图所代表的地理位置上的方法来观察测试结果。

这里通过 Geopandas 模块的相关方法，读取安徽省地理信息 shp 文件，并生成相应地图图像。该项目的测试结果就是在这张基图上表示的。安徽省地图如图 8-15 所示。

按照天气恶劣程度将 4 个分类按照权限依次增高的方式标注：mete_digcategory = {'norain-nowind':0, 'norain-wind':1, 'rain-nowind':2, 'rain-wind':3}，并为每个类别指定相应颜色。测试结果如图 8-16 所示。

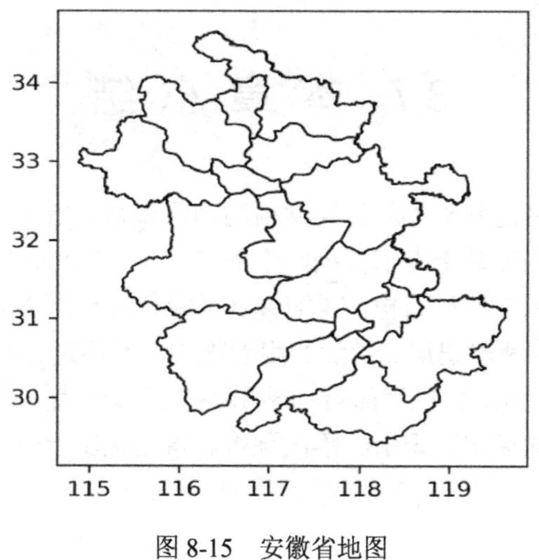

图 8-15　安徽省地图

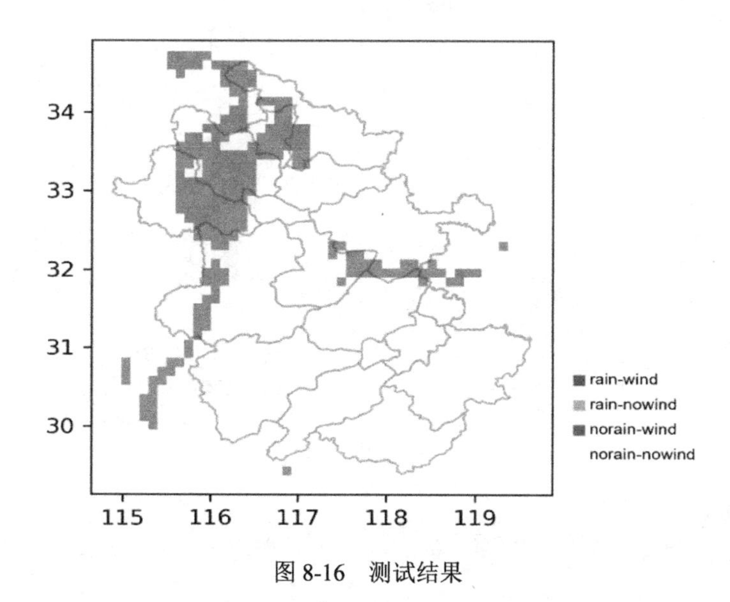

图 8-16　测试结果

通过对比真实结果，总结了识别的成功率和误报率，结果如图 8-17 所示。

category	rain-wind	rain-nowind	norain-wind	norain-nowind
rain-wind	0.890	0.080	0.030	0.000
rain-nowind	0.040	0.915	0.045	0.000
norain-wind	0.150	0.045	0.770	0.035
norain-nowind	0.000	0.025	0.070	0.905

图 8-17　成功率（黑色）和误报率（白色）

8.7 本章小结

本章主要介绍的内容是基于卷积神经网络的图像识别。首先介绍了什么是图像识别，并比较了传统的图像识别和基于卷积神经网络的区别，并分别给出了各自的识别过程。接着介绍了卷积神经网络的原理和结构，详细讲解了卷积神经网络的各层，包括输入层、卷积层、池化层、全连接层和输出层。最后利用卷积神经网络进行雷达图像识别，实现了对雷暴大风灾害性天气的识别，并以地面自动站出现 7 级风作为出现灾害性雷暴大风天气的判据，建立了一套雷暴大风实时识别、落区预报、落区检验于一体的综合系统。

第 9 章　循环神经网络

随着互联网、信息通信及人工智能技术的发展，人机对话系统（Conversational Systems）与生俱来的自然便捷性，使其作为一种与计算设备交流的新型方式，被认为是继鼠标键盘敲击、屏幕触控之后的新一代交互范式。人机对话技术已经被工业界应用到各种类型的产品服务中。人们耳熟能详的有苹果公司的 Siri、微软的 Cortana、谷歌的 Allo 和百度的度秘（Duer）等个人助理系统，还有亚马逊的 Echo 智能家居服务系统，以及阿里巴巴的小蜜电商智能客服系统等。这些人机对话产品给人们的日常生活带来了极大的便利性，影响着数以亿计的消费者。以阿里的智能客服助理“阿里小蜜”为例，2017 年，阿里小蜜全年服务 3.4 亿名淘宝消费者，其中双十一当天 904 万/人次，智能服务占比达到 95%，智能服务解决率达到 93.1%。

本章将从自然语言处理的基础知识引入，层层深入循环神经网络，并且详细阐述其原理及强大之处，最后使用循环神经网络来实现聊天机器人。

本章要点如下：

- 了解自然语言处理的基本概念；
- 了解对话系统的基本概念；
- 了解循环神经网络的工作原理；
- 了解 LSTM 的工作原理；
- 实现聊天机器人系统。

9.1　自然语言处理

自然语言处理是计算机科学领域与人工智能领域中的一个重要方向。它研究能实现人与计算机之间用自然语言进行有效通信的各种理论和方法。本节主要对自然语言处理的层次和应用进行介绍。

9.1.1　自然语言处理概述

自然语言处理是计算机科学、人工智能及语言学的交叉学科。虽然语言只是人工智能的一部分（人工智能还包括计算机视觉等），但它是非常独特的一部分。这个星球上有许多生物拥有超过人类的视觉系统，但只有人类才拥有这么高级的语言。

自然语言处理的目标是让计算机处理或“理解”自然语言，以完成有意义的任务，比如订机票购物或 QA 等。完全理解和表达语言是极其困难的，完美的语言理解等效于实现人工智能。

自然语言处理涉及的几个层次如图 9-1 所示。

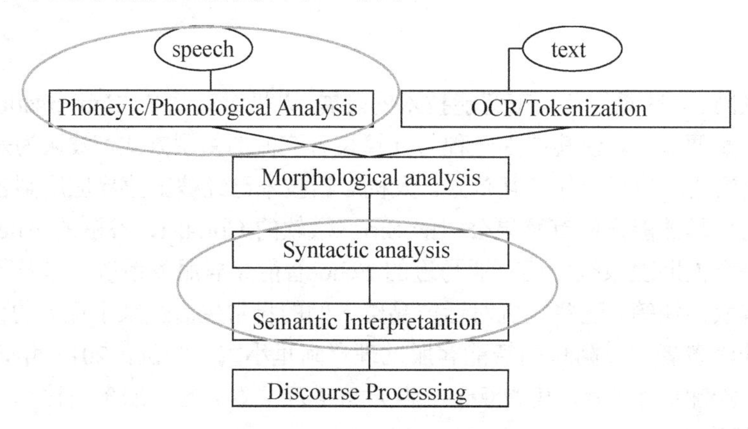

图 9-1　自然语言处理层次图

作为输入一共有两个来源，即语音（speech）与文本（text）。所以第一级是语音识别（phonetic/Phonelogical Analysis）和 OCR/Tokenization（分词），下面的是句法分析（Morphological analysis）和语义分析（Syntactic analysis），最下面的是对话分析（Semantic Interpretation）和根据上文语境理解下文（Discourse Processing）。

9.1.2　自然语言处理应用

自然语言处理（NLP）是计算机科学、人工智能和语言学关注计算机与人类（自然）语言相互作用的一个领域。因此，自然语言处理与人机交互的领域有关。NLP 诸多挑战涉及的自然语言理解问题，即计算机源于人为或自然语言输入的意思，以及其他有关自然语言生成的语句。现代 NLP 算法是基于机器学习，特别是统计机器学习的。机器学习范式不同于一般的尝试语言处理，其语言处理任务的实现，通常涉及直接处理的一套编码规则。

现已有许多不同类的机器学习算法应用于自然语言处理任务中。这些算法的输入是一组通过输入数据生成的“特征”。一些早期使用的算法，如决策树、产生式的 if-then 规则类似于手写的规则，这是普通的系统方法。而越来越多的研究集中采用统计模型，这样基于附加实数值的权重，每个输入要素需附加不同权值和概率进行决策。座类模型能够表达许多不同的结果，而不是只有一个相对的确定性，在产生更可靠的结果时，这种模型作为较大系统的一个组成部分也是其优点。

自然语言处理研究逐渐从词汇语义成分分析变为其语义转移，再进一步的是对表达内容的理解，未来也会密切结合人工智能的发展。自然语言处理的应用从简单到复杂表现为以下几方面：

- 拼写检查、关键词检索；
- 文本挖掘（产品价格、日期、时间、地点、人名、公司名）；
- 文本分类；
- 机器翻译；
- 客服系统；
- 复杂对话系统。

9.2 对话系统

本节主要介绍不同类型的对话系统及聊天机器人的基本结构。

9.2.1 对话系统分类

对话系统（Dialogue System）主要分为两类，一类是任务型（Task Oriented），另一类是非任务型（Non Task Oriented）。任务型对话系统主要应用于企业客服、订票、天气查询等场景，例如 Siri、Cortana、阿里小蜜和京东 Jimi 等；非任务型驱动对话系统则是指以微软小冰（Microsoft Xiaoice）代表的聊天机器人形式,如图 9-2 所示。

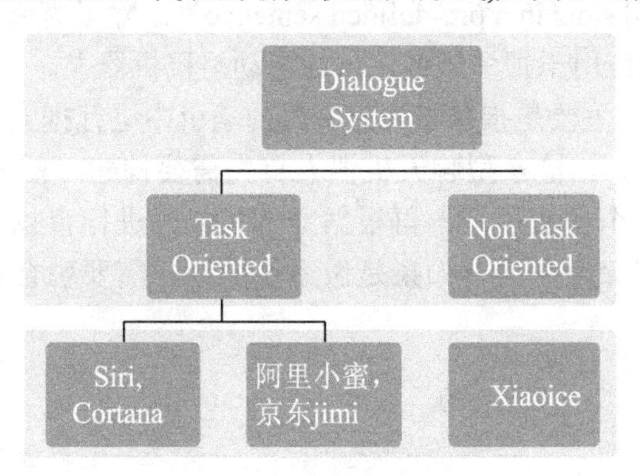

图 9-2　对话系统的分类

面向任务的对话系统主要分为知识库构造、自然语言理解、状态跟踪和策略选择。针对知识库构造，假设使用场景为酒店预订，首先需要构建一些和酒店相关的知识，比如酒店房型、报价及酒店位置。具备了这些基础知识之后，接下来就需要展开对话，通过自然语言理解去分辨问题类型（酒店类型、房间类型等）。确认好相关类型后，需要借助 policy

模块，让系统切换到下一个需要向用户确认的信息。更直观地说就是，需要循循善诱，引导用户将预订表格信息填写完整。

9.2.2 聊天机器人分类

聊天机器人应该分为 3 类：基于模板的聊天机器人（Templated based Chatbot）、基于检索的聊天机器人（Retrieval based Chatbot）和基于生成的聊天机器人（Generation based Chatbot），如图 9-3 所示。

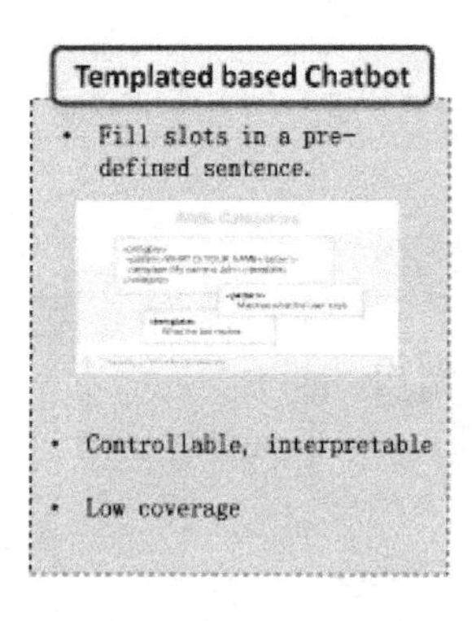

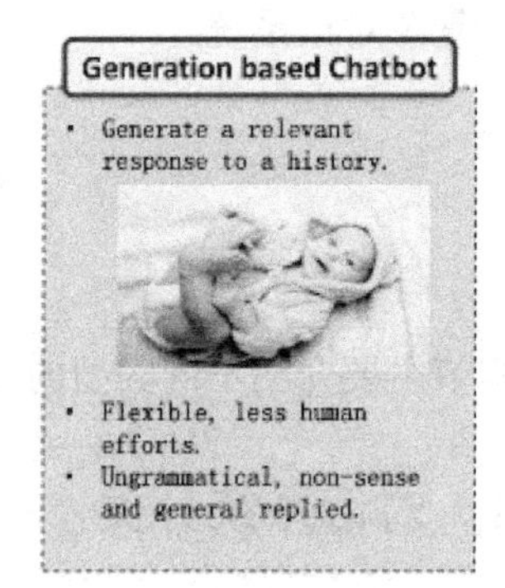

图 9-3　聊天机器人的分类

基于模板的聊天机器人会定义一些规则，对用户的话语进行分析得到某些实体，然后再将这些实体和已经定义好的规则去进行组合，从而给出回复。这类回复往往都是基于模板的，比如说填空（Fill slots in a pre-defined sentence）。除了聊天机器人，这种基于模板的文本形成方式还可以应用于很多领域，比如自动写稿机器人。

检索型聊天机器人，主要是指从事先定义好的索引中进行搜索（Select proper responses from a pre-defined index）。检索型聊天机器人首先需要构建一些文本和回复的 pairs，然后基于这些数据构造一个搜索引擎，再根据文本相似度进行查找。相似度算法有很多种选择，现在一般都采用深度学习，如果是做系统的话，需要融合很多相似度的特征，如图 9-4 所示。

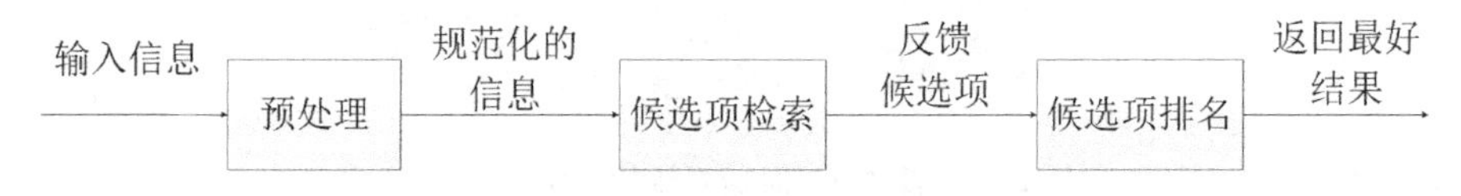

图 9-4　基于检索的聊天机器人

生成型聊天机器人目前是研究界的一个热点。和检索型聊天机器人不同的是，它可以生成一种全新的回复，因此相对更为灵活。但它也有自身的缺点，有时候会出现语法错误，或者生成一些无实际意义的回复。生成模型大多都是基于 Seq2Seq 框架进行修改。

9.3　基于 LSTM 结构的循环神经网络

本节将详细介绍循环神经网络的结构及原理，以及它是如何进行计算的，然后还将介绍 LSTM 的结构及工作原理。

9.3.1　循环神经网络

RNN（Recurrent Neural Networks）循环神经网络是一种节点定向连接成环的人工神经网络。这种网络的内部状态可以展示动态时序行为。不同于前馈神经网络的是，RNN 可以利用它内部的记忆来处理任意时序的输入序列，这让它可以更容易地处理如不分段的手写识别和语音识别信息等。RNN 不仅会学习当前时刻的信息，也会依赖之前的序列信息。由于其特殊的网络模型结构解决了信息保存的问题，所以 RNN 对处理时间序列和语言文本序列问题有独特的优势。递归神经网络都具有一连串重复神经网络模块的形式。在标准的 RNNs 中，这种重复模块有一种非常简单的结构。

如图 9-5 所示，循环神经网络网络的基本网络结构可以分为 3 个部分：输入层、隐藏层和输出层。下面详细介绍各个网络部分。

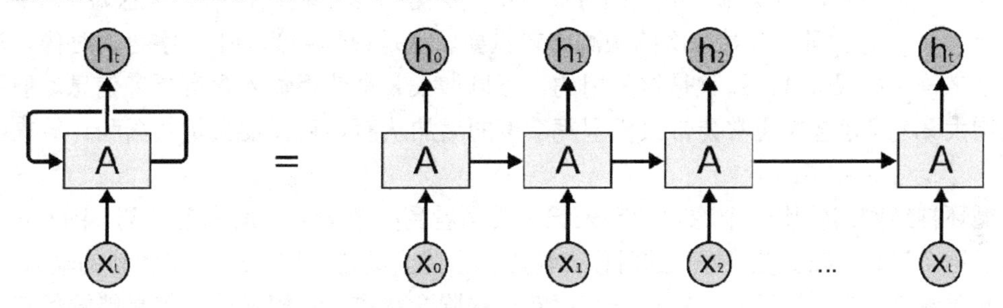

图 9-5　RNN 的基本架构

假设 $\boldsymbol{X}_t \in \mathbb{R}^{n \cdot x}$ 是序列中的第 t 个批量输入（样本数为 n，每个样本的特征向量维度为 x），对应的隐含层输出是隐含状态 $\boldsymbol{H}_t \in \mathbb{R}^{n \cdot h}$（隐含层长度为 h），而对应的最终输出是 $\hat{Y}_t \in \mathbb{R}^{n \cdot y}$（每个样本对应的输出向量维度为 y）。在计算隐含层的输出的时候，循环神经网络只需要在前馈神经网络基础上加上跟前一时间 t-1 输入隐含层 $H_{t-1} \in \mathbb{R}^{n \cdot h}$ 的加权和。为此，这里引入一个新的可学习的权重 $\boldsymbol{W}_{nh} \in \mathbb{R}^{n \cdot h}$：

$$\boldsymbol{H}_t = \phi(\boldsymbol{X}_t \boldsymbol{W}_{xh} + \boldsymbol{H}_{t-1} \boldsymbol{W}_{nh} + \boldsymbol{b}_h) \tag{9-1}$$

输出结果为：

$$\hat{\boldsymbol{Y}}_t = \text{soft}\max(\boldsymbol{H}_t \boldsymbol{W}_{hy} + \boldsymbol{b}_y) \tag{9-2}$$

隐含状态可以认为是这个网络的记忆。该网络中，时刻 t 的隐含状态就是该时刻的隐含层变量 $\boldsymbol{H}_t$。它存储前面时间里的信息，即输出是只基于这个状态。最开始的隐含状态里的元素通常会被初始化为 0。

循环神经网络的这种结构使得它适合处理前后有依赖关系的数据样本。这里拿语言模型举个例子来解释下它是怎么工作的。语言模型的任务是给定句子的前 t 个字符，然后预测第 t+1 个字符。假设句子是“你好世界”，使用循环神经网络来预测的一个做法是，在时间 1 输入“你”，预测“好”，时间 2 向同一个网络输入“好”预测“世”。图 9-6 左边展示了这个过程。

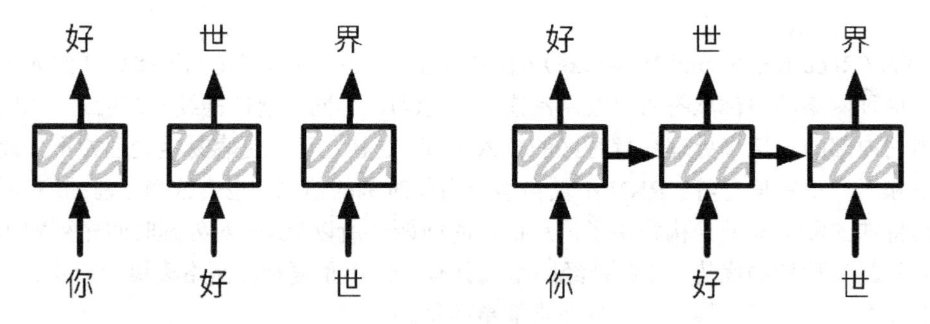

图 9-6 RNN 的运行过程

注意一个问题，当预测“世”的时候只给了“好”这个输入，而完全忽略了“你”。直觉上“你”这个词应该对这次的预测比较重要。就是说预测第 t+1 个字符的时候，输入前 n 个字符。如果 n=1，那就是这里用的。可以增大 n 来使得输入含有更多信息。但不能任意增大 n，因为这样通常会带来模型复杂度的增加从而导致需要大量数据和计算来训练模型。

循环神经网络使用一个隐含状态来记录前面看到的数据来帮助当前预测。图 9-6 右边展示了这个过程。在预测“好”的时候，输出一个隐含状态。用这个状态和新的输入“好”来一起预测“世”，然后同时输出一个更新过的隐含状态。希望前面的信息能够保存在这个隐含状态里，从而提升预测效果。

9.3.2 通过时间反向传播

事实上，所谓通过时间反向传播只是反向传播在循环神经网络的具体应用。只需将循环神经网络按时间展开，从而得到模型变量和参数之间的依赖关系，并依据链式法则应用反向传播计算梯度。为了解释通过时间反向传播，以一个简单的循环神经网络为例。

1. 模型定义

给定一个输入为 $x_t \in \mathbb{R}^x$（每个样本输入向量长度为 x），以及对应真实值为 $y_t \in \mathbb{R}$ 的时序数据训练样本（t=1,2,…,T_t=1,2,…,T 为时刻），不考虑偏差项，可以得到隐含层变量的表达式为：

$$\boldsymbol{h}_t = \phi(\boldsymbol{W}_{hx}\boldsymbol{x}_t + \boldsymbol{W}_{nh}\boldsymbol{h}_{t-1}) \tag{9-3}$$

其中，$\boldsymbol{h}_t \in \mathbb{R}^h$ 是向量长度为 h 的隐含层变量，$\boldsymbol{W}_{hx} \in \mathbb{R}^{h \cdot x}$ 和 $\boldsymbol{W}_{nh} \in \mathbb{R}^{n \cdot h}$ 是隐含层模型参数。使用隐含层变量和输出层模型参数 $\boldsymbol{W}_{yh} \in \mathbb{R}^{y \cdot h}$，可以得到相应时刻的输出层变量 $\boldsymbol{O}_t \in \mathbb{R}^y$。不考虑偏差项：

$$\boldsymbol{o}_t = \boldsymbol{W}_{yh}\boldsymbol{h}_t \tag{9-4}$$

给定每个时刻损失函数计算公式 ℓ，长度为 T 的整个时序数据的损失函数 L 定义为：

$$L = \frac{1}{T}\sum_{t=1}^{T}\ell(\boldsymbol{o}_t, y_t) \tag{9-5}$$

这也是模型最终需要被优化的目标函数。

2．梯度的计算与存储

为了可视化模型变量和参数之间在计算中的依赖关系，可以绘制计算图。以时序长度 T=3 为例，如图 9-7 所示。

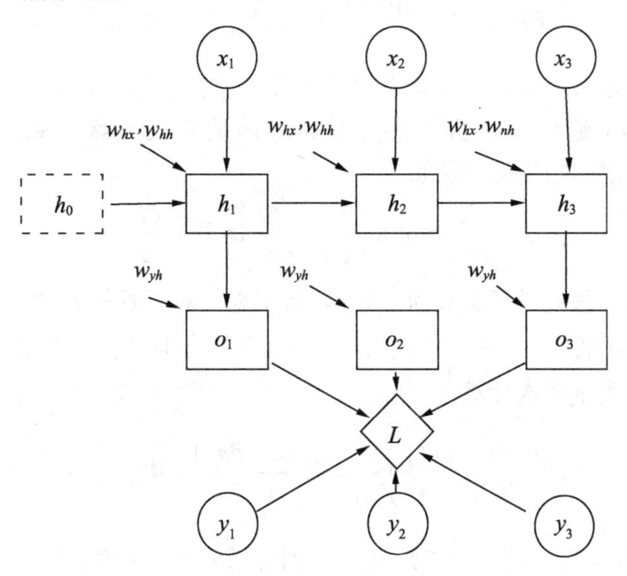

图 9-7　RNN 的计算图

在图 9-7 中，模型的参数是 $\boldsymbol{W}_{hx}$、$\boldsymbol{W}_{hh}$ 和 $\boldsymbol{W}_{yh}$。为了在模型训练中学习这 3 个参数，以随机梯度下降为例，假设学习率为 η，可以通过：

$$\boldsymbol{W}_{hx} = \boldsymbol{W}_{hx} - \eta\frac{\partial L}{\partial \boldsymbol{W}_{hx}} \tag{9-6}$$

$$\boldsymbol{W}_{nh} = \boldsymbol{W}_{nh} - \eta\frac{\partial L}{\partial \boldsymbol{W}_{hh}} \tag{9-7}$$

$$W_{yh} = W_{yh} - \eta \frac{\partial L}{\partial W_{yh}} \tag{9-8}$$

来不断迭代模型参数的值。因此需要模型参数梯度$\partial L / \partial \boldsymbol{W}_{hx}$、$\partial L / \partial \boldsymbol{W}_{nh}$和$\partial L / \partial \boldsymbol{W}_{yh}$。为此，可以按照反向传播的次序依次计算并存储梯度。

为了表述方便，对输入输出 X,Y,Z 为任意形状张量的函数 $Y=f(X)$和 $Z=g(Y)$，使用：

$$\frac{\partial Z}{\partial X} = \text{prod}\left(\frac{\partial Z}{\partial Y}, \frac{\partial Y}{\partial X}\right) \tag{9-9}$$

来表达链式法则。以下依次计算得到的梯度将依次被存储。

首先，目标函数有关各时刻输出层变量的梯度$\partial L / \partial \boldsymbol{o}_t \in \mathbb{R}^y$可以很容易地计算：

$$\frac{\partial L}{\partial \boldsymbol{o}_t} = \frac{\partial \ell(\boldsymbol{o}_t, y_t)}{T \cdot \partial \boldsymbol{o}_t} \tag{9-10}$$

事实上，这时已经可以计算目标函数有关模型参数 $\boldsymbol{W}_{yh}$ 的梯度$\partial L / \partial \boldsymbol{W}_{yh} \in \mathbb{R}^{y \cdot h}$。需要注意的是，在计算图中，$\boldsymbol{W}_{yh}$ 可以经过 $\boldsymbol{o}_1,\cdots,\boldsymbol{o}_T$ 通向 L，依据链式法则可得：

$$\frac{\partial L}{\partial \boldsymbol{W}_{yh}} = \sum_{t=1}^{T} \text{prod}\left(\frac{\partial L}{\partial \boldsymbol{o}_t}, \frac{\partial \boldsymbol{o}_t}{\partial \boldsymbol{W}_{yh}}\right) = \sum_{t=1}^{T} \frac{\partial L}{\partial \boldsymbol{o}_t} h_t^T \tag{9-11}$$

其次，注意到隐含层变量之间也有依赖关系。对于最终时刻 T，在计算图中，隐含层变量 $\boldsymbol{h}_T$ 只经过 $\boldsymbol{o}_T$ 通向 L。因此先计算目标函数有关最终时刻隐含层变量的梯度$\partial L / \partial \boldsymbol{h}_{\mathrm{T}} \in \mathbb{R}^h$。依据链式法则，得到：

$$\frac{\partial L}{\partial \boldsymbol{h}_T} = \text{prod}\left(\frac{\partial L}{\partial \boldsymbol{o}_T}, \frac{\partial \boldsymbol{o}_T}{\partial \boldsymbol{h}_T}\right) = \boldsymbol{W}_{yh}^T \frac{\partial L}{\partial \boldsymbol{o}_T} \tag{9-12}$$

为了简化计算，假设激活函数$\phi(x) = x$。接下来，对于时刻 $t<T$，在计算图中，由于 $\boldsymbol{h}_t$ 可以经过 $\boldsymbol{h}_{t+1}$ 和 $\boldsymbol{o}_t$ 通向 L，依据链式法则，目标函数有关隐含层变量的梯度$\partial L / \partial \boldsymbol{h}_t \in \mathbb{R}^h$需要按照时刻从晚到早依次计算：

$$\frac{\partial L}{\partial \boldsymbol{h}_t} = \text{prod}\left(\frac{\partial L}{\partial \boldsymbol{h}_{t+1}}, \frac{\partial \boldsymbol{h}_{t+1}}{\partial \boldsymbol{h}_t}\right) + \text{prod}\left(\frac{\partial L}{\partial \boldsymbol{o}_t}, \frac{\partial \boldsymbol{o}_t}{\partial \boldsymbol{h}_t}\right) = \boldsymbol{W}_{hh}^T \frac{\partial L}{\partial \boldsymbol{h}_{t+1}} + \boldsymbol{W}_{yh}^T \frac{\partial L}{\partial \boldsymbol{o}_t} \tag{9-13}$$

将递归公式展开，对任意 $1 \leqslant t \leqslant T$，可以得到目标函数有关隐含层变量梯度的通项公式：

$$\frac{\partial L}{\partial \boldsymbol{h}_t} = \sum_{i=t}^{T} (\boldsymbol{W}_{hh}^T)^{T-i} \boldsymbol{W}_{yh}^T \frac{\partial L}{\partial \boldsymbol{o}_{T+t-i}} \tag{9-14}$$

由此可见，当每个时序训练数据样本的时序长度 T 较大或者时刻 t 较小时，则目标函数有关隐含层变量梯度较容易出现衰减（vanishing）或爆炸（explosion）。

有了各时刻隐含层变量的梯度之后，可以计算隐含层中模型参数的梯度$\partial L / \partial \boldsymbol{W}_{hx} \in \mathbb{R}^{hx}$和$\partial L / \partial \boldsymbol{W}_{nh} \in \mathbb{R}^{n \cdot h}$。在计算图中，它们都可以经过 $\boldsymbol{h}_1$，…，$\boldsymbol{h}_T$ 通向 L。依据链式法则有：

$$\frac{\partial L}{\partial \boldsymbol{W}_{hx}}=\sum_{t=1}^{T}\text{prod}\left(\frac{\partial L}{\partial \boldsymbol{h}_t},\frac{\partial \boldsymbol{h}_t}{\partial \boldsymbol{W}_{hx}}\right)=\sum_{t=1}^{T}\frac{\partial L}{\partial \boldsymbol{h}_t}\boldsymbol{x}_t^T \tag{9-15}$$

$$\frac{\partial L}{\partial \boldsymbol{W}_{nh}}=\sum_{t=1}^{T}\text{prod}\left(\frac{\partial L}{\partial \boldsymbol{h}_t},\frac{\partial \boldsymbol{h}_t}{\partial \boldsymbol{W}_{nh}}\right)=\sum_{t=1}^{T}\frac{\partial L}{\partial \boldsymbol{h}_t}\boldsymbol{h}_{t-1}^T \tag{9-16}$$

每次迭代中，上述各个依次计算出的梯度会被依次存储或更新，这是为了避免重复计算。例如，由于输出层变量梯度 $\partial L/\partial \boldsymbol{h}_t$ 被计算存储，反向传播稍后的参数梯度 $\partial L/\partial \boldsymbol{W}_{hx}$ 和隐含层变量梯度 $\partial L/\partial \boldsymbol{W}_{nh}$ 的计算可以直接读取输出层变量梯度的值，而无须重复计算。

还需要注意的是，反向传播对于各层中变量和参数的梯度计算可能会依赖通过正向传播计算出的各层变量和参数的当前值。举例来说，参数梯度 $\partial L/\partial \boldsymbol{W}_{nh}$ 的计算需要依赖隐含层变量在时刻 t=1, …, T-1 的当前值 $\boldsymbol{h}_t$（$\boldsymbol{h}_0$ 是初始化得到的）。这个当前值是通过从输入层到输出层的正向传播计算并存储得到的。

9.3.3　长短期记忆网络（LSTM）

循环神经网络的隐含层变量梯度可能会出现衰减或爆炸。虽然梯度裁剪可以应对梯度爆炸，但无法解决梯度衰减的问题。因此，给定一个时间序列，例如文本序列，循环神经网络在实际中其实较难捕捉两个时刻距离较大的文本元素（字或词）之间的依赖关系。

为了更好地捕捉时序数据中间隔较大的依赖关系，将介绍一种常用的门控循环神经网络，长短期记忆网络（Long Short-Term Memory，LSTM）。长短期记忆网络的隐含状态包括隐含层变量 H 和细胞 C（也称记忆细胞）。LSTM 的基本架构如图 9-8 所示。

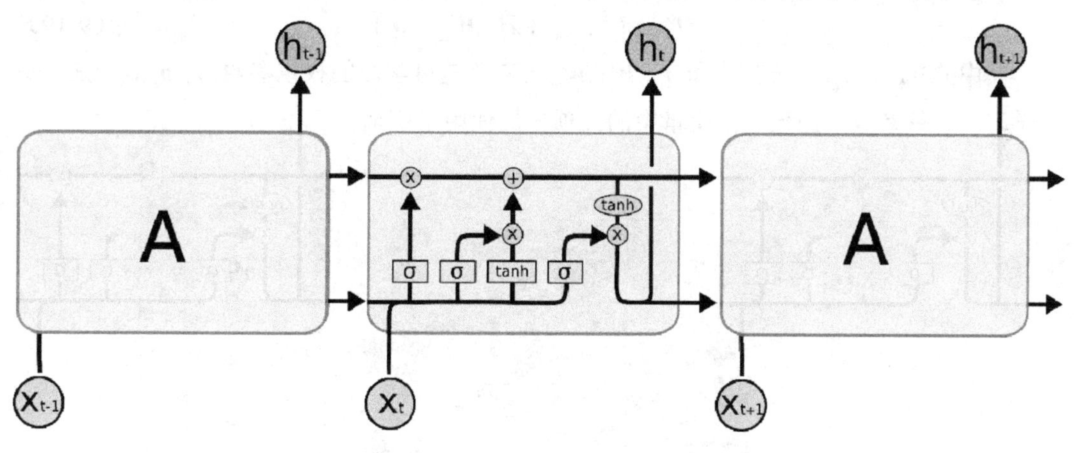

图 9-8　LSTM 的基本架构

LSTM 的关键就是细胞状态，水平线在图上方贯穿运行。细胞状态类似于传送带。直接在整个链上运行，只有一些少量的线性交互，信息在上面流传保持不变会很容易，如图 9-9 所示。

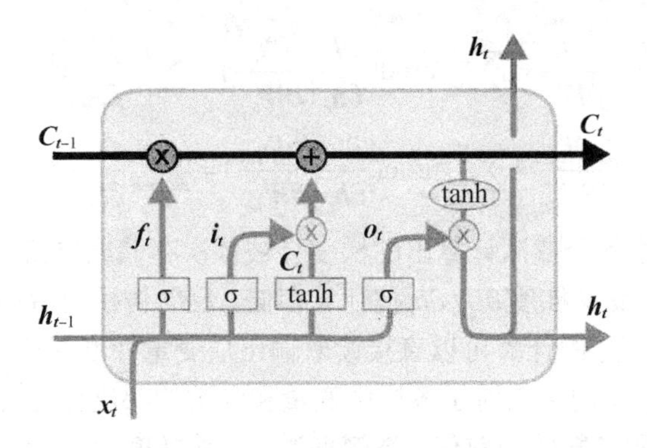

图 9-9　LSTM 的细胞状态

LSTM 有通过精心设计的称作为“门”的结构来去除或者增加信息到细胞状态的能力。门是一种让信息选择通过的方法。它们包含一个 sigmoid 层和一个 pointwise 乘法操作。sigmoid 层输出 0～1 之间的数值，描述每个部分有多少量可以通过。0 代表“不许任何量通过”，1 就指“允许任意量通过”。

LSTM 拥有三个门来保护和控制细胞状态，分别是输入门、遗忘门和输出门，分别如图 9-10、图 9-11 和图 9-13 所示。假定隐含状态长度为 h，给定时刻 t 的一个样本数为 n 特征向量、维度为 x 的批量数据 $\boldsymbol{X}_t \in \mathbb{R}^{n\times x}$ 和上一时刻隐含状态 $H_{t-1} \in \mathbb{R}^{n\times h}$，输入门（input gate）$\boldsymbol{I}_t \in \mathbb{R}^{n\times h}$、遗忘门（forget gate）$\boldsymbol{F}_t \in \mathbb{R}^{n\times h}$ 和输出门（output gate）$\boldsymbol{O}_t \in \mathbb{R}^{n\times h}$ 的定义如下：

$$\boldsymbol{I}_t = \sigma(\boldsymbol{X}_t\boldsymbol{W}_{xi} + \boldsymbol{H}_{t-1}\boldsymbol{W}_{hi} + \boldsymbol{b}_i) \tag{9-17}$$

$$\boldsymbol{F}_t = \sigma(\boldsymbol{X}_t\boldsymbol{W}_{xf} + \boldsymbol{H}_{t-1}\boldsymbol{W}_{hf} + \boldsymbol{b}_f) \tag{9-18}$$

$$\boldsymbol{O}_t = \sigma(\boldsymbol{X}_t\boldsymbol{W}_{xo} + \boldsymbol{H}_{t-1}\boldsymbol{W}_{ho} + \boldsymbol{b}_o) \tag{9-19}$$

其中的 $\boldsymbol{W}_{xi},\boldsymbol{W}_{xf},\boldsymbol{W}_{xo} \in \mathbb{R}^{x\times h}$ 和 $\boldsymbol{W}_{hi},\boldsymbol{W}_{hf},\boldsymbol{W}_{ho} \in \mathbb{R}^{h\times h}$ 是可学习的权重参数，$\boldsymbol{b}_i,\boldsymbol{b}_f,\boldsymbol{b}_o \in \mathbb{R}^{1\times h}$ 是可学习的偏移参数。函数 σ 自变量中的三项相加使用了广播。

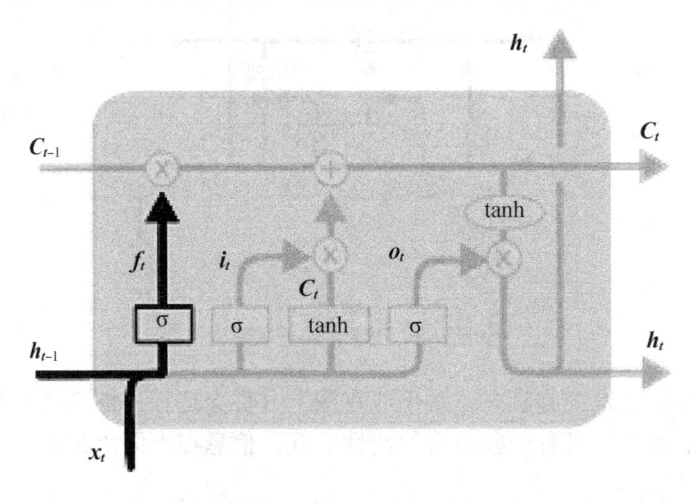

图 9-10　LSTM 的遗忘门

长短期记忆中的候选细胞 $\tilde{\boldsymbol{C}}_t \in \mathbb{R}^{n \times h}$ 使用了值域在[−1,1]的双曲正切函数 tanh 作为激活函数：

$$\tilde{\boldsymbol{C}}_t = \tanh(\boldsymbol{X}_t \boldsymbol{W}_{xc} + \boldsymbol{H}_{t-1} \boldsymbol{W}_{hc} + \boldsymbol{b}_c) \tag{9-20}$$

其中的 $\boldsymbol{W}_{xc} \in \mathbb{R}^{x \times h}$ 和 $\boldsymbol{W}_{hc} \in \mathbb{R}^{n \times h}$ 是可学习的权重参数，$\boldsymbol{b}_c \in \mathbb{R}^{1 \times h}$ 是是可学习的偏移参数。

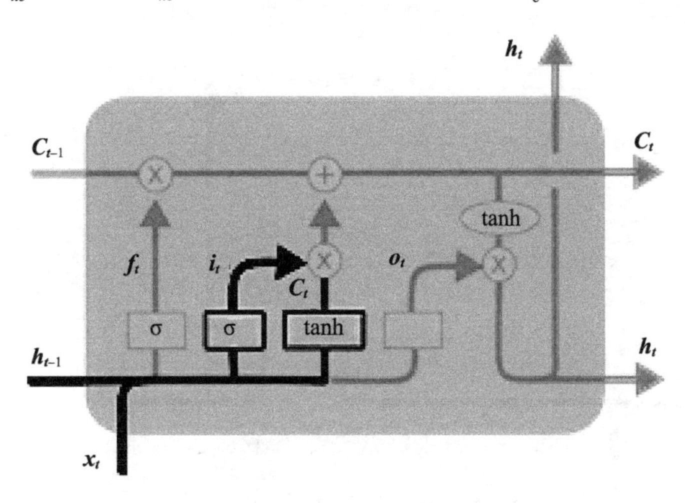

图 9-11　LSTM 的输入门

可以通过元素值域在[0, 1]的输入门、遗忘门和输出门来控制隐含状态中信息的流动：这通常可以用按元素乘法符⊙。当前时刻细胞 $\boldsymbol{C}_t \in \mathbb{R}^{n \times h}$ 的计算组合了上一时刻细胞和当前时刻候选细胞的信息，并通过遗忘门和输入门来控制信息的流动：

$$\boldsymbol{C}_t = F_t \odot \boldsymbol{C}_{t-1} + \boldsymbol{I}_t \odot \tilde{\boldsymbol{C}}_t \tag{9-21}$$

需要注意的是，如果遗忘门一直近似 1 且输入门一直近似 0，过去的细胞将一直通过时间保存并传递至当前时刻。这个设计可以应对循环神经网络中的梯度衰减问题，并更好地捕捉时序数据中间隔较大的依赖关系。LSTM 的更新细胞状态如图 9-12 所示。

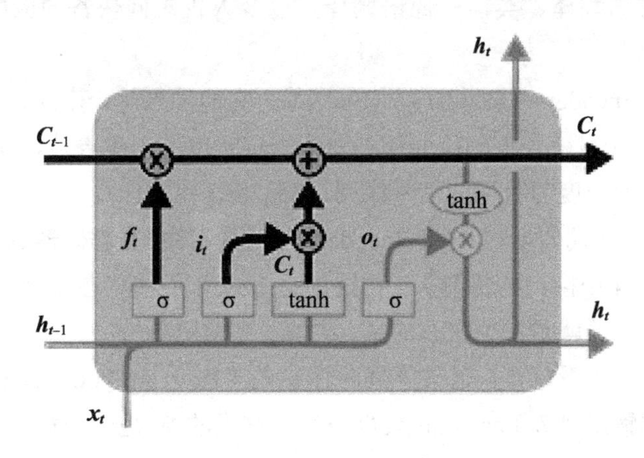

图 9-12　LSTM 的更新细胞状态

有了细胞以后，接下来还可以通过输出门来控制从细胞到隐含层变量 $\boldsymbol{H}_t \in \mathbb{R}^{n \times h}$ 的信息的流动：

$$\boldsymbol{H}_t = \boldsymbol{O}_t \odot \tanh(\boldsymbol{C}_t) \tag{9-22}$$

当输出门近似 1，细胞信息将传递到隐含层变量；当输出门近似 0，细胞信息只自己保留，如图 9-13 所示。

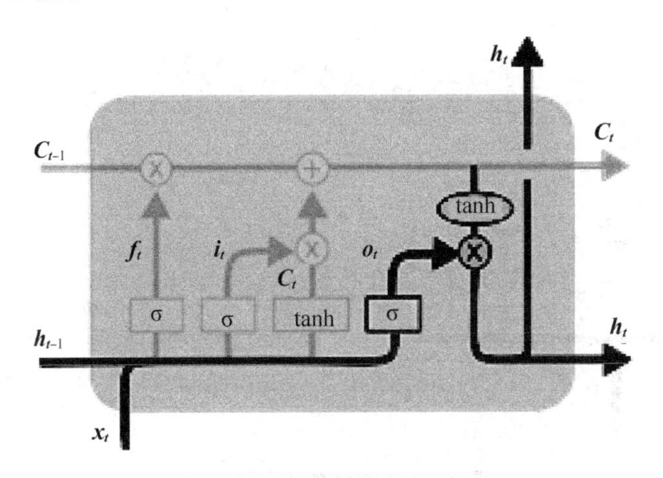

图 9-13　LSTM 的输出门

9.4　Seq2Seq 模型

Seq2Seq（Sequence to Sequence）技术突破了传统的固定大小输入问题框架，开通了将经典深度神经网络模型（DNNs）运用于翻译与智能问答这一类序列型任务的先河，并被证实在英语－法语翻译、英语－德语翻译，以及人机短问快答的应用中有着不俗的表现。

Seq2Seq 是一个 Encoder—Decoder 结构的网络，它的输入是一个序列，输出也是一个序列，Encoder 中将一个可变长度的信号序列变为固定长度的向量表达，Decoder 将这个固定长度的向量变成可变长度的目标的信号序列。Seq2Seq 模型如图 9-14 所示。

其中，绿色（左图）是编码器（LSTM Encoder），黄色（右图）是解码器（LSTM Decoder），橙色的箭头（即图 9-14 中横向的粗箭头）传递的是 LSTM 层的状态信息也就是记忆信息，编码器唯一传给解码器的就是这个状态信息。这里看到解码器每一时序的输入都是前一个时序的输出，从整体上来看就是：通过不同时序输入“How are you <EOL>”，模型就能自动一个字一个字的输出“W I am fine <EOL>”，这里的 W 是一个特殊的标识，它既是编码器最后的输出，同时又是解码器的一个触发信号。

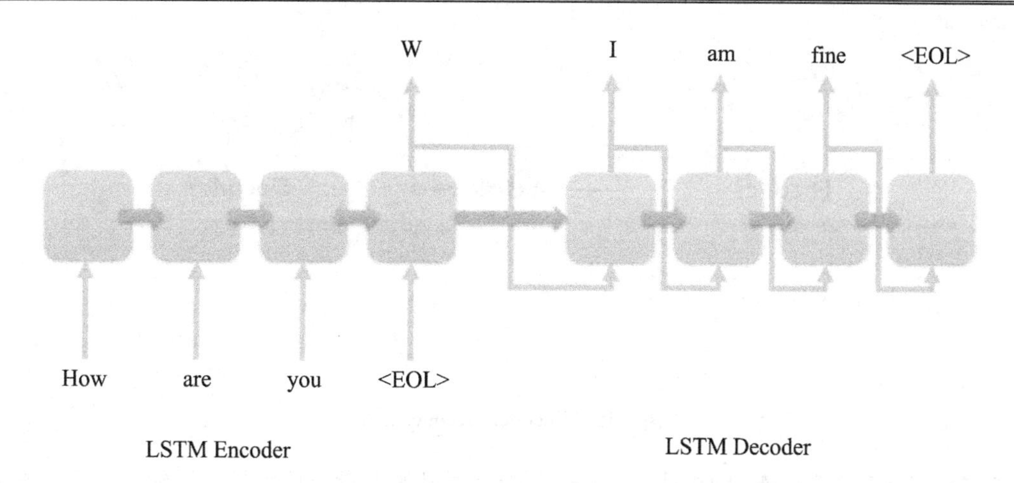

图 9-14　Seq2Seq 模型

那么训练的时候输入的 X、Y 应该是什么呢？X=“How are you <EOL>”，Y=“W I am fine <EOL>”？这是不行的，因为在解码器还没有训练出“靠谱”的参数之前，无法保证第一个时序的输出就是 I，那么传给第二个时序的输入就不一定是 I，同样第三、四个时序的输入就无法保证是 am 和 fine，那么是无法训练出想要的模型的。

要这样来做：直接把解码器中每一时序的输入强制改为 W I am fine，也就是把这部分从训练样本的输入 X 中传过来，而 Y 依然是预测输出的 W I am fine <EOL>，这样训练出来的模型就是设计的编码器解码器模型了。那么在使用训练好的模型做预测的时候，改变处理方式：在解码时以前一个时序的输出作为输入进行预测，这样就能输出希望输出的 W I am fine <EOL>了。这个结构最重要的地方在于输入序列和输出序列的长度是可变的，可以用于翻译、聊天机器人、句法分析和文本摘要等。

9.4.1　Encoder-Decoder 框架

Encoder-Decoder（编码-解码）是深度学习中非常常见的一个模型框架，比如无监督算法的 Auto-Encoding 就是用编码-解码的结构设计并训练的；再比如这两年比较热的 image caption 的应用，就是 CNN-RNN 的编码-解码框架；再比如神经网络机器翻译 NMT 模型，往往就是 LSTM-LSTM 的编码-解码框架。因此，准确地说，Encoder-Decoder 并不是一个具体的模型，而是一类框架。Encoder 和 Decoder 部分可以是任意的文字、语音、图像和视频数据，所以基于 Encoder-Decoder，可以设计出各种各样的应用算法。

Encoder-Decoder 框架有一个最显著的特征就是它是一个 End-to-End 学习的算法。这样的模型往往用在机器翻译中，比如将法语翻译成英语。这样的模型也被叫做 Sequence to Sequence learning。所谓编码，就是将输入序列转化成一个固定长度的向量；解码，就是将之前生成的固定向量再转化成输出序列，如图 9-15 所示。

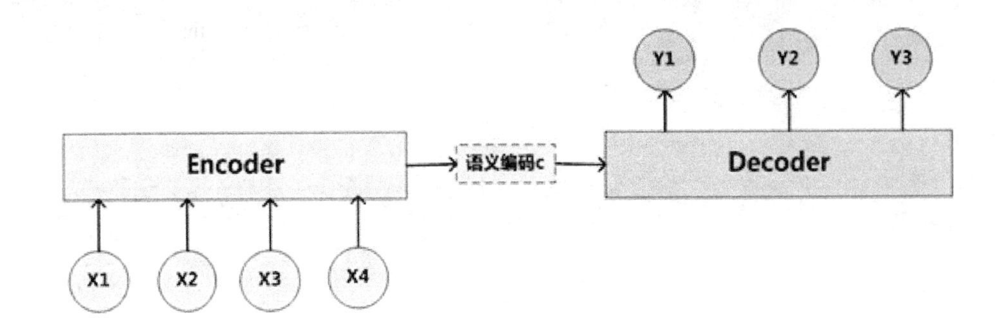

图 9-15　Encoder-Decoder 框架

Encoder 部分是将输入序列表示成一个带有语义的向量，使用最广泛的编码表示技术是 RNN。RNN 是一个基本模型，在训练的时候会遇到 gradient explode 或者 gradient vanishing 的问题，导致无法训练，所以在实际中经常使用的是经过改良的 LSTM RNN 或者 GRU RNN 对输入序列进行表示，再复杂一点的可以用 BiRNN、BiRNN with LSTM、BiRNN with GRU 和多层 RNN 等模型来表示，输入序列最终表示为最后一个 word 的 hidden state vector。

Encoder 过程很简单，直接使用 RNN（一般用 LSTM）进行语义向量生成：

$$h_t = f(x_t, h_{t-1})\ \boldsymbol{c} = \phi(h_1, \cdots, h_T) \tag{9-23}$$

其中，f 是非线性激活函数，h_{t-1} 是上一个隐节点输出，x_t 是当前时刻的输入。向量 $\boldsymbol{c}$ 通常为 RNN 中的最后一个隐节点（h，Hidden state），或者是多个隐节点的加权和。

Decoder 部分是以 Encoder 生成的 hidden state vector 作为输入，“解码”出目标文本序列，本质上是一个语言模型，最常见的是用 Recurrent Neural Network Language Model（RNNLM），只要涉及 RNN 就会有训练的问题，也就需要用 LSTM、GRU 和一些高级的 model 来代替。目标序列的生成和 LM 做句子生成的过程类似，只是计算条件概率时需要考虑 Encoder 向量。

该模型的 Decoder 过程是使用另一个 RNN 通过当前隐状态 h_t 来预测当前的输出符号 y_t，这里的 h_t 和 y_t 都与其前一个隐状态和输出有关：

$$h_t = f(h_{t-1}, y_{t-1}, \boldsymbol{c}) \tag{9-24}$$

$$p(y_t \mid y_{t-1}, \cdots, y_1, \boldsymbol{c}) = g(h_t, y_{t-1}, \boldsymbol{c}) \tag{9-25}$$

9.4.2 Attention 机制

基本的 Encoder-Decoder 模型非常经典，但是也有局限性。最大的局限性就在于编码和解码之间的唯一联系就是一个固定长度的语义向量 $\boldsymbol{c}$。也就是说，编码器要将整个序列的信息压缩进一个固定长度的向量中。但是这样做有两个弊端，一是语义向量无法完全表示整个序列的信息；二是先输入的内容携带的信息会被后输入的信息稀释掉，或者说，被覆盖了，输入序列越长，这个现象就越严重。这就使得在解码的时候一开始就没有获得输入序列足够的信息，那么解码的准确度自然就要打个“折扣”了。

为了弥补上述基本 Encoder-Decoder 模型的局限性，近两年 NLP 领域提出了 Attention Model（注意力模型）。典型的例子就是在机器翻译的时候，让生成词不是只能关注全局的语义编码向量 $\boldsymbol{c}$，而是增加了一个“注意力范围”，表示接下来输出词时要重点关注输入序列中的哪些部分，然后根据关注的区域来产生下一个输出，如图 9-16 所示。

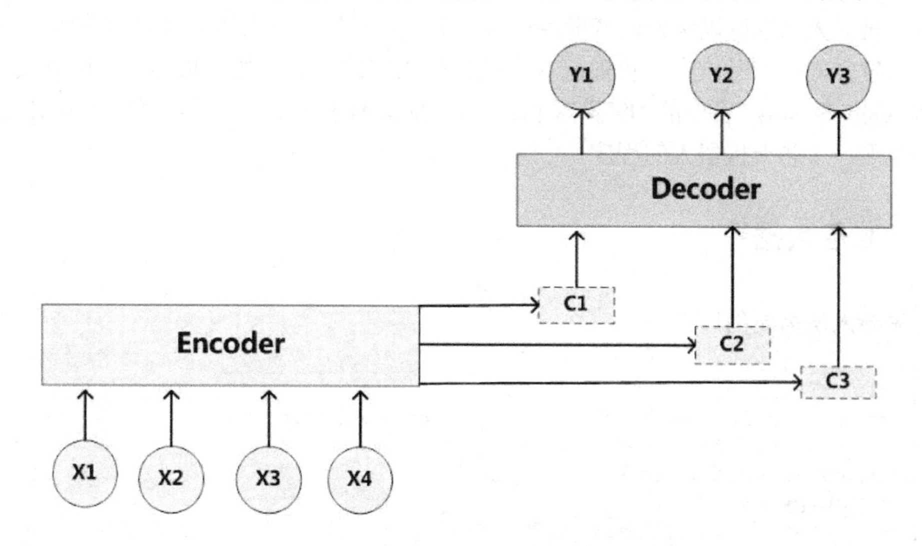

图 9-16　Attention 机制

其中，$\boldsymbol{c}(i)$对应输入序列 X 不同单词的概率分布，其计算公式为：

$$\boldsymbol{C}_i = \sum_{i=1}^{n} \alpha_{ij} \boldsymbol{h}_j \tag{9-26}$$

其中，n 为输入序列的长度，h_j 是第 j 时刻的隐状态，而权重 α_{ij} 用如下公式计算：

$$\alpha_{ij} = \frac{\exp(e_{ij})}{\sum_{k=1}^{n} \exp(e_{ik})} \tag{9-27}$$

这里：

$$e_{ij}=\alpha(s_{i-1}, h_j) \tag{9-28}$$

α 是一种对齐模型，s_{i-1} 是 Decoder 过程的前一个隐状态的输出，h_j 是 Encoder 过程的当前第 j 个隐状态。

相比于之前的 Encoder-Decoder 模型，Attention 模型与其最大的区别就在于不再要求编码器将所有输入信息都编码进一个固定长度的向量之中。相反，此时编码器需要将输入编码成一个向量的序列，而在解码的时候，每一步都会选择性地从向量序列中挑选一个子集进行进一步处理。这样，在产生每一个输出的时候，都能够做到充分利用输入序列携带的信息。这种方法在翻译任务中取得了非常不错的成果。很显然，每一个输出单词在计算的时候所参考的语义编码向量 **c** 都是不一样的，也就是它们的注意力焦点是不一样的。

9.5 聊天机器人的程序实现

聊天机器人（也可以称为语音助手、聊天助手、对话机器人等）是目前非常热门的人工智能研发方向与产品方向。目前已有一些比较成熟的产品，如苹果 Siri、微软 Cortana 与小冰、Google Now、百度的“度秘”、Facebook 推出的语音助手 M 等。本节将采用 LSTM 模型来实现一个聊天机器人的程序。

9.5.1 准备数据

首先导入所需要的库：

```
import sys import math
import tflearn
import tensorflow as tf from tensorflow.python.ops
import rnn_cell from tensorflow.python.ops
import rnn import chardet
import numpy as np
import struct
```

数据集采用小黄鸡对话数据集，对数据集进行预处理，分成问题和回答部分，然后对句子进行切分，提取出词：

```
def load_word_set():
    file_object = open('./segment.pair', 'r')                   #读取数据
    while True:
        line = file_object.readline()                           #开始处理数据
        if line:
            line_pair = line.split('|')                         #语句切分
            line_question = line_pair[0]
            line_answer = line_pair[1]
            for word in line_question.decode('utf-8').split(' '):
                word_set[word] = 1                              #问题部分
            for word in line_answer.decode('utf-8').split(' '):
                word_set[word] = 1                              #回答部分
        else:
            break
```

通过 load_vectors 方法把词转换为词向量，该方法从 vectors.bin 加载词向量，返回一个 word_vector_dict 的词典，key 是词，value 是 200 维的向量，具体代码如下：

```
def load_vectors(input):
    print ("begin load vectors")
    input_file = open(input, "rb")
```

```
    # 获取词表数目及向量维度
    words_and_size = input_file.readline ()
    words_and_size = words_and_size.strip ()
    words = long(words_and_size.split(' ')[0])
    size = long(words_and_size.split(' ')[1])
    print ("words =", words)
print ("size =", size)
#词转换为词向量
    for b in range(0, words):                                   #循环
        a = 0
        word = ''
        while True:
            c = input_file.read(1)
            word = word + c
            if False == c or c == ' ':
                break
            if a < max_w and c != '\n':
                a = a + 1
        word = word.strip ()
        vector = []
        for index in range(0, size):                            #循环
            m = input_file.read(float_size)
            (weight,) = struct.unpack('f', m)
            vector.append(float(weight))
        if word_set.has_key(word.decode('utf-8')):
                                                #将词及其对应的向量存到 dict 中
            word_vector_dict[word.decode('utf-8')] = vector[0:word_vec_dim]
    input_file.close ()
```

将 Question 和 Answer 中单词对应的词向量放在词向量序列 question_seqs 和 answer_seqs 中。读取切好词的文本文件，加载全部词序列，代码如下：

```
def init_seq () :
    file_object = open('xiaohuangji.segment', 'r')              #读取数据
    vocab_dict = {}
    while True:
        line = file_object.readline()
        if line:
            for word in line.decode('utf-8').split(' '):        #加载全部词序列
                if word_vector_dict.has_key(word):
                    seq.append(word_vector_dict[word])
        else:
            break
    file_object.close()
```

通过 question_seq 和 answer_seq 来构造 trainXY 和 trainY，代码如下：

```
def generate_trainig_data(self):
        xy_data = []                                            #问题的训练数据
        y_data = []                                             #回答的训练数据
        for i in range(len(question_seqs)):                     #通过循环构造
            question_seq = question_seqs[i]                     #存储问题
```

```
            answer_seq = answer_seqs[i]                            #存储回答
            if len(question_seq) < self.max_seq_len and len(answer_seq) <
            self.max_seq_len:
                #生成问题数据
                sequence_xy=[np.zeros(self.word_vec_dim)] * (self.max_seq_
                len-len(question_seq)) + list(reversed(question_seq))
                #生成回答数据
                sequence_y=answer_seq+[np.zeros(self.word_vec_dim)] * (self.
                max_seq_len-len(answer_seq))
                sequence_xy = sequence_xy + sequence_y
                sequence_y = [np.ones(self.word_vec_dim)] + sequence_y
                xy_data.append(sequence_xy)
                y_data.append(sequence_y)
        return np.array(xy_data), np.array(y_data)             #返回结果
```

9.5.2 创建模型

首先为输入的样本数据申请变量空间。其中，self.max_seq_len 是指一个切好词的句子最多包含多少个词，self.word_vec_dim 是词向量的维度，这里面 shape 指定了输入数据是不确定数量的样本，每个样本最多包含 max_seq_len*2 个词，每个词用 word_vec_dim 维浮点数表示。这里面用 2 倍的 max_seq_len 是因为训练时输入的 X 既要包含 question 句子又要包含 answer 句子。

将 encoder_inputs 传递给编码器，返回一个输出（预测序列的第一个值）和一个状态（传给解码器）。在解码器中，用编码器的最后一个输出作为第一个输入，预测过程用前一个时间序的输出作为下一个时间序的输入。

总体步骤如下：

（1）训练输入的 X、Y 分别表示编码器和解码器的输入及预测的输出。

（2）X 切分为两半，前一半是编码器输入，后一半是解码器输入。

（3）编码和解码器输出的预测值用 Y 做回归训练。

（4）训练时通过样本的真实值作为解码器输入，实际预测时将不会有图 9-16 中 WXYZ 部分，因此上一时序的输出将作为下一时序的输入。

通过输入的 XY 生成 encoder_inputs 和带 GO 头的 decoder_inputs，代码如下：

```
input_data=tflearn.input_data(shape=[None,self.max_seq_len*2,self.word_
vec_dim],dtype=tf.float32, name = "XY")
encoder_inputs = tf.slice(input_data, [0, 0, 0], [-1, self.max_seq_len,
self.word_vec_dim], name="enc_in")
#编码器输入
decoder_inputs_tmp = tf.slice(input_data, [0, self.max_seq_len, 0], [-1,
self.max_seq_len-1, self.word_vec_dim], name="dec_in_tmp")
go_inputs = tf.ones_like(decoder_inputs_tmp)
go_inputs = tf.slice(go_inputs, [0, 0, 0], [-1, 1, self.word_vec_dim])
decoder_inputs = tf.concat(1, [go_inputs, decoder_inputs_tmp], name=
```

```
"dec_in")
```

编码器把 encoder_inputs 交给编码器，返回一个输出（预测序列的第一个值）和一个状态，代码如下：

```
(encoder_output_tensor, states) = tflearn.lstm(encoder_inputs, self.word_
vec_dim, return_state=True, scope='encoder_lstm')
encoder_output_sequence = tf.pack([encoder_output_tensor], axis=1)
```

预测过程用前一个时间序的输出作为下一个时间序的输入，先用编码器的最后一个输出作为第一个输入：

```
decoder_output_tensor = tflearn.lstm(first_dec_input, self.word_vec_dim,
initial_state=states,return_seq=False, reuse=False, scope='decoder_lstm')
decoder_output_sequence_single = tf.pack([decoder_output_tensor], axis=1)
decoder_output_sequence_list = [decoder_output_tensor]
```

再用解码器的输出作为下一个时序的输入：

```
decoder_output_tensor = tflearn.lstm(next_dec_input, self.word_vec_dim,
return_seq=False, reuse=True, scope='decoder_lstm')
decoder_output_sequence_single = tf.pack([decoder_output_tensor], axis=1)
decoder_output_sequence_list.append(decoder_output_tensor)
```

编码和解码器输出的预测值用 Y 做回归训练：

```
decoder_output_sequence = tf.pack(decoder_output_sequence_list, axis=1)
real_output_sequence=tf.concat(1,[encoder_output_sequence, decoder_
output_sequence])
#设置参数
net = tflearn.regression(real_output_sequence, optimizer='sgd', learning_
rate=0.1, loss='mean_square')
model = tflearn.DNN(net)
return model                                                    #返回模型
```

9.5.3　训练模型

用 generate_trainig_data()生成训练数据，传递给上面定义的 model 并训练模型，然后再做模型持久化，保存模型参数：

```
def train(self):
    trainXY, trainY = self.generate_trainig_data()
    model = self.model(feed_previous=False)
    model.fit(trainXY, trainY, n_epoch=500000, snapshot_epoch=False)
    model.save('./model/model')                                 #保存模型
    return model
```

设置 3 层 LSTM，每层神经元个数设置为 512，训练 5 轮，每轮训练 50 万个样本，mini_batch 设置为 64。训练过程如图 9-17 所示。

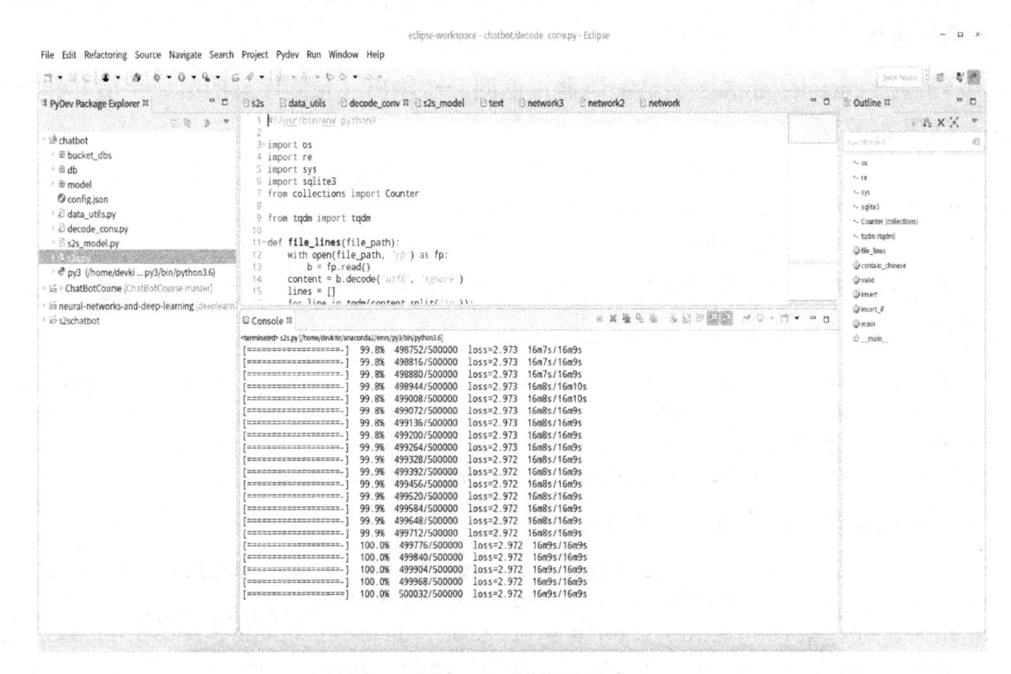

图 9-17 训练过程

9.5.4 测试模型

首先加载训练好的模型，之后就可以开启聊天了。训练的聊天机器人效果如下，输入简单的对话进行试验，如图 9-18 所示。

图 9-18 测试过程

9.6 本章小结

与之前介绍的 BP 神经网络和卷积神经网络不同，循环神经网络（Recurrent Neural Networks）引入了状态变量。在一个序列中，循环神经网络当前时刻的状态不仅保存了过去时刻的信息，还与当前时刻的输入共同决定当前时刻的输出。

循环神经网络常用于处理序列数据，例如一段文字或声音、购物或观影的顺序，甚至是图片中的一行或一列像素。因此，循环神经网络在实际中有着广泛的应用，例如语言模型、文本分类、机器翻译、语音识别、图像分析、手写识别和推荐系统等。

本章基于语言模型应用，介绍了自然语言处理的基本概念，并探讨了循环神经网络的设计灵感。接着层层深入循环神经网络，详细阐述其原理及强大之处，最后使用其实现了一个聊天机器人程序。

第 10 章　聚类与集成算法

聚类，就是将相似的事物聚集在一起，将不相似的事物划分到不同类别的过程，是数据挖掘方法中重要的一种手段。聚类算法的目标是将数据集合分成若干簇，使得同一簇内的数据点相似度尽可能大，而不同簇间的数据点相似度尽可能小。其研究有着相当长的历史，学术界提出了多种基于不同思想的聚类算法，主要有基于划分的聚类算法（K-Means 算法等）、基于层次的聚类算法（如 BIRCH 算法等）、基于密度的聚类算法（如 DBSCAN 算法等）、基于网格的聚类算法（如 STING 算法等）和基于模型的聚类算法等。这些算法都能取得不错的聚类效果，能适应各个方面和不同环境的需求。

在机器学习问题中，对于一个复杂任务的处理，如果能将多个学习算法组合起来解决任务，而且得出的结果比使用单一算法的性能更好，这样的思路便是集成学习算法。集成学习算法组合多个模型，以获得更好的效果，使集成的模型具有更强的泛化能力。集成算法涉及两个基本概念，即强学习和弱学习。强学习是指这个类能学习并且正确率很高，而弱学习是这个类虽能学习，但学习的正确率只比随机猜测稍高一点。集成算法便是将多个弱学习模型通过一定组合方式形成一个强学习模型，以此达到高学习正确率的目的。

本章要点如下：

- 了解 K-Means 算法的基本概念；
- 了解 K-Means++算法的基本概念；
- 实现 K-Means 与 K-Means++算法；
- 了解 Adaboost 集成算法的工作原理；
- 使用 Adaboost 算法实现分类。

10.1　聚类方法简介

在未知模式识别问题中，通常需要从一堆没有标签的数据中找到其中的关联。一是要发现数据之间的相似性，也被称为聚类（Clustering）；二是要统计数据在空间上的分布，也就是密度估计。聚类可谓是无监督学习中最重要的一个作用。本节主要介绍聚类的定义及聚类的要求。

10.1.1　聚类定义

聚类是将集中具有相似特性的数据分类组织的过程，聚类技术是一种无监督学习。聚类又称群分析，是研究样本或指标分类问题的一种统计分析方法。聚类与分类的区别是其要划分的类是未知的。常用的聚类分析法有系统聚类法、有序样品聚类法、动态聚类法、模糊聚类法、图论聚类法和聚类预报法等。

10.1.2　聚类要求

聚类要求如下：

- 可伸缩性：常规的聚类算法对于小数量（<200）的数据集聚类效果较好，但对于包含几百万对象的大数据集效果较差。例如 CLARANS 算法，该算法改进了 CLARA 的聚类质量，拓展了数据处理量的伸缩范围，具有较好的聚类效果。但它的计算效率较低，且对数据输入顺序敏感，只能聚类凸状或球型边界。
- 处理不同类型属性的能力：许多算法被设计用来聚类数值类型的数据，但是应用可能要求聚类其他类型的数据，如二元类型（binary）、分类/标称类型（categorical/nominal）、序数型（ordinal）数据，或者这些数据类型的混合。
- 发现任意形状的聚类：许多聚类算法基于欧几里得或者曼哈顿距离度量来决定聚类。基于这样的距离度量的算法趋向于发现具有相近尺度和密度的球状簇。但是，一个簇可能是任意形状的，提出能发现任意形状簇的算法是很重要的。
- 用于决定输入参数的领域知识最小化：许多聚类算法在聚类分析中要求用户输入一定的参数，如希望产生的簇的数目。聚类结果对于输入参数十分敏感。参数通常很难确定，特别是对于包含高维对象的数据集来说。这样不仅加重了用户的负担，也使得聚类的质量难以控制。
- 处理“噪声”数据的能力：绝大多数现实中的数据库都包含了孤立点、缺失或者错误的数据。一些聚类算法对于这样的数据敏感，可能导致低质量的聚类结果。
- 对于输入记录的顺序不敏感：一些聚类算法对于输入数据的顺序是敏感的。例如，同一个数据集合，当以不同的顺序交给同一个算法时，可能生成差别很大的聚类结果。开发对数据输入顺序不敏感的算法具有重要的意义。
- 高维度（high dimensionality）：一个数据库或者数据仓库可能包含若干维或者属性。许多聚类算法擅长处理低维的数据，可能只涉及两到三维。人类的眼睛在最多三维的情况下能够很好地判断聚类的质量。在高维空间中聚类数据对象是非常有挑战性的，特别是考虑到这样的数据可能分布非常稀疏，而且高度偏斜。
- 基于约束的聚类：现实世界的应用可能需要在各种约束条件下进行聚类。假设你的工作是在一个城市中为给定数目的自动提款机选择安放位置，为了作出决定，你可以对住宅区进行聚类，同时考虑诸如城市的河流和公路网、每个地区的客户要求等情况，要找到既满足特定的约束，又具有良好聚类特性的数据分组是一项具有挑战性的任务。

- 可解释性和可用性：用户希望聚类结果是可解释的、可理解的和可用的。也就是说，聚类可能需要和特定的语义解释和应用相联系。应用目标如何影响聚类方法的选择也是一个重要的研究课题。

10.2 聚类算法

很难对聚类方法提出一个简洁的分类，因为这此类别可能重叠，从而使得一种方法具有几类的特征。尽管如此，对于各种不同的聚类方法提供一个相对有组织的描述仍然是有用的。而聚类分析计算方法主要有如下几种，下面分节介绍。

10.2.1 划分方法

给定一个有 N 个元组或者记录的数据集，分裂法将构造 K 个分组，每一个分组就代表一个聚类，$K<N$。而且这 K 个分组满足下列两个条件：首先，每一个分组至少包含一个数据记录；其次，每一个数据记录属于且仅属于一个分组（注意：这个要求在某些模糊聚类算法中可以放宽）；对于给定的 K，算法首先给出一个初始的分组方法，以后通过反复迭代的方法改变分组，使得每一次改进之后的分组方案都较前一次好，而所谓好的标准就是：同一分组中的记录越近越好，而不同分组中的记录越远越好。使用这个基本思想的算法有 K-Means 算法、K-Medoids 算法和 CLARANS 算法。

10.2.2 层次方法

层次方法对给定的数据集进行层次似的分解，直到某种条件满足为止。具体又可分为“自底向上”和“自顶向下”两种方案。例如在“自底向上”方案中，初始时每一个数据记录都组成一个单独的组，在接下来的迭代中，它把那些相互邻近的组合并成一个组，直到所有的记录组成一个分组或者某个条件满足为止。代表算法有 BIRCH 算法、CURE 算法和 Chameleon 算法等。

10.2.3 基于密度的方法

基于密度的方法与其他方法的一个根本区别是：它不是基于各种距离的，而是基于密度的。这样就能克服基于距离的算法只能发现“类圆形”的聚类的缺点。这个方法的指导思想就是，只要一个区域中的点的密度大过某个阀值，就把它加到与之相近的聚类中。代表算法有 DBSCAN 算法、OPTICS 算法和 DENCLUE 算法等。

10.2.4　基于网格的方法

基于网格的方法首先将数据空间划分成为有限个单元（cell）的网格结构，所有的处理都是以单个的单元为对象。这样处理的一个突出优点就是处理速度很快，通常这是与目标数据库中记录的个数无关的，只与把数据空间分为多少个单元有关。代表算法有 STING 算法、CLIQUE 算法和 WAVE-CLUSTER 算法。

10.2.5　基于模型的方法

基于模型的方法（model-based methods）给每一个聚类假定一个模型，然后去寻找能够很好地满足这个模型的数据集。这样一个模型可能是数据点在空间中的密度分布函数或者其他函数。它的一个潜在的假定就是：目标数据集是由一系列的概率分布所决定的。通常有两种尝试方向：统计的方案和神经网络的方案。

当然，聚类方法还有：传递闭包法、布尔矩阵法、直接聚类法、相关性分析聚类法和基于统计的聚类方法等。

10.3　K-Means 算法

本节将详细介绍 K-Means 算法，阐述它的概念，讲解它的具体工作过程，最后实现 K-Means 算法。

10.3.1　K-Means 算法概述

基本 K-Means 算法的思想很简单，事先确定常数 *K*，常数 *K* 意味着最终的聚类类别数，首先随机选定初始点为质心，并通过计算每一个样本与质心之间的相似度（这里为欧式距离），将样本点归到最相似的类中，接着重新计算每个类的质心（即为类中心），重复这样的过程，直至质心不再改变，最终确定每个样本所属的类别及每个类的质心。由于每次都要计算所有的样本与每一个质心之间的相似度，因此在大规模的数据集上，K-Means 算法的收敛速度比较慢。

10.3.2　K-Means 算法流程

K-Means 算法是一种基于样本间相似性度量的间接聚类方法，属于非监督学习方法。

此算法以 K 为参数，把 n 个对象分为 K 个簇，以使簇内具有较高的相似度，而且簇间的相似度较低。相似度的计算根据一个簇中对象的平均值（被看作簇的重心）来进行。此算法首先随机选择 K 个对象，每个对象代表一个聚类的质心。对于其余的每一个对象，根据该对象与各聚类质心之间的距离，把它分配到与之最相似的聚类中。然后计算每个聚类的新质心。重复上述过程，直到准则函数收敛。K-Means 算法是一种较典型的逐点修改迭代的动态聚类算法，其要点是以误差平方和为准则函数。逐点修改类中心：一个象元样本按某一原则归属于某一组类后，就要重新计算这个组类的均值，并且以新的均值作为凝聚中心点进行下一次象元素聚类；然后逐批修改类中心：在全部象元样本按某一组的类中心分类之后，再计算修改各类的均值，作为下一次分类的凝聚中心点。过程如下：

（1）初始化常数 K，随机选取初始点为质心。

（2）重复计算一下过程，直到质心不再改变。

（3）计算样本与每个质心之间的相似度，将样本归类到最相似的类中。

（4）重新计算质心。

（5）输出最终的质心及每个类。

10.3.3 K-Means 算法实现

本节将使用 K-Means 算法实现一个四维数据的聚类，将它们分为两类，代码如下：

先导入 NumPy 包，代码如下：

```
# -*- coding: utf-8
import numpy as np
```

定义导入数据的函数，代码如下：

```
def load_data(file_path):
    f = open(file_path)
    data = []                                    #存储数据
    for line in f.readlines():
        row = []                                 #记录每一行
        lines = line.strip().split("\t")
        for x in lines:
            row.append(float(x))                 #将文本中的特征转换成浮点数
        data.append(row)                         #存储数据
    f.close()
    return np.mat(data)
```

定义计算节点距离的函数，代码如下：

```
def distance(vecA, vecB):
    dist = (vecA - vecB) * (vecA - vecB).T
    return dist[0, 0]
```

定义初始化随机聚类中心的函数，代码如下：

```
def randCent(data, K):
    n = np.shape(data)[1]                        #属性的个数
```

```
        centroids = np.mat(np.zeros((K, n)))        #初始化 K 个聚类中心
        for j in range(n):                          #初始化聚类中心每一维的坐标
            minJ = np.min(data[:, j])
            rangeJ = np.max(data[:, j]) - minJ
            #在最大值和最小值之间随机初始化
            centroids[:, j] = minJ * np.mat(np.ones((K , 1))) + np.random.rand
            (K, 1) * rangeJ
    return centroids
```

定义 K-means 函数，代码如下：

```
    def K-means(data, K, centroids):
        m, n = np.shape(data)                           # m：样本的个数，n：特征的维度
        subCenter = np.mat(np.zeros((m, 2)))            #初始化每一个样本所属的类别
        change = True                                   #判断是否需要重新计算聚类中心
        while change == True:
            change = False                              #重置
            for i in range(m):
                minDist = np.inf                    #设置样本与聚类中心之间的最小的距离
                minIndex = 0                            #所属的类别
                for j in range(K):
                    #计算 i 和每个聚类中心之间的距离
                    dist = distance(data[i, ], centroids[j, ])
                    if dist < minDist:
                        minDist = dist
                        minIndex = j
                #判断是否需要改变
                if subCenter[i, 0] != minIndex:  #需要改变
                    change = True
                    subCenter[i, ] = np.mat([minIndex, minDist])
            #重新计算聚类中心
            for j in range(K):
                sum_all = np.mat(np.zeros((1, n)))
                r = 0  #每个类别中的样本的个数
                for i in range(m):
                    if subCenter[i, 0] == j:  #计算第 j 个类别
                        sum_all += data[i, ]
                        r += 1
                for z in range(n):
                    try:
                        centroids[j, z] = sum_all[0, z] / r
                    except:
                        print (" r is zero")
    return subCenter
```

定义保存聚类结果的函数，代码如下：

```
    def save_result(file_name, source):
        m, n = np.shape(source)
        f = open(file_name, "w")                    #写入方式为 w
        for i in range(m):                              #m 类结果循环写入
            tmp = []
            for j in range(n):
                tmp.append(str(source[i, j]))
```

```
        f.write("\t".join(tmp) + "\n")          #保存聚类结果
f.close()                                       #关闭文件
end
```

10.3.4　实验结果及分析

在实际应用中，由于 K-Means 一般作为数据预处理，或者用于辅助分类贴标签，所以 K 一般不会设置得很大。可以通过枚举，令 K 从 2 到一个固定值如 10，在每个 K 值上重复运行数次 K-Means（避免局部最优解），并计算当前 K 的平均轮廓系数，最后选取轮廓系数最大的值对应的 K 作为最终的集群数目。

聚类完成后，由于原始数据是四维，无法可视化，所以通过多维定标（Multidimensional scaling）将维度将至二维，查看聚类效果，如图 10-1 所示。可以发现，原始分类中和聚类中左边那一簇的效果拟合得很好，右侧的原始数据就连在一起，K-Means 无法很好地区分，需要寻求其他方法。

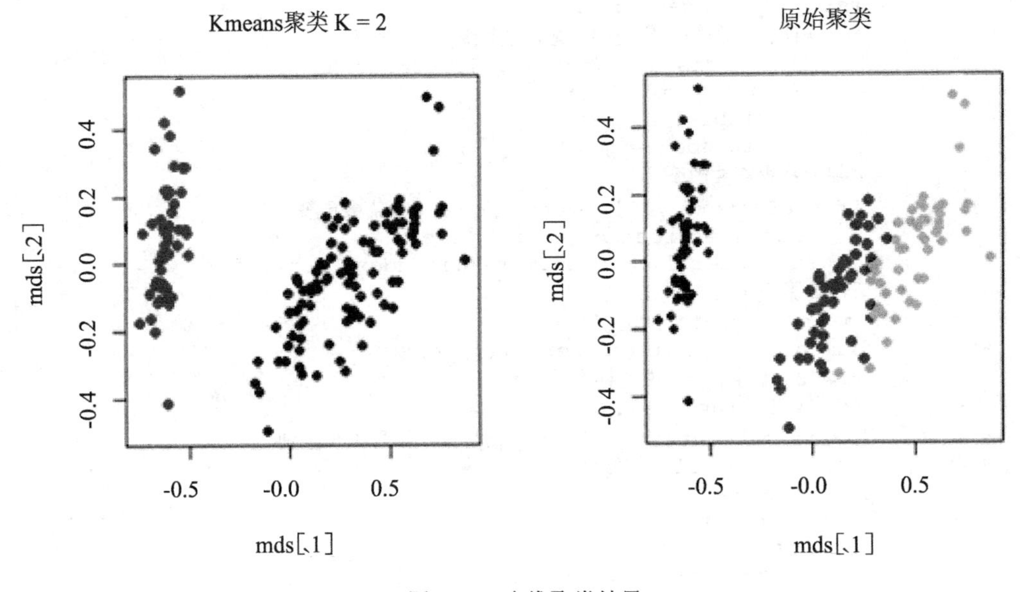

图 10-1　多维聚类结果

10.3.5　K-Means 算法存在的问题

由于 K-Means 算法简单且易于实现，因此 K-Means 算法得到了很多的应用，但是从 K-Means 算法的过程中发现，K-Means 算法中的聚类中心的个数 K 需要事先指定，这一点对于一些未知数据存在很大的局限性。其次，在利用 K-Means 算法进行聚类之前，需要初始化 K 个聚类中心，在上述的 K-Means 算法的过程中，使用的是在数据集中随机选择最大值和最小值之间的数作为其初始的聚类中心，但是聚类中心选择不好，对于 K-Means 算法有很大的影响。对于如下的数据集：

如选取的个聚类中心为：

A：（-6.06117996，-6.87383192）

B：（-1.64249433，-6.96441896）

C：（2.77310285，6.91873181）

D：（7.38773852，-5.14404775）

最终的聚类结果如图 10-2 所示。

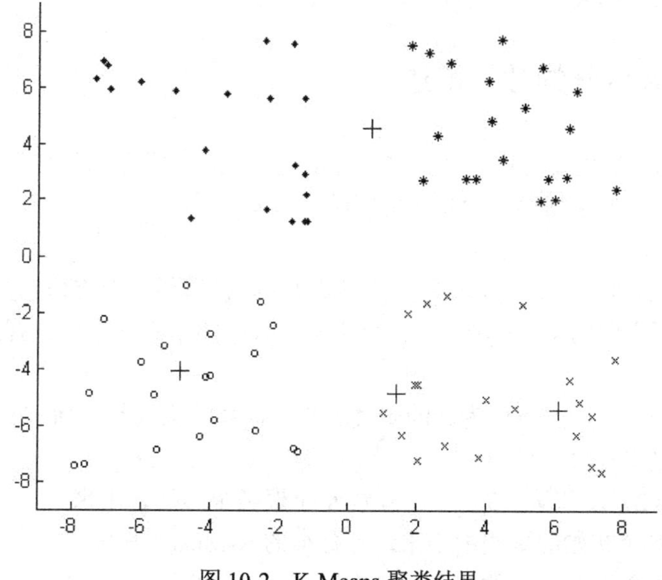

图 10-2　K-Means 聚类结果

为了解决因为初始化的问题带来 K-Means 算法的问题，因此改进了 K-Means 算法，即 K-Means++算法被提出。K-Means++算法主要是为了能够在聚类中心的选择过程中选择较优的聚类中心。

10.4　K-Means++算法

在聚类中心的初始化过程中，K-Means++算法的基本原则是使初始的聚类中心之间的相互距离尽可能远，这样可以避免出现 K-Means 算法的问题。本节将主要讲解 K-Means++算法的概念、原理及其实现过程。

10.4.1　K-Means++的基本思想

K-Means++算法是一种基于 K-Means 改进的算法，主要思想是：初始的聚类中心之间的相互距离要尽可能地远。首先根据专家经验选取第一个种子点，然后从距离第一个种子点较远的这些数据中根据权重随机选取一个种子点，重复以上步骤，直到选取的种子点个数满足要求为止。

K-Means++算法的初始化过程为：在数据集中随机选择一个样本点作为第一个初始化的聚类中心，选择出其余的聚类中心；计算样本中的每一个样本点与已经初始化的聚类中心之间的距离，并选择其中最短的距离记为 di；以概率选择距离最大的样本作为新的聚类中心，重复上述过程，直到K个聚类中心都被确定；对K个初始化的聚类中心，利用 K-Means 算法计算最终的聚类中心。在上述的 K-Means++算法中可知 K-Means++算法与 K-Means 算法最本质的区别是在K个聚类中心的初始化过程。

10.4.2 K-Means++的数学描述

K-Means++算法的主要工作体现在种子点的选择上，基本原则是使得各个种子点之间的距离尽可能地大，但是需要排除噪声的影响。

以下为基本思路：

（1）从输入的数据点集合（要求有K个聚类）中随机选择一个点作为第一个聚类中心。

（2）对于数据集中的每一个点x，计算它与最近聚类中心（指已选择的聚类中心）的距离$D(x)$。

（3）选择一个新的数据点作为新的聚类中心，选择的原则是：$D(x)$较大的点，被选取作为聚类中心的概率较大。

（4）重复第（2）步和第（3）步，直到K个聚类中心被选出来。

（5）利用这K个初始的聚类中心来运行标准的 K-Means 算法。

假定数据点集合X有n个数据点，依次用$X(1)$、$X(2)$、……、$X(n)$表示，那么，在第（2）步中依次计算每个数据点与最近的种子点（聚类中心）的距离，依次得到$D(1)$、$D(2)$、……、$D(n)$构成的集合D。在D中，为了避免噪声，不能直接选取值最大的元素，应该选择值较大的元素，然后将其对应的数据点作为种子点。

如何选择值较大的元素呢？下面是一种思路：

把集合D中的每个元素$D(x)$想象为一根线$L(x)$，线的长度就是元素的值。将这些线依次按照$L(1)$、$L(2)$、……、$L(n)$的顺序连接起来，组成长线L。$L(1)$、$L(2)$、……、$L(n)$称为L的子线。根据概率的相关知识，如果在L上随机选择一个点，那么这个点所在的子线很有可能是比较长的子线，而这个子线对应的数据点就可以作为种子点。

10.4.3 K-Means++算法流程

K-Means++算法是 K-Means 算法的改进，是解决初始化种子点的问题，其选择初始 seeds 的基本思想就是：初始的聚类中心之间的相互距离要尽可能地远。该算法的描述是：

从输入的数据点集合中随机选择一个点作为第一个聚类中心；对于数据集中的每一个点 x，计算它与最近聚类中心（指已选择的聚类中心）的距离 $D(x)$；选择一个新的数据点作为新的聚类中心，选择的原则是 $D(x)$较大的点，被选取作为聚类中心的概率较大；重复图 10-3 中的第 2 步和第 4 步，直到 K 个聚类中心被选出来；利用这 K 个初始的聚类中心运行标准的 K-Means 算法。具体的算法流程如图 10-3 所示。

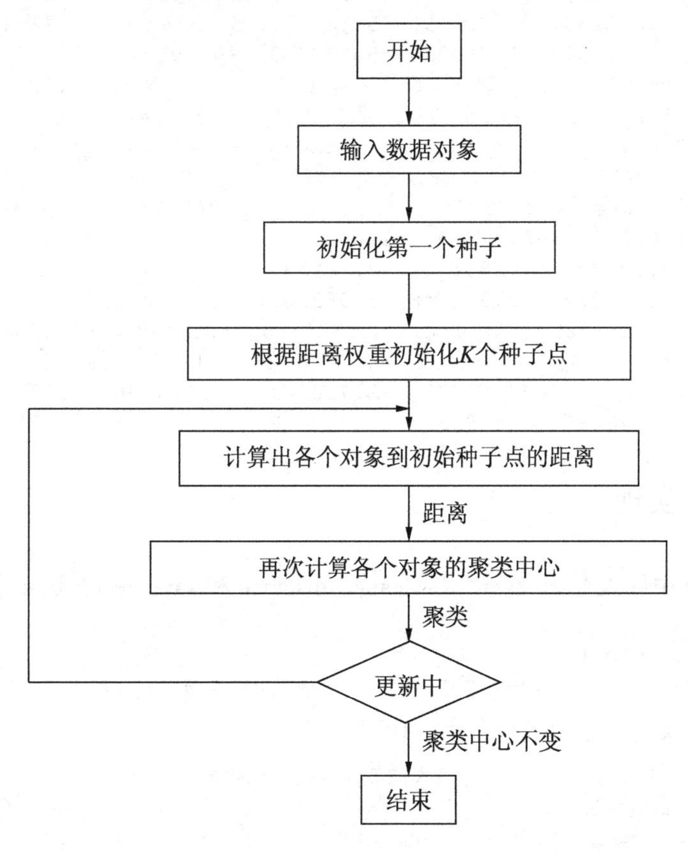

图 10-3　K-Means++算法流程

10.5　K-Means++的实现

10.5.1　数据集

使用如下数据进行聚类：

```
[1.658985, 4.285136, -3.453687, 3.424321, 4.838138, -1.151539, -5.379713,
-3.362104, 0.972564, 2.924086, -3.567919, 1.531611, 0.450614, -3.302219,
```

```
-3.487105, -1.724432, 2.668759, 1.594842, -3.156485, 3.191137, 3.165506,
-3.999838, -2.786837, -3.099354, 4.208187, 2.984927, -2.123337, 2.943366,
0.704199, -0.479481, -0.392370, -3.963704, 2.831667, 1.574018, -0.790153,
3.343144, 2.943496, -3.357075, -3.195883, -2.283926, 2.336445, 2.875106,
-1.786345, 2.554248, 2.190101, -1.906020, -3.403367, -2.778288, 1.778124,
3.880832, -1.688346, 2.230267, 2.592976, -2.054368, -4.007257, -3.207066,
2.257734, 3.387564, -2.679011, 0.785119, 0.939512, -4.023563, -3.674424,
-2.261084, 2.046259, 2.735279, -3.189470, 1.780269, 4.372646, -0.822248,
-2.579316, -3.497576, 1.889034, 5.190400, -0.798747, 2.185588, 2.836520,
-2.658556, -3.837877, -3.253815, 2.096701, 3.886007, -2.709034, 2.923887,
3.367037, -3.184789, -2.121479, -4.232586, 2.329546, 3.179764, -3.284816,
3.273099, 3.091414, -3.815232, -3.762093, -2.432191, 3.542056, 2.778832,
-1.736822, 4.241041, 2.127073, -2.983680, -4.323818, -3.938116, 3.792121,
5.135768, -4.786473, 3.358547, 2.624081, -3.260715, -4.009299, -2.978115,
2.493525, 1.963710, -2.513661, 2.642162, 1.864375, -3.176309, -3.171184,
-3.572452, 2.894220, 2.489128, -2.562539, 2.884438, 3.491078, -3.947487,
-2.565729, -2.012114, 3.332948, 3.983102, -1.616805, 3.573188, 2.280615,
-2.559444, -2.651229, -3.103198, 2.321395, 3.154987, -1.685703, 2.939697,
3.031012, -3.620252, -4.599622, -2.185829, 4.196223, 1.126677, -2.133863,
3.093686, 4.668892, -2.562705, -2.793241, -2.149706, 2.884105, 3.043438,
-2.967647, 2.848696, 4.479332, -1.764772, -4.905566, -2.91107]
```

10.5.2 代码实现

从 K-Means 中导入 load_data、K-Means、distance 和 save_result 这 4 个函数。

```
import numpy as np
from random import random
from K-means import load_data, K-means, distance, save_result
```

计算节点到聚类中心的最短距离，代码如下：

```
FLOAT_MAX = 1e100 # 设置一个较大的值作为初始化的最小距离
#节点到簇中心最近距离
def nearest(point, cluster_centers):
    min_dist = FLOAT_MAX
    m = np.shape(cluster_centers)[0]  # 当前已经初始化的聚类中心的个数
    for i in range(m):
        # 计算point与每个聚类中心之间的距离
        d = distance(point, cluster_centers[i, ])
        # 选择最短距离
        if min_dist > d:
            min_dist = d
    return min_dist
```

计算获取聚类中心点，代码如下：

```
def get_centroids(points, K):
    m, n = np.shape(points)
    cluster_centers = np.mat(np.zeros((K , n)))
    # 1.随机选择一个样本点为第一个聚类中心
```

```
    index = np.random.randint(0, m)
    cluster_centers[0, ] = np.copy(points[index, ])
    # 2.初始化一个距离的序列
    d = [0.0 for _ in range(m)]
    for i in range(1, K):
        sum_all = 0
        for j in range(m):
            # 3.对每一个样本找到最近的聚类中心点
            d[j] = nearest(points[j, ], cluster_centers[0:i, ])
            # 4.将所有的最短距离相加
            sum_all += d[j]
        # 5.取得 sum_all 之间的随机值
        sum_all *= random()
        # 6.获得距离最远的样本点作为聚类中心点
        for j, di in enumerate(d):
            sum_all -= di
            if sum_all > 0:
                continue
            cluster_centers[i] = np.copy(points[j, ])
            break
    return cluster_centers
```

调用模块，导入数据进行聚类操作并保存结果，代码如下：

```
if __name__ == "__main__":
    K = 4 #聚类中心的个数
    file_path = r"C:\\Users\\MissBear\\DesKtop\\data1.txt"
    # 1.导入数据
    print ("---------- 1.load data ------------")
    data = load_data(file_path)
    # 2.K-Means++的聚类中心初始化方法
    print ("---------- 2.K-Means++ generate centers ------------")
    centroids = get_centroids(data, K)
    # 3.聚类计算
    print ("---------- 3.K-means ------------")
    subCenter = K-means(data, K, centroids)
    # 4.保存所属的类别文件
    print ("---------- 4.save subCenter ------------")
    save_result("sub_pp", subCenter)
    # 5.保存聚类中心
    print ("---------- 5.save centroids ------------")
    save_result("center_pp", centroids)
```

10.5.3　K-Means++实验结果

经过 K-Means++聚类后的结果如图 10-4 所示，聚类中心节点为：

```
[-3.53973889, -2.89384326],[ 2.65077367,-2.79019029],
[ 2.6265299 ,3.10868015],[-2.46154315,2.78737555].
```

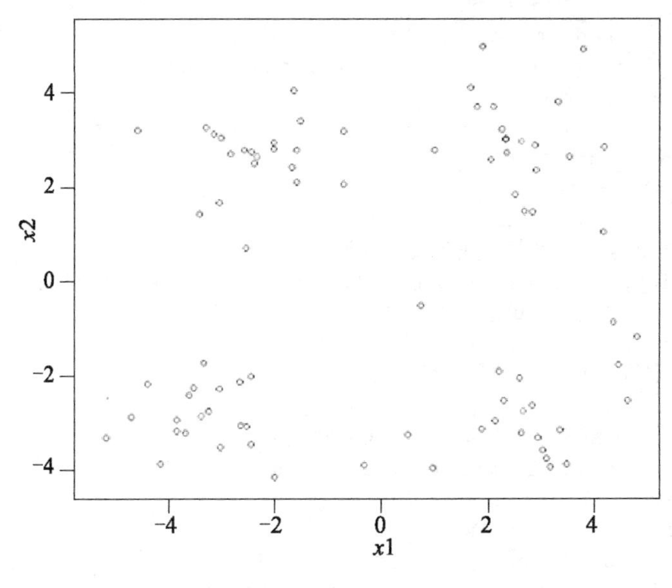

图 10-4 K-Means++聚类结果

10.6 Adaboost 集成算法的原理

Boosting 也称为增强学习或提升法，是一种重要的集成学习技术，能够将预测精度仅比随机猜度略高的弱学习器增强为预测精度高的强学习器。这在直接构造强学习器非常困难的情况下，为学习算法的设计提供了一种有效的新思路和新方法。其中最成功应用的是 YoavFreund 和 RobertSchapire 在 1995 年提出的 Adaboost 算法。

Adaboost（Adaptive Boosting，自适应增强）的自适应在于：前一个基本分类器被错误分类的样本的权值会增大，而正确分类的样本的权值会减小，并再次用来训练下一个基本分类器。同时，在每一轮迭代中加入一个新的弱分类器，直到达到某个预定的足够小的错误率或达到预先指定的最大迭代次数才确定最终的强分类器。

10.6.1 Boosting 算法的基本原理

如图 10-5 所示，Boosting 算法的工作机制是首先从训练集中用初始权重训练出一个弱学习器 1，根据弱学习的学习误差率表现来更新训练样本的权重，使得之前弱学习器 1 学习误差率高的训练样本点的权重变高，使得这些误差率高的点在后面的弱学习器 2 中得到更多的重视。然后基于调整权重后的训练集来训练弱学习器 2，如此重复进行，直到弱学习器数达到事先指定的数目 T，最终将这 T 个弱学习器通过集合策略进行整合，得到最终的强学习器。

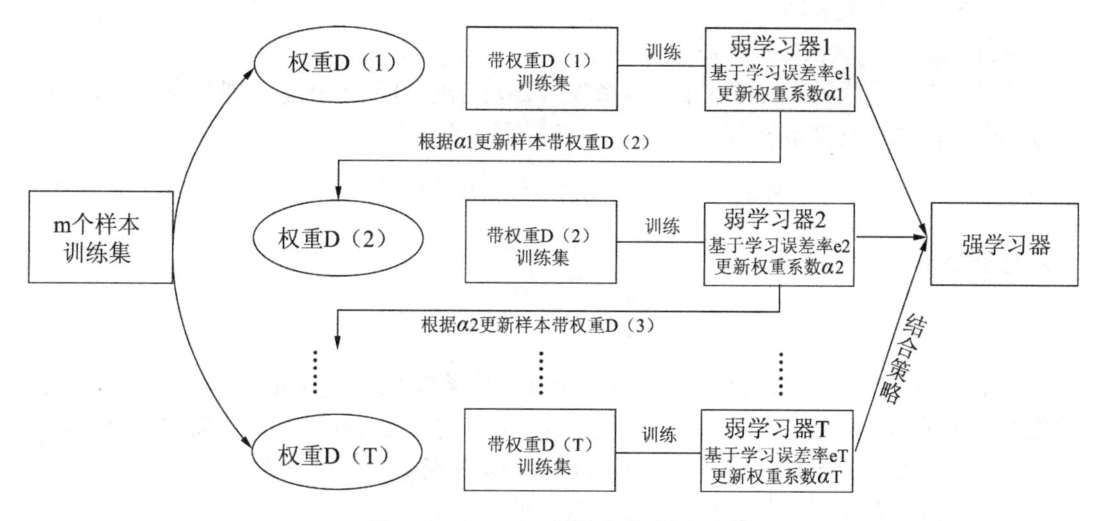

图 10-5　Boosting 算法的基本原理图

但是还有 4 个具体的问题，Boosting 算法没有详细说明：

- 如何计算学习误差率 e？
- 如何得到弱学习器权重系数？
- 如何更新样本权重 D？
- 使用何种结合策略？

只要是 Boosting 大家族的算法，都要解决这 4 个问题，下面就来一一讨论这些问题。

10.6.2　Adaboost 算法介绍

在 Boosting 系列算法中，Adaboost 是最著名的算法之一。Adaboost 既可以用作分类，也可以用作回归。本节就对 Adaboost 算法如何解决上节提出的 4 个问题做一个小结。假设训练集样本是 $T=\{(x_1,y_1),(x_2,y_2),\cdots,(x_m,y_m)\}$，那么训练集在第 k 个弱学习器的输出权重为：

$$D(k)=(w_{k1},w_{k2},\cdots,w_{km});\ \ w_{1i}=\frac{1}{m};\ \ i=1,2,\cdots,m \tag{10-1}$$

分类问题的误差率很好理解和计算。由于多元分类是二元分类的推广，这里假设是二元分类问题，输出为{-1,1}，则第 k 个弱分类器 $G_k(x)$在训练集上的加权误差率为：

$$e_k=P(G_k(x_i)\neq y_i)=\sum_{i=1}^{m}w_{ki}I(G_k(x_i)\neq y_i) \tag{10-2}$$

对于二元分类问题，第 k 个弱分类器 $G_k(x)$的权重系数为：

$$\alpha_k=\frac{1}{2}\log\frac{1-e_k}{e_k} \tag{10-3}$$

从式（10-3）中可以看出，如果分类误差率越大，则对应的弱分类器权重系数越小。也就是说，误差率小的弱分类器，其权重系数越大。具体为什么采用这个权重系数公式，在讲 Adaboost 的损失函数优化时再讲。

假设第 k 个弱分类器的样本集权重系数为 $D(k)=(W_{k1},W_{k2},\cdots,W_{km})$，则对应的第 k+1 个弱分类器的样本集权重系数为：

$$w_{k+1,i}=\frac{w_{ki}}{Z_k}\exp(-\alpha_k y_i G_k(x_i)) \quad i=1,2,\cdots,m \tag{10-4}$$

这里 Z_k 是规范化因子：

$$Z_k=\sum_{i=1}^{m} w_{ki}\exp(-\alpha_k y_i G_k(x_i)) \tag{10-5}$$

从 $W_{k+1,i}$ 计算公式可以看出，如果第 i 个样本分类错误，则 $y_iG_k(x_i)<0$，导致样本的权重在第 k+1 个弱分类器中增大；如果分类正确，则权重在第 k+1 个弱分类器中减少。具体为什么采用样本权重更新公式，在讲 Adaboost 的损失函数优化时再讲。

Adaboost 分类采用的是加权平均法，最终的强分类器为：

$$f(x)=sign(\sum_{k=1}^{K}\alpha_k G_k(x)) \tag{10-6}$$

接着看看 Adaboost 的回归问题。由于 Adaboost 的回归问题有很多变种，这里以 AdaboostR2 算法为准。

先看看回归问题的误差率的问题，对于第 k 个弱学习器，计算他在训练集上的最大误差：

$$E_k=\max|y_i-G_k(x_i)| \quad i=1,2,\cdots,m \tag{10-7}$$

然后计算每个样本的相对误差：

$$e_{ki}=\frac{|y_i-G_k(x_i)|}{E_k} \tag{10-8}$$

这里是误差损失为线性时的情况，如果用平方误差，则 $e_{ki}=\frac{(v_i-G_k(x_i))^2}{E_k^2}$，如果用的是指数误差，则 $e_{ki}=1-\exp(\frac{-v_i+G_k(x_i)}{E_k})$，最终得到第 k 个弱学习器的误差率：

$$e_k=\sum_{i=1}^{m} w_{ki}e_{ki} \tag{10-9}$$

如何得到弱学习器权重系数 α。这里有：

$$\alpha_k=\frac{e_k}{1-e_k} \tag{10-10}$$

对于更新更新样本权重 D，第 k+1 个弱学习器的样本集权重系数为：

$$w_{k+1,i}=\frac{w_{ki}}{Z_k}\alpha_k^{1-e_{ki}} \tag{10-11}$$

这里 Z_k 是规范化因子：

$$Z_k = \sum_{i=1}^{m} w_{ki} \alpha_k^{1-e_{ki}} \tag{10-12}$$

最后是结合策略，和分类问题一样，采用的也是加权平均法，最终的强回归器为：

$$f(x) = \sum_{k=1}^{K} (\ln \frac{1}{\alpha_k}) g(x) \tag{10-13}$$

10.6.3　Adaboost 分类问题的损失函数优化

上一节讲到了分类 Adaboost 的弱学习器权重系数公式和样本权重更新公式。但是没有解释选择这个公式的原因，让人觉得像是魔法公式一样。其实它可以从 Adaboost 的损失函数推导出来。从另一个角度讲，Adaboost 模型为加法模型，学习算法为前向分步学习算法，损失函数为指数函数的分类问题。模型为加法模型好理解，最终的强分类器是若干个弱分类器加权平均而得到的。

前向分步学习算法也好理解，它是通过一轮轮的弱学习器学习，利用前一个弱学习器的结果来更新后一个弱学习器的训练集权重。

也就是说，第 k-1 轮的强学习器为：

$$f_{k-1}(x) = \sum_{i=1}^{k-1} \alpha_i G_i(x) \tag{10-14}$$

而第 k 轮的强学习器为：

$$f_k(x) = \sum_{i=1}^{k} \alpha_i G_i(x) \tag{10-15}$$

式（10-14）和式（10-15）一比较可以得到：

$$f_k(x) = f_{k-1}(x) + \alpha_k G_k(x) \tag{10-16}$$

可见强学习器的确是通过前向分步学习算法一步步得到的。

Adaboost 损失函数为指数函数，即定义损失函数为：

$$\underset{\alpha,G}{\arg\min} \sum_{i=1}^{m} \exp(-y_i f_k(x)) \tag{10-17}$$

利用前向分步学习算法的关系可以得到损失函数为：

$$(\alpha_k, G_k(x)) = \underset{\alpha,G}{\arg\min} \sum_{i=1}^{m} \exp[(-y_i)(f_{k-1}(x) + \alpha G(x))] \tag{10-18}$$

令 $w_{ki}^{'} = \exp(-y_i f_{k-1}(x))$，它的值不依赖于 α、G，因此与最小化无关，仅仅依赖于 $f_{k-1}(x)$，随着每一轮迭代而改变。

将这个式子带入损失函数，损失函数转化为：

$$(\alpha_k, G_k(x)) = \underset{\alpha,G}{\arg\min} \sum_{i=1}^{m} w_{ki}^{'} \exp[-y_i \alpha G(x)] \tag{10-19}$$

首先，求 $G_k(x)$，可以得到：

$$G_k(x)=\arg\min_{G}\sum_{i=1}^{m}w_{ki}^{'}I(y_i\neq G(x_i)) \tag{10-20}$$

将 $G_k(x)$带入损失函数，并对 α 求导，使其等于 0，则就得到了：

$$\alpha_k=\frac{1}{2}\log\frac{1-e_k}{e_k} \tag{10-21}$$

其中，e_k 即为前面的分类误差率：

$$e_k=\frac{\sum_{i=1}^{m}w_{ki}^{'}I(y_i\neq G(x_i))}{\sum_{i=1}^{m}w_{ki}^{'}}=\sum_{i=1}^{m}w_{ki}I(y_i\neq G(x_i)) \tag{10-22}$$

最后看样本权重的更新。利用 $f_k(x)=f_{k-1}(x)+\alpha_kG_k(x)$ 和 $w_{ki}^{'}=\exp(-y_if_{k-1}(x))$，可以得到：

$$w_{k+1,i}^{'}=w_{ki}^{'}\exp[-y_i\alpha_kG_k(x)] \tag{10-23}$$

这样就得到了样本权重更新公式。

10.6.4 Adaboost 二元分类问题的算法流程

输入为样本集 $T=\{(x,y_1),(x_2,y_2),\cdots,(x_m,y_m)\}$，输出为$\{-1,+1\}$，采用弱分类器算法，假设弱分类器迭代次数为 K。输出为最终的强分类器为 $f(x)$。其分类过程如下：

（1）初始化样本集权重为：

$$D(1)=(w_{11},w_{12},\cdots,w_{1m});\ \ w_{1i}=\frac{1}{m};\ \ i=1,2,\cdots,m \tag{10-24}$$

（2）对于 k=1，2，⋯，K，使用具有权重 D_k 的样本集来训练数据，得到弱分类器 $G_k(x)$。计算 $G_k(x)$的分类误差率：

$$e_k=P(G_k(x_i)\neq y_i)=\sum_{i=1}^{m}w_{ki}I(G_k(x_i)\neq y_i) \tag{10-25}$$

计算弱分类器的系数：

$$\alpha_k=\frac{1}{2}\log\frac{1-e_k}{e_k} \tag{10-26}$$

更新样本集的权重分布：

$$w_{k+1,i}=\frac{w_{ki}}{Z_k}\exp(-\alpha_ky_iG_k(x_i))\ \ i=1,2,...,m \tag{10-27}$$

这里 Z_k 是规范化因子：

$$Z_k=\sum_{i=1}^{m}w_{ki}\exp(-\alpha_ky_iG_k(x_i)) \tag{10-28}$$

（3）构建最终分类器为：

$$f(x)=sign(\sum_{k=1}^{K}\alpha_k G_k(x)) \tag{10-29}$$

对于 Adaboost 多元分类算法，其实原理和二元分类类似，最主要的区别在于弱分类器的系数上。比如 AdaBoostSAMME 算法，它的弱分类器的系数为：

$$\alpha_k=\frac{1}{2}\log\frac{1-e_k}{e_k}+\log(R-1) \tag{10-30}$$

其中，R 为类别数。从式（10-30）中可以看出，如果是二元分类 R=2，则式（10-30）和二元分类算法中的弱分类器的系数一致。

10.6.5　Adaboost 回归问题的算法流程

Adaboost 回归算法变种很多，下面的算法为 Adaboost R2 回归算法过程。输入为样本集 $T=\{(x,y_1),(x_2,y_2),\cdots,(x_m,y_m)\}$，采用弱学习器算法，弱学习器迭代次数为 K。输出为最终的强学习器 $f(x)$。过程如下：

（1）初始化样本集权重为：

$$D(1)=(w_{11},w_{12},\cdots,w_{1m})；\ w_{1i}=\frac{1}{m}；\ i=1,2,\cdots,m \tag{10-31}$$

（2）对于 k=1，2，…，K，使用具有权重 D_k 的样本集来训练数据，得到弱学习器 $G_k(x)$。计算训练集上的最大误差：

$$E_k=\max|y_i-G_k(x_i)|\quad i=1,2,\cdots,m \tag{10-32}$$

计算每个样本的相对误差：

如果是线性误差，则：

$$e_{ki}=\frac{|y_i-G_k(x_i)|}{E_k} \tag{10-33}$$

如果是平方误差，则：

$$e_{ki}=\frac{(y_i-G_k(x_i))^2}{E_k^2} \tag{10-34}$$

如果是指数误差，则：

$$e_{ki}=1-\exp(\frac{-|y_i-G_k(x_i)|}{E_k}) \tag{10-35}$$

计算回归误差率：

$$e_k=\sum_{i=1}^{m}w_{ki}e_{ki} \tag{10-36}$$

计算弱学习器的系数：

$$\alpha_k=\frac{e_k}{1-e_k} \tag{10-37}$$

更新样本集的权重分布为：

$$w_{k+1,i} = \frac{w_{ki}}{Z_k}\alpha_k^{1-e_{ki}} \tag{10-38}$$

这里 Z_k 是规范化因子：

$$Z_k = \sum_{i=1}^{m} w_{ki}\alpha_k^{1-e_{ki}} \tag{10-39}$$

（3）构建最终的强学习器为：

$$f(x) = \sum_{k=1}^{K}(\ln\frac{1}{\alpha_k})g(x) \tag{10-40}$$

其中，$g(x)$是所有 $\alpha_k G_k(x)$，$k=1$，2，…，K 的中位数。

10.6.6 Adaboost 算法的正则化

为了防止 Adaboost 过拟合，通常会加入正则化项，这个正则化项通常称为步长（learning rate），定义为 v。

对于前面的弱学习器的迭代：

$$f_k(x) = f_{k-1}(x) + \alpha_k G_k(x) \tag{10-41}$$

加上正则化项则有：

$$f_k(x) = f_{k-1}(x) + v\alpha_k G_k(x) \tag{10-42}$$

v 的取值范围为 $0<v\leqslant 1$。对于同样的训练集学习效果，较小的 v 意味着需要更多的弱学习器的迭代次数。通常用步长和迭代最大次数一起来决定算法的拟合效果。

10.6.7 Adaboost 的优缺点

理论上任何学习器都可以用于 Adaboost。但一般来说，使用最广泛的 Adaboost 弱学习器是决策树和神经网络。对于决策树，Adaboost 分类用了 CART 分类树，而 Adaboost 回归用了 CART 回归树。

Adaboost 的主要优点有：

- Adaboost 作为分类器时，分类精度很高；
- 在 Adaboost 的框架下，可以使用各种回归分类模型来构建弱学习器，非常灵活；
- 作为简单的二元分类器时，构造简单，结果可理解；
- 不容易发生过拟合。

Adaboost 的主要缺点有：

对异常样本敏感，异常样本在迭代中可能会获得较高的权重，影响最终的强学习器的预测准确性。

10.7　Adaboost 算法实现

本节主要使用 Adaboost 算法来实现马疝病的检测。

10.7.1　数据集处理

原始数据集下载地址为 http://archive.ics.uci.edu/ml/datasets/Horse+Colic。

这里的数据包含了 368 个样本和 28 个特征。马疝病不一定源自马的肠胃问题，其他问题也可能引发马疝病。该数据集中包含了医院检测马疝病的一些指标，有的指标比较主观，有的指标难以测量，例如马的疼痛级别。另外需要说明的是，除了部分指标主观和难以测量外，该数据还存在一个问题，即数据集中有 30%的值是缺失的。

下面将首先介绍如何处理数据集中的数据缺失问题，然后再利用 Adaboost 算法来预测患马疝病的马的存活问题。

数据预处理主要做两件事：

（1）如果测试集中一条数据的特征值已经确实，那么选择实数 0 来替换所有缺失值；

（2）如果测试集中一条数据的类别标签已经缺失，那么将该类别数据丢弃，因为类别标签与特征不同，很难确定采用哪个合适的值来替换。

原始的数据集经过处理，保存为两个文件，即 horseColicTest.txt 和 horseColicTraining.txt。已经处理好的“干净”可用的数据集下载地址为：

- https://github.com/Jack-Cherish/Machine-Learning/blob/master/Logistic/horseColicTraining.txt；
- https://github.com/Jack-Cherish/Machine-Learning/blob/master/Logistic/horseColicTest.txt。

10.7.2　实现过程

Adaboost 实现的迭代过程如下：

（1）利用 buildStump()函数找到最佳的单层决策树；

（2）将最佳单层决策树加入到单层决策树数组；

（3）计算 Alpha；

（4）计算新的权重向量 $\boldsymbol{D}$；

（5）更新累计类别估计值；

（6）如果错误率为等于 0.0，退出循环。

1．弱分类器实现

函数 stumpClassify()是一个单层决策树分类函数，它是通过阈值比较对数据进行分类的。它含有 4 个参数，dataMatrix 表示数据矩阵；dimen 代表第 dimen 列，即第几个特征；threshVal 表示一个阈值；threshIneq 是标志，决定了不等号是大于还是小于。具体代码如下：

```
def stumpClassify(dataMatrix,dimen,threshVal,threshIneq):
    retArray = ones((shape(dataMatrix)[0],1))  #先全部设为1，即初始化
    if threshIneq == 'lt':  #然后根据阈值和不等号将满足要求的都设为-1
        retArray[dataMatrix[:,dimen] <= threshVal] = -1.0
    else:
        retArray[dataMatrix[:,dimen] > threshVal] = -1.0
    return retArray
```

函数 buildStump()会遍历 stumpClassify()函数所有的可能输入值，并找到数据集上的最佳单层决策树，即错误率最低。它有 3 个输入参数，D 表示数据集权重，用于计算加权错误率；classLabels 表示数据标签；dataArr 表示数据集。buildStump()函数输出 3 个参数，bestStump 代表最佳单层决策树信息；minError 是最小误差；bestClasEst 为最佳的分类结果。代码如下：

```
def buildStump(dataArr,classLabels,D):
    dataMatrix = mat(dataArr); labelMat = mat(classLabels).T
    m,n = shape(dataMatrix)                                 #m为行数，n为列数
    numSteps = 10.0; bestStump = {}; bestClasEst = mat(zeros((m,1)))
    minError = inf                                          #最小误差率初值设为无穷大
    for i in range(n):                                      #遍历所有特征，n为特征总数
        rangeMin = dataMatrix[:,i].min(); rangeMax = dataMatrix[:,i].max()
        stepSize = (rangeMax-rangeMin)/numSteps
        for j in range(-1,int(numSteps)+1):                 #第二层循环，对每个步长
            for inequal in ['lt','gt']:                     #大于和小于的情况，均遍历
                threshVal = rangeMin + float(j) * stepSize  #计算阈值
                predictedVals = stumpClassify(dataMatrix,i,threshVal,inequal)
                #根据阈值和不等号进行预测
                errArr = mat(ones((m,1)))  #先假设所有的结果都是错的（标记为1）
                errArr[predictedVals == labelMat] = 0
                #然后把预测结果正确的标记为0
                weightedError = D.T*errArr                  #计算加权错误率
                #print 'split: dim %d, thresh %.2f, thresh inequal: %s, \
                #  the weightederror is %.3f' % (i,threshVal,inequal,
                weightedError)
                if weightedError < minError:   #将加权错误率最小的结果保存下来
                    minError = weightedError
                    bestClasEst = predictedVals.copy()
                    bestStump['dim'] = i
                    bestStump['thresh'] = threshVal
                    bestStump['ineq'] = inequal
    return bestStump, minError, bestClasEst
```

如图 10-6 所示，遍历所有可能输入，寻找最佳单层决策树并计算其权值，此时的错误率是最小的。

```
split: dim 5, thresh 2.80, thresh ineqal: lt, the weighted error is 0.525
split: dim 5, thresh 2.80, thresh ineqal: gt, the weighted error is 0.475
split: dim 5, thresh 3.20, thresh ineqal: lt, the weighted error is 0.492
split: dim 5, thresh 3.20, thresh ineqal: gt, the weighted error is 0.508
split: dim 5, thresh 3.60, thresh ineqal: lt, the weighted error is 0.492
split: dim 5, thresh 3.60, thresh ineqal: gt, the weighted error is 0.508
split: dim 5, thresh 4.00, thresh ineqal: lt, the weighted error is 0.497
split: dim 5, thresh 4.00, thresh ineqal: gt, the weighted error is 0.503
split: dim 6, thresh -0.40, thresh ineqal: lt, the weighted error is 0.503
split: dim 6, thresh -0.40, thresh ineqal: gt, the weighted error is 0.497
split: dim 6, thresh 0.00, thresh ineqal: lt, the weighted error is 0.470
split: dim 6, thresh 0.00, thresh ineqal: gt, the weighted error is 0.530
split: dim 6, thresh 0.40, thresh ineqal: lt, the weighted error is 0.470
split: dim 6, thresh 0.40, thresh ineqal: gt, the weighted error is 0.530
split: dim 6, thresh 0.80, thresh ineqal: lt, the weighted error is 0.470
split: dim 6, thresh 0.80, thresh ineqal: gt, the weighted error is 0.530
split: dim 6, thresh 1.20, thresh ineqal: lt, the weighted error is 0.528
split: dim 6, thresh 1.20, thresh ineqal: gt, the weighted error is 0.472
split: dim 6, thresh 1.60, thresh ineqal: lt, the weighted error is 0.528
split: dim 6, thresh 1.60, thresh ineqal: gt, the weighted error is 0.472
split: dim 6, thresh 2.00, thresh ineqal: lt, the weighted error is 0.516
split: dim 6, thresh 2.00, thresh ineqal: gt, the weighted error is 0.484
split: dim 6, thresh 2.40, thresh ineqal: lt, the weighted error is 0.516
split: dim 6, thresh 2.40, thresh ineqal: gt, the weighted error is 0.484
split: dim 6, thresh 2.80, thresh ineqal: lt, the weighted error is 0.516
```

图 10-6　遍历最优单层决策树部分截图

2. Adaboost集成强分类器

AdaboostTrainDS()函数作为一个基于单层决策树的 Adaboost 训练函数。它的输入参数包括数据集、类别标签及迭代次数 numIt，其中 numIt 是唯一需要用户指定的参数，这里默认为 40。当训练错误率达到 0 时就会提前结束训练。代码如下：

```
def AdaboostTrainDS(dataArr,classLabels,numIt=40):
    weakClassArr = []          #用于存储每次训练得到的弱分类器及其输出结果的权重
    m = shape(dataArr)[0]
    D = mat(ones((m,1))/m)                          #数据集权重初始化为1/m
    aggClassEst = mat(zeros((m,1)))                 #记录每个数据点的类别估计累计值
    for i in range(numIt):
        bestStump,error,classEst = buildStump(dataArr,classLabels,D)
        #在加权数据集里寻找最低错误率的单层决策树
        #print ("D: ",D.T)
```

```
        alpha = float(0.5*log((1.0-error)/max(error,1e-16)))
        #根据错误率计算出本次单层决策树输出结果的权重 max(error,1e-16)则是为了确保
        error 为 0 时不会出现除 0 溢出
        bestStump['alpha'] = alpha                  #记录权重
        weakClassArr.append(bestStump)
        #print ('classEst: ',classEst.T)
        #计算下一次迭代中的权重向量 D
        expon = multiply(-1*alpha*mat(classLabels).T,classEst)  #计算指数
        D = multiply(D,exp(expon))
        D = D/D.sum()                               #归一化
        #错误率累加计算
        aggClassEst += alpha*classEst
        errorRate = 1.0*sum(sign(aggClassEst)!=mat(classLabels).T)/m
        #sign(aggClassEst)表示根据 aggClassEst 的正负号分别标记为 1 -1
        print ('total error: ',errorRate)
        if errorRate == 0.0:                        #如果错误率为 0 那就提前结束 for 循环
            break
    return weakClassArr
```

如图 10-7 所示，数据集中的数据通过判别划分为 1 和-1 两类，为之后的权重计算做铺垫。

```
classEst: [[ 1. -1.  1. -1. -1.  1.  1.  1. -1. -1.  1.  1.  1. -1. -1. -1. -1.  1.
   1. -1.  1.  1.  1. -1.  1.  1.  1.  1.  1.  1. -1. -1.  1.  1. -1. -1.
  -1.  1.  1. -1. -1. -1.  1. -1. -1. -1.  1.  1. -1. -1.  1. -1.  1.  1.
  -1. -1.  1.  1.  1. -1.  1.  1. -1. -1.  1.  1.  1.  1.  1.  1.  1.  1.
   1.  1.  1. -1.  1.  1.  1. -1. -1.  1. -1.  1.  1.  1. -1.  1.  1.  1.
   1. -1.  1.  1.  1.  1. -1. -1.  1. -1.  1.  1.  1. -1.  1.  1.  1.  1.
   1. -1.  1.  1.  1.  1.  1.  1.  1.  1. -1.  1.  1. -1.  1.  1.  1.  1.
   1.  1. -1.  1.  1. -1.  1. -1. -1.  1.  1.  1.  1.  1.  1. -1.  1. -1.
  -1.  1.  1. -1.  1.  1.  1. -1.  1.  1.  1.  1.  1.  1.  1.  1.  1.  1.
   1. -1. -1.  1.  1. -1.  1.  1. -1. -1. -1.  1.  1.  1.  1.  1. -1. -1.
   1.  1.  1.  1. -1.  1. -1.  1.  1.  1. -1.  1.  1. -1.  1.  1. -1.  1.
   1.  1. -1.  1.  1.  1. -1. -1.  1. -1.  1.  1. -1. -1.  1.  1.  1.  1.
  -1.  1.  1. -1. -1. -1.  1.  1.  1. -1.  1. -1. -1. -1. -1.  1.  1.  1.
   1.  1.  1. -1.  1. -1.  1.  1. -1. -1. -1.  1. -1. -1.  1. -1.  1. -1.
  -1. -1. -1.  1. -1.  1.  1.  1.  1. -1. -1.  1.  1.  1.  1.  1.  1.  1.
  -1. -1. -1. -1. -1.  1.  1.  1.  1.  1. -1.  1.  1.  1.  1. -1. -1.  1.
   1.  1. -1.  1. -1.  1. -1.  1.  1. -1.  1.]]
```

图 10-7　数据集分类标签

多个弱分类器的结果以其对应的 Alpha 值作为权重，通过对这些结果加权求和得出最后的结果，即多个弱分类器集成为一个强分类器。adaClassify()函数是 Adaboost 算法的分类函数，其输入由一个或多个待分类样例 dataToClass 和多个弱分类器数组 classifierArr 组成。代码如下：

```
def adaClassify(dataToClass,classifierArr):
    dataMatrix = mat(dataToClass)                         #转换成 NumPy 矩阵
```

```
    m = shape(dataMatrix)[0]
    aggClassEst = mat(zeros((m,1)))
    for i in range(len(classifierArr)):                    #遍历所有的弱分类器
        classEst = stumpClassify(dataMatrix,classifierArr[i]['dim'],\
                                 classifierArr[i]['thresh'],\
                                 classifierArr[i]['ineq'])
        aggClassEst += classifierArr[i]['alpha']*classEst
return sign(aggClassEst)
```

3．加载数据集

从文件中加载数据集，转变成我们想要的数据格式，自适应数据加载函数代码如下：

```
def loadDataSet(filename):
    #创建数据集矩阵，标签向量
    dataMat=[];labelMat=[]
    #获取特征数目(包括最后一类标签)
    #readline():读取文件的一行
    #readlines:读取整个文件所有行
    numFeat=len(open(filename).readline().split('\t'))
    #打开文件
    fr=open(filename)
    #遍历文本的每一行
    for line in fr.readlines():
        lineArr=[]
        curLine=line.strip().split('\t')
        for i in range(numFeat-1):
            lineArr.append(float(curLine[i]))
        #数据矩阵
        dataMat.append(lineArr)
        #标签向量
        labelMat.append(float(curLine[-1]))
return dataMat,labelMat
```

4．绘制ROC曲线

绘制 ROC 曲线需要用到 matplotlib.pyplot，以 plotROC()作为绘制函数，其输入参数包括 predStrengths（分类器的预测强度）和 classLabels（类别）。代码如下：

```
def plotROC(predStrengths, classLabels):
    font = FontProperties(fname=r"c:\windows\fonts\simsun.ttc", size=14)
    cur = (1.0, 1.0)                                          #绘制光标的位置
    ySum = 0.0                                                #用于计算 AUC
    numPosClas = np.sum(np.array(classLabels) == 1.0)         #统计正类的数量
    yStep = 1 / float(numPosClas)                             #y 轴步长
    xStep = 1 / float(len(classLabels) - numPosClas)          #x 轴步长
    sortedIndicies = predStrengths.argsort()             #预测强度排序,从低到高
    fig = plt.figure()
    fig.clf()
    ax = plt.subplot(111)
    for index in sortedIndicies.tolist()[0]:
        if classLabels[index] == 1.0:
```

```
            delX = 0; delY = yStep
        else:
            delX = xStep; delY = 0
            ySum += cur[1]                                          #高度累加
        ax.plot([cur[0], cur[0] - delX], [cur[1], cur[1] - delY], c = 'b')
                                                                    #绘制 ROC
        cur = (cur[0] - delX, cur[1] - delY)                        #更新绘制光标的位置
    ax.plot([0,1], [0,1], 'b--')
    plt.title('Adaboost 马疝病检测系统的 ROC 曲线', FontProperties = font)
    plt.xlabel('假阳率', FontProperties = font)
    plt.ylabel('真阳率', FontProperties = font)
    ax.axis([0, 1, 0, 1])
    print('AUC 面积为:', ySum * xStep)                              #计算 AUC
    plt.show()
```

5. 主函数代码

主函数代码如下：

```
if __name__ == '__main__':
    dataArr, LabelArr = loadDataSet('horseColicTraining2.txt')#读取数据
    weakClassArr, aggClassEst = AdaboostTrainDS(dataArr, LabelArr)#训练
    testArr, testLabelArr = loadDataSet('horseColicTest2.txt')#读取数据
    print(weakClassArr)
    predictions = adaClassify(dataArr, weakClassArr)
    errArr = np.mat(np.ones((len(dataArr), 1)))
    print('训练集的错误率:%.3f%%' % float(errArr[predictions !=
    np.mat(LabelArr).T].sum() / len(dataArr) * 100))
    predictions = adaClassify(testArr, weakClassArr)
    errArr = np.mat(np.ones((len(testArr), 1)))
    print('测试集的错误率:%.3f%%' % float(errArr[predictions !=
    np.mat(testLabelArr).T].sum() / len(testArr) * 100))
    weakClassArr, aggClassEst = AdaboostTrainDS(dataArr, LabelArr, 50)
    plotROC(aggClassEst.T, LabelArr)
```

10.7.3 实验结果分析

本实例所用到的分类性能度量指标主要有错误率及假阳率与真阳率的变化。

错误率指在所有测试样例中错分的样例比例。Adaboost 算法的错误率如图 10-8 所示，其中，训练集的错误率为 19.732%，测试集的错误率为 19.403%，可以看出，错误率还是挺高的，不过相比 Logistic 回归算法的平均错误率要小很多。

事实上，错误率掩盖了样例如何被分错的事实。在机器学习中，有一个混淆矩阵工具能帮助我们很好地了解这种分类错误。如表 10-1 所示为一个二类问题混淆矩阵，如果一个正例判为正例，则产生一个真正例（TP，也称真阳）；如果一个反例判为反例，则产生一个真反例（TN，也称真阴）。相应地，另外两种情况分别称为伪反例（FN，也称假阴）和伪正例（FP，也称假阳）。

度量这种分类中的非均衡性，可以用 ROC 曲线来表示。其通过比较真阳率与假阳率

的变化来显示分类器的性能。如图 10-9 所示，横轴为伪正例的比例，即假阳率=*FP*/（*FP*+*TN*）；纵轴为真正例的比例，即真阳率=*TP*/（*TP*+*FN*）。左下角的点对应的是将所有样例判为正例的情况，而右下角的点所对应的是将所有样例判为反例的情况。虚线为随机猜测的结果曲线。所得出的 ROC 曲线面积为约 0.895。分类器性能越偏左上角，意味着分类器在假阳率很低的同时获得了很高的真阳率，分类效果越好。

```
训练集的错误率: 19.732%
测试集的错误率: 19.403%

Process finished with exit code 0
```

Cannot start internal HTTP server. Git integration, JavaS

图 10-8　训练集与测试集上的错误率

表 10-1　一个二类问题的混淆矩阵

预测结果 真实结果	+1	-1
+1	真正例（TP）	伪反例（FN）
-1	伪正例（FP）	真反例（TN）

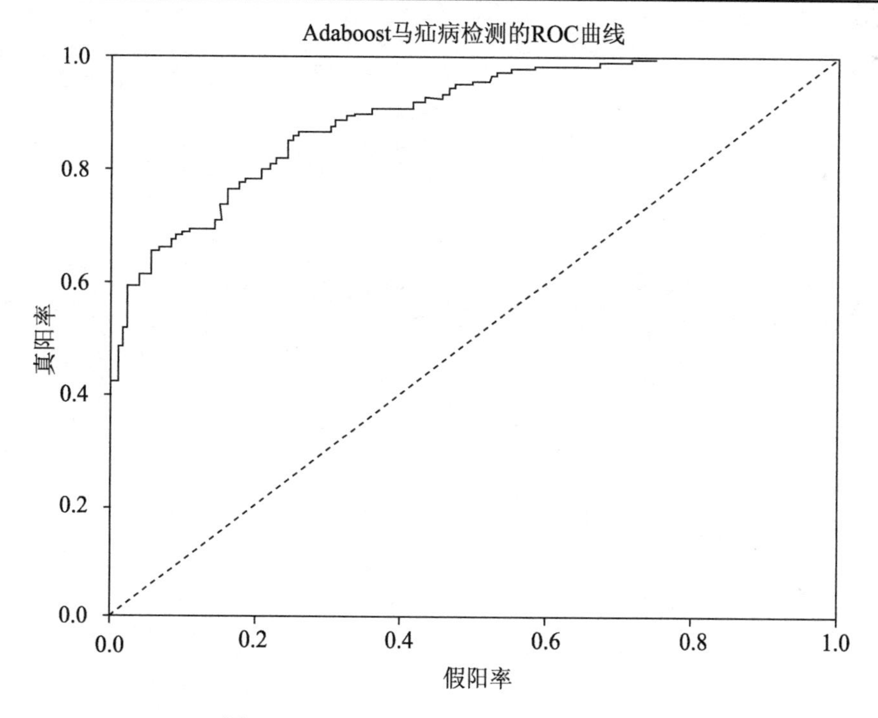

图 10-9　Adaboost 马疝病检测的 ROC 曲线

10.8 本章小结

本章介绍的 K-Means 聚类是一种自下而上的聚类方法，它的优点是简单、速度快，缺点是聚类结果与初始中心的选择有关系，且必须提供聚类的数目。K-Means 的第二个缺点是致命的，因为在有些时候不知道样本集最适合聚成多少个类别，这种时候 K-Means 是不适合的。K-Means 聚类的缺点可以通过多次聚类取最佳结果或者按 K-Means++的思路来解决。K-Means++能显著地改善分类结果的最终误差。本章介绍的 Adaboost 算法是 Boosting 方法中最流行的一种算法。它是以弱分类器作为基础分类器，输入数据之后，通过加权向量进行加权；在每一轮的迭代过程中都会基于弱分类器的加权错误率更新权重向量，从而进行下一次迭代。并且它会在每一轮迭代中计算出该弱分类器的系数，系数的大小将决定该弱分类器在最终预测分类中的重要程度。显然，这两点的结合是 Adaboost 算法的优势所在，也即它的优势在于泛化错误率低，容易实现，可以应用在大部分分类器上，无参数调整；其劣势也很明显，就是对离散数据点敏感。

第11章　其他机器学习算法

贝叶斯分类器是在具有模式完整的统计知识条件下，按照贝叶斯决策理论进行设计的一种最优分类器。分类器是对每一种输入模式赋予一个类别名称的软件或硬件装置。而贝叶斯分类器是各种分类器中分类错误概率最小或者在预给定代价的情况下平均风险最小的分类器。它的设计法是一种最基本的统计分类方法。贝叶斯分类器的分类原理是通过某对象的先验概率，利用贝叶斯公式计算出其后验概率，即该对象属于某一类的概率，然后选择具有最大后验概率的类作为该对象所属的类。

在围绕实时大数据流分析这一需求展开的研究中，在线机器学习算法是很有前途的方案。在线学习方法采用数据流直接处理的模式，每次迭代处理一个随机流数据，学习变量的迭代更新只经过简单的计算，从而在实时性和准确率之间取得一个平衡，特别适合于训练流式大数据。

生成对抗网络（GAN）是一种深度学习模型，是近年来复杂分布上无监督学习最具前景的方法之一。GAN 主要包括两个部分，即生成器 generator 与判别器 discriminator。生成器主要用来学习真实的图像分布，从而让自身生成的图像更加真实，以骗过判别器。判别器则需要对接收的图片进行真假判别。在整个过程中，生成器努力地让生成的图像更加真实，而判别器则努力地去识别出图像的真假。这个过程相当于一个二人博弈的场景，随着时间的推移，生成器和判别器在不断地进行对抗，最终两个网络达到了一个动态均衡：生成器生成的图像接近于真实图像分布，而判别器识别不出真假图像，对于给定图像的预测为真的概率基本接近 0.5（相当于随机猜测类别）。

本章要点如下：

- 掌握概率基础知识；
- 了解多种贝叶斯分类器；
- 了解贝叶斯分类器的工作原理；
- 应用朴素贝叶斯分类器于破产预测；
- 了解线性模型的在线学习；
- 了解非线性模型的在线学习；
- 掌握 Bandit 算法原理；
- 了解 GAN 网络的概念及原理；

- 了解 DCGAN 网络模型；
- 使用 DCGAN 网络进行人脸生成。

11.1 贝叶斯分类器

本节将主要介绍贝叶斯分类器的概率基础、分类准则，以及概率模型的估计方法。下面从概率基础开始讲起。

11.1.1 概率基础知识

1. 条件概率和乘法定理

在事件 A 已经发生的条件下，事件 B 发生的概率，称为事件 B 在给定事件 A 的条件概率（也称为后验概率），条件概率表示为 $P(B \mid A)$，相应地，$P(A)$称为无条件概率（也称为先验概率）。

定义：设 A、B 是任意两个事件，且 $P(A)>0$，则条件概率公式为：在事件 A 已经发生的条件下，事件 B 发生的条件概率为：

$$P(B \mid A)=(P(AB))/(P(A)) \tag{11-1}$$

由条件概率的定义可得：

定理 1：若对任意两个事件 A、B 都有 $P(A)>0$，$P(B)>0$，则：

$$P(AB)=P(A \mid B)P(B)=P(B \mid A)P(A) \tag{11-2}$$

称公式为乘法公式，称此结论为乘法定理。

定理 2：设 $A_1, A_2, \cdots, A_n$ 为任意 n 个事件，$n \geqslant 2$，且 $P(A_1, A_2, \cdots, A_n)>0$，则有：

$$P(A_1A_2\cdots A_n)=P(A_1)P(A_2 \mid A_1)P(A_3 \mid A_1A_2)\cdots P(A_n \mid A_1A_2\cdots A_{n-1}) \tag{11-3}$$

2. 全概率公式

定理 3：设实验 E 的样本空间 S，$A_1, A_2, \cdots, A_m$ 为样本空间 S 的一个划分，且 $P(A_1)>0$（i=1,2，…，n），则对任意事件 B，有：

$$P(B)=\sum_{i=1}^{n} P(A_i)P(B \mid A_i) \tag{11-4}$$

式（11-4）称为全概率公式。

由条件概率的定义及全概率公式有：

$$P\left(A_j \mid B\right)=\frac{P(A_jB)}{P(B)}=\frac{P(B \mid A_j)P(A_j)}{P(B)} \tag{11-5}$$

$$P(B)=\sum_{i=1}^{n}P(A_i)P(B|A_i) \tag{11-6}$$

3．事件的独立性

设 A、B 是试验 E 的两个事件，一般 A 的发生对 B 发生的概率是有影响的，这时 $P(B \mid A)\neq P(B)$，只有当这种影响不存在时才会有 $P(B \mid A)=P(B)$，则称 A、B 为相互独立事件。同理，对于 n 个事件 $A_1, A_2, \cdots, A_n$，如果当公式 $P(A_1, A_2, \cdots, A_n)=P(A_1)P(A_2)\cdots P(A_n)$成立，则称 $A_1, A_2, \cdots, A_n$ 为相互独立事件。

11.1.2　贝叶斯决策准则

贝叶斯决策论（Bayesian decision theory）是概率框架下实施决策的基本方法。在所有相关概率都已知的理想情况下，贝叶斯决策论考虑如何基于这些概率和误判断来选择最优的类别标记。

1．贝叶斯最优分类器

假设有 N 种可能的类别标记，即 $Y=\{c_1, c_2, \cdots, c_n\}$，$\lambda_{ij}$是将一个真实标记为 c_j 的样本误分类为 c_i 所产生的损失。基于后验概率 $P(c_i \mid x)$可获得将样本 x 分类为 c_i 所产生的期望损失（expected loss），即在样本 x 上的“条件风险”（conditional risk）。

$$R(c_i|x)=\sum_{j=1}^{N}\lambda_{ij}P(c_j|x) \tag{11-7}$$

任务是寻找一个判定准则 h：$X\rightarrow Y$ 以最小化总体风险。

$$R(h)=E_x[R(h(x) \mid x)] \tag{11-8}$$

显然，对每个样本 x，若 h 能最小化条件风险 $R(h(x)|x)$，则总体风险 $R(h)$也将被最小化。这就产生了贝叶斯判定准则（Bayes decision rule）：为最小化总体风险，只需在每个样本上选择哪个能使条件风险 $P(c|x)$最小化的类别标记，即：

$$h^{*}=\text{argmin}_{c\in Y}R(c|x) \tag{11-9}$$

此时 h^{*}称为贝叶斯最优分类器（Bayes optimal classifier），与之对应的总体风险 $R(h^{*})$称为贝叶斯风险，$1-R(h^{*})$反映了分类器能达到的最好性能，即通过机器学习所能产生的模型精度的理论上限。

2．后验概率最大化的意义

若问题为分类问题，则可以有：

$$\lambda_{ij}=\begin{cases}0 & \text{if } i=j\\ 1 & \text{otherwise}\end{cases} \tag{11-10}$$

此时条件风险为：

$$R(c|x)=1-P(c|x) \tag{11-11}$$

于是，最小化分类错误率的贝叶斯最优分类器为：

$$h^*(x)=\text{argmax}_{c\in Y}P(c|x) \tag{11-12}$$

所以后验概率最大化就是期望风险最小化。这里用了期望风险这个词，其实和上面的条件风险是等价的。

11.1.3 极大似然估计

不难看出，若要解决后验概率 $P(c|x)$，判别模型就是对 $P(c|x)$直接建模。如前面的决策树、BP 神经网络、支持向量机等，都可以归入判别方法。对于生成模型，考虑：

$$P(c\mid x)=\frac{P(x,c)}{P(x)}=\frac{P(x\mid c)P(c)}{P(x)} \tag{11-13}$$

其中，$P(c)$是类“先验”（prior）概率；$P(x|c)$是样本 x 相对于类标记 c 的类条件概率（class-conditional profanity），或者称为“似然”（likelihood）$P(x)$是用于归一化的“证据”（evidence）因子。对于给定样本，$P(x)$与类标记无关，因此估计 $P(c|x)$的问题就转化为如何基于训练样本数据 D 来估计先验概率 $P(c)$和似然 $P(x|c)$。

估计类条件概率的一种常用策略是先假定其具有某种确定的概率分布形式，再基于训练样本对概率分布的参数进行估计。事实上，概率模型的训练过程就是参数估计（parameter estimation）过程。对于参数估计，统计学界有两种方案：

- 第一种是，频率主义学派（Frequentist）认为参数虽然未知，但却是客观存在的固定值，因此可通过优化似然函数等准则来确定参考值。
- 第二种是，贝叶斯学派（Bayesian）则认为参数是未观察到的随机变量，其本身也可有分布，因此可假定参数服从一个先验分布，然后基于观测到的数据来计算参数的后验分布。

极大似然估计是频率主义学派的经典方法。其思想就是目前出现的分布是概率最大的分布。令 D_c 表示训练 D 中第 c 类样本组成的集合，假设这些样本是独立同分布的，则参数 θ_c 对于数据集 D_c 的似然是：

$$P(D_c\mid\theta_c)=\prod_{x\in D_c}P(x\mid\theta_c) \tag{11-14}$$

极大似然就是 $P(D_c|\theta_c)$取最大值时的 θ_c 作为估计值。式（11-14）连乘容易造成结果下溢，通常使用对数似然（log-likelihood）：

$$LL(\theta_c)=\log P(D_c\mid\theta_c)=\sum_{x\in D_c}\log P(x\mid\theta_c) \tag{11-15}$$

此时，参数 θ_c 的极大似然估计 $\hat{\theta}_c$ 为：

$$\hat{\theta}_c=\arg\max_{\theta_c}LL(\theta_c) \tag{11-16}$$

11.2 贝叶斯分类模型

分类有基于规则的分类（查询）和非规则分类（有监督学习）。贝叶斯分类是非规则分类，它通过训练集（已分类的样例集）训练而归纳出分类器（被预测变量是离散的称为分类，连续的称为回归），并利用分类器对未分类的样本进行分类。贝叶斯分类器中有代表性的分类器有朴素贝叶斯分类器、贝叶斯网络分类器和树增强朴素贝叶斯分类模型 TAN 等。

本节主要介绍朴素贝叶斯分类器、常见的半朴素贝叶斯分类算法和贝叶斯网络分类器。

11.2.1 朴素贝叶斯分类模型

假设 $A_1, A_2, \cdots, A_n$ 是数据集的 n 个特征（属性），假设有 m 个类，$c=\{C_1, C_2, \cdots, C_m\}$，给定一个具体的实例 X，其属性为 $\{x_1, x_2, \cdots, x_n\}$，这里 x_i 是属性 A_i 的具体取值，该实例属于某一个类 C_i 的后验概率是 $P(X \mid C_i)$，$c(X)$表示分类所得的类标签。贝叶斯分类器表示为：

$$c(X)=\arg\max_{C_i \in C} P(C_i)P(X \mid C_i) \tag{11-17}$$

即预测实例 X 属于在属性给定条件下后验概率最大的类别时，预测的正确率最大。但是公式（11-17）的后验概率难以计算，因此朴素贝叶斯分类器引入了以下假设：

在给定类别 C 的条件下，所有的属性 A_i 相互独立。即：

$$P\left(A_i \mid C, A_j\right)=P\left(A_i \mid C\right), \forall A_i, A_j, P(C)>0 \tag{11-18}$$

公式（11-18）被称为“朴素贝叶斯假设”。用贝叶斯网表达的朴素贝叶斯分类器如图 11-1 所示。

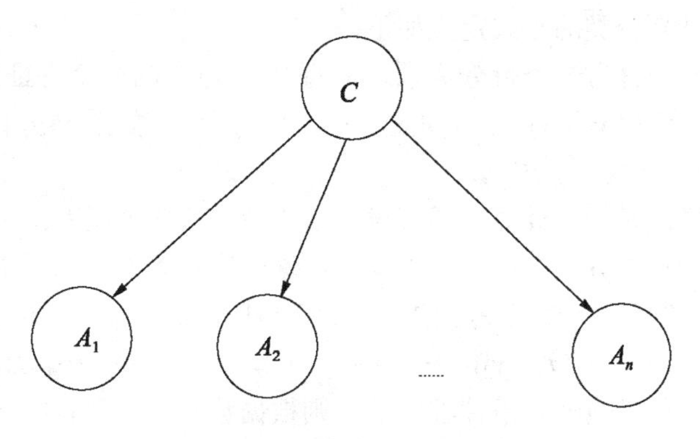

图 11-1 特征条件独立假设

在朴素贝叶斯分类算法中，既可以独立地学习每个属性 A_i 在类别属性 C 下的条件概

率 $P(A_i \mid C)$，也可以独立学习每个属性 A_i 的概率，因该值为常数，可用归一化因子 a 来代替。然后，分类器应用贝叶斯公式计算特定实例数据在给定属性值下类别的后验概率：

$$P\left(C=c \mid A_1=a_1,\cdots,A_n=a_n\right)=\alpha P(C=c)\prod\nolimits_{i=1}^{n}P(A_i \mid C=c) \tag{11-19}$$

并预测该实例属于后验概率最大的类别。

朴素贝叶斯分类器的学习和分类，根据公式（11-19）可知，最优的分类 $C=c_1$ 应该同时满足：

$$P\left(c_i \middle| <a_1,a_2,\cdots,a_n>\right)=\frac{P\left(<a_1,a_2,\cdots,a_n> \middle| c_i\right)}{P\left(a_1,a_2,\cdots,a_n\right)}P(c_i) \tag{11-20}$$

$$P\left(c_i \middle| <a_1,a_2,\cdots,a_n>\right)>P\left(c_j \middle| <a_1,a_2,\cdots,a_n>\right),j\neq i \tag{11-21}$$

类别 C 的先验概率分布可以简单地从训练集数据中获得其最大似然估计，等于不同类别属性在数据集中出现的频度，计算复杂度为 $O(\mid D \mid)$。

$$\hat{P}\left(c\right)=\frac{count(C=c \mid D)}{count(D)} \tag{11-22}$$

由于实例 $<a_1,a_2,\cdots,a_n>$ 的概率 $P(<a_1,a_2,\cdots,a_n>)$ 是一常数，在计算中仅进行归一化处理，因此，学习的过程主要是通过训练集估计属性的后验概率 $P(<a_1,a_2,\cdots,a_n> \mid c)$。根据朴素贝叶斯假设，应用贝叶斯公式展开，

$$P\left(<a_1,a_2,\cdots,a_n> \mid c\right)=\prod\nolimits_{i=1}^{n}P(a_i \mid c) \tag{11-23}$$

公式（11-23）中右边的每一项均可以用下式估计：

$$\hat{p}\left(a_i \mid c\right)=\frac{count(a_i \wedge c \mid D)}{count(c \mid D)} \tag{11-24}$$

公式（11-24）给出了最大似然度下的基于训练数据集的参数估计值，同样可在 $O(\mid D \mid)$ 时间内计算。

综上，朴素贝叶斯分类的正式定义如下：

假设 $x=\{a_1,a_2,\cdots,a_m\}$ 为一个待分类项，而每个 a 为 x 的一个特征属性；有类别集合 $C=\{y_1,y_2,\cdots,y_n\}$；计算 $P(y_1 \mid x)$，$P(y_2 \mid x)$，…，$P(y_n \mid x)$；如果 $P(y_k \mid x)=\max\{P(y_1 \mid x)$，$P(y_2 \mid x)$，…，$P(y_n \mid x)\}$，则 $x\in y_k$。

那么现在的关键就是如何计算上述假设中第 3 步中的各个概率：

首先，找到一个已知分类的待分类项集合，这个集合叫做训练样本集。

其次，得到在各类别下各个特征属性的条件概率估计。$P(a_1 \mid y_1)$，$P(a_2 \mid y_1)$，…，$P(a_m \mid y_1)$；$P(a_1 \mid y_2)$，$P(a_2 \mid y_2)$，…，$P(a_m \mid y_2)$；…；$P(a_1 \mid y_n)$，$P(a_2 \mid y_n)$，…，$P(a_m \mid y_n)$；

最后，如果各个特征属性是条件独立的，则根据贝叶斯定理有如下推导：

$$P\left(y_i \middle| x\right)=\frac{P\left(x \middle| y_i\right)P\left(y_i\right)}{P(x)} \tag{11-25}$$

因为分母对于所有类别为常数，所以只要将分子最大化即可。又因为各特征属性是条件独立的，所以有：

$$P(x|y_i)P(y_i) = P(a_1|y_i),P(a_2|y_i),\cdots,P(a_m|y_i)P(y_i) = P(y_i)\prod_{j=1}^{m}P(a_i|y_i) \quad (11\text{-}26)$$

根据上述分析，朴素贝叶斯分类的流程如图 11-2 所示。

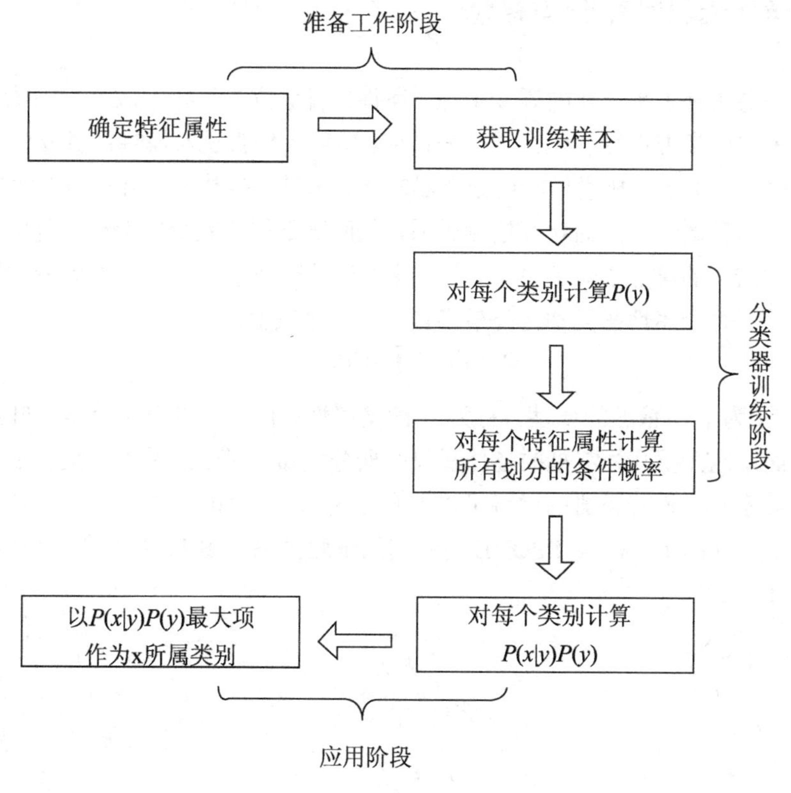

图 11-2　朴素贝叶斯分类的流程图

可以看到，整个朴素贝叶斯分类分为 3 个阶段：

第一阶段：准备工作阶段，这个阶段的任务是为朴素贝叶斯分类做必要的准备，主要工作是根据具体情况确定特征属性，并对每个特征属性进行适当划分，然后由人工对一部分待分类项进行分类，形成训练样本集合。这一阶段的输入是所有待分类数据，输出是特征属性和训练样本。这一阶段是整个朴素贝叶斯分类中唯一需要人工完成的阶段，其质量对整个过程将有重要影响，分类器的质量很大程度上由特征属性、特征属性划分及训练样本质量决定。

第二阶段：分类器训练阶段，这个阶段的任务就是生成分类器，主要工作是计算每个类别在训练样本中的出现频率及每个特征属性划分对每个类别的条件概率估计，并将结果记录下来。其输入是特征属性和训练样本，输出是分类器。这一阶段是机械性阶段，根据前面讨论的公式可以由程序自动计算完成。

第三阶段：应用阶段。这个阶段的任务是使用分类器对待分类项进行分类，其输入是分类器和待分类项，输出是待分类项与类别的映射关系。这一阶段也是机械性阶段，由程序完成。

11.2.2 半朴素贝叶斯分类模型

在现实任务中朴素贝叶斯的假设条件（属性条件独立）往往不成立，因此，在评估实际问题时朴素贝叶斯方法往往失去了部分精度，所以人们尝试对属性的独立性进行一定程度的放松，由此产生了半朴素贝叶斯分类器的学习方法。半朴素贝叶斯分类器的基本思想是适当考虑一部分属性之间的相互依赖关系，从而既不需要完全联合概率计算，又不至于彻底忽略了比较强的属性依赖关系。独立依赖估计是半朴素贝叶斯分类器最常用的一种策略，也就是假设每个属性在类别之外最多依赖于一个其他属性，即：

$$P(c \mid x) \propto P(c)\prod i = 1dP(x_i \mid c, pa_i) \tag{11-27}$$

其中，Pa_i 为 x_1 所依赖的属性，称为 x_1 的父属性。由于作者对半朴素贝叶斯的理解有限，下面就简单地介绍几种常见的半朴素贝叶斯分类器，对于细节不再进行展开，如果想了解更多半朴素贝叶斯分类器的读者可以参考相关书籍。如图 11-3 给出了朴素贝叶斯属性间的依赖关系（图 11-3a）、SPODE 属性间的依赖关系（图 11-3b）和 TAN 属性间的依赖关系（图 11-3c）。

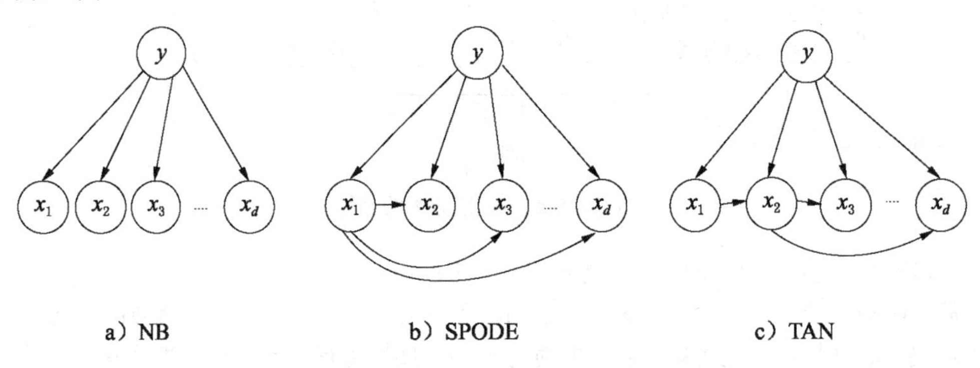

图 11-3 属性依赖关系

SPODE（Super-Parent ODE，超父独依赖估计）：该方法假设所有属性都依赖于同一个属性，该属性被称为超父属性，如图 11-3b 所示 x_1 是超父属性。

TAN（Tree Augmented Naive Bayes）：该方法是在最大权生成树的基础上，首先通过计算两两属性之间的条件信息求出各个边的权值，然后构建完全图的最大带权生成树，最后加入类别 y，增加从 y 到每个属性的有向边。如图 11-3c 所示为 TAN 属性的依赖关系。

11.2.3　贝叶斯网络分类模型

虽然朴素贝叶斯分类方法是一种非常实用的学习技术，与决策树学习、基于规则的学习和神经网络学习方法相比，它有许多优势，如对噪音的健壮性，学习过程非常简单，不需要搜索等。然而，朴素贝叶斯分类方法是以一个很强的简单假设为基础的，即数据中的属性相对于类标是相互独立的。这个假设条件在现实世界的学习任务中是很少能够满足的。因而，许多研究人员开始研究一种新的基于统计理论的方法：具有较强的理论根基、采用图解方式简洁易懂地表达概率分布的方法。这个结构称为贝叶斯网络。画出的图形就像节点网络图，每一节点代表一个属性，节点间用有向连接线连接着却不能成环。其工作原理主要基于以下理论：

基于统计学中的条件独立，即给定父辈节点属性，每个节点对于它的祖辈、曾祖辈等都是条件独立的。

根据概率理论中的链规则，n 个属性 a 性的联合概率可以分解为如下乘积：

$$P[a_1,a_2,\cdots,a_n]=\prod_{i=1}^{n}p[a_i\mid a_{i-1},\cdots,a_1] \tag{11-28}$$

因为贝叶斯网络是一种无环图，因此可以对网络节点进行排序，使节点 a_i 的所有先辈节点序号小于 i。然后，由于条件独立假设：

$$P[a_1,a_2,\cdots,a_n]=\prod_{i=1}^{n}p[a_i\mid a_{i-1},\cdots,a_1]=\prod_{i=1}^{n}p\left[a:|a_i\text{的父节点}\right] \tag{11-29}$$

因此，研究的重点便是怎样根据大量的有效数据来建立贝叶斯网络的过程，即进行学习的过程。但 Friedman 等人将朴素贝叶斯分类方法和贝叶斯网络做了比较，论述了在某些领域使用非限制性贝叶斯网络通常并不能提高精确性，甚至会降低精确性。为此，他们提出了一种折中的办法，称之为树扩张型朴素贝叶斯方法。其基本思路是放松朴素贝叶斯的独立性假设条件，借鉴贝叶斯网络表示依赖关系的方法，扩展朴素贝叶斯的结构，使其能容纳属性间存在的依赖关系。其方法是在朴素贝叶斯分类器上添加连线，类属性是朴素贝叶斯网络每一节点的单一父辈节点，TAN 考虑为每个节点增加第二个父辈节点。如果排除类节点和其相应的所有连线，假设只有一个节点没有增加第二个父辈节点，结果分类器包含一个以没有父辈节点作为根节点的树结构，这也是这一结构名称的由来。TAN 也是当前贝叶斯网络分类器学习算法中性能较好的。

1．增强贝叶斯网络的朴素贝叶斯分类器

增强贝叶斯网络的朴素贝叶斯分类器（BN Augmented Naive Bayesian，BAN）结构进一步扩展了 TAN 结构，它允许属性之间形成任意的有向图，如图 11-4 所示。目前，并没有十分有效的学习这种结构的算法。BAN 结构的研究主要有：Friedman 提出了一种基于 MDL 评分函数的 BAN 学习算法，Cheng 和 Greiner 从条件独立性检验的角度给出了学习算法。

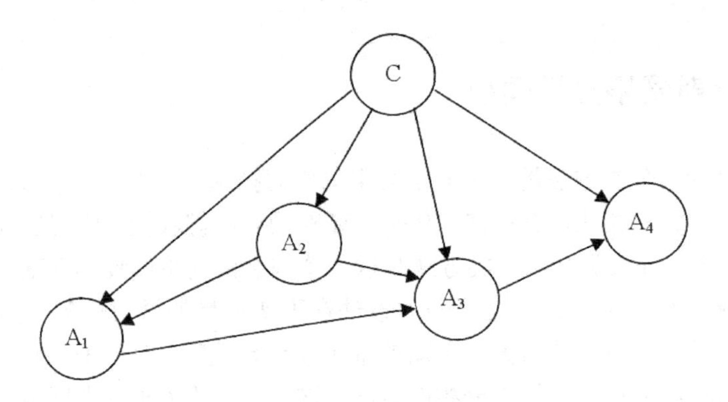

图 11-4　BAN 模型

2．通用贝叶斯网分类器

通用贝叶斯网分类器（General Bayesian Network，GBN）不同于前面几种结构都把类别节点作为一种特殊的节点来对待，而 GBN 将类别节点与属性节点视为同等级的节点，如图 11-5 所示。这种结构学习需要获得一个完整的贝叶斯网络，而分类问题可以看作一种特殊的推理过程或决策问题。GBN 认为整个数据集只有一个单一的概率依赖关系，因此当整个数据集单一分布时，GBN 性能会好一些。

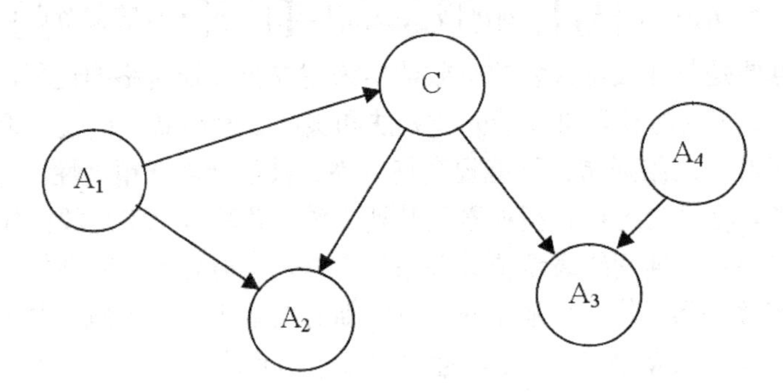

图 11-5　GBN 模型

3．贝叶斯网分类器

贝叶斯网分类器（Bayes Multi-Net Classifier，BMN）是由多个子贝叶斯网络分类器组成。每个子网的分类节点是类别节点的一个取值，该节点的概率是类节点取值的先验概率，其他节点不变，如图 11-6 所示。BMN 结构是 BAN 结构的一种扩展，BAN 规定每个类别下属性之间的关系都相同，而 BMN 则认为不同类别下的属性之间的关系可以不同。从结构上来看，BMN 比 BAN 更简洁，由于 BMN 中的每个子网内的局部结构比 BAN 简单，而在 BAN 中要表示出所有属性之间的关系可能需要更复杂的结构。

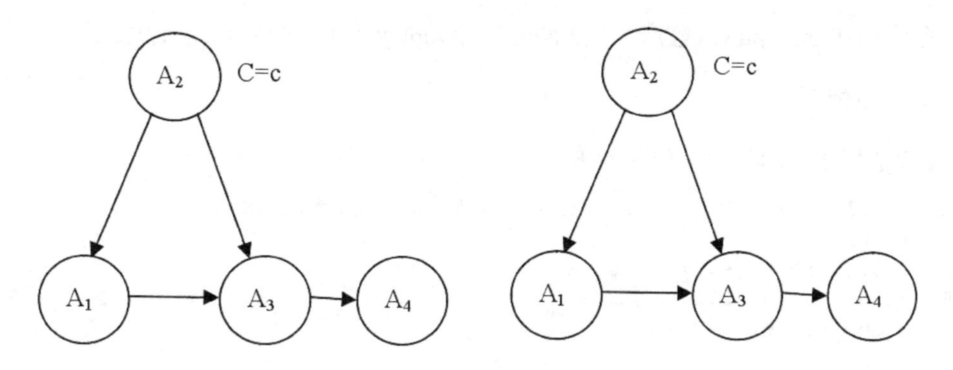

图 11-6　BMN 模型

11.3　朴素贝叶斯分类器在破产预测中的应用

朴素贝叶斯分类是常用的分类算法，其实质是通过先验概率来计算后验概率。它可以用来做很多有意义的事情。生活中也有很多场合需要用到分类，如新闻分类、病人分类等。本节将介绍朴素贝叶斯分类器在企业破产预测中的应用。

11.3.1　数据集

为了验证朴素贝叶斯分类器的分类效果，本节选择 Martin.A，Uthayakumar.j 和 Nadarajan.m 采集的企业破产定性数据集作为训练和测试数据。本实验所用的数据集来自 UCI 机器学习数据库 http://archive.ics.uci.edu/ml/datasets/Qualitative_Bankruptcy。

数据集的基本信息如下：

- 数据集名称：Qualitative_Bankruptcy database；
- 作者：Martin.A, Uthayakumar.j 和 Nadarajan.m；
- 样本数：250；
- 特征数：6；
- 特征描述（1-Positive，0-Average，2-negative）如下：
  - ➢ Industrial Risk（行业风险）: {1，0，2}；
  - ➢ Management Risk（管理风险）: {1，0，2}；
  - ➢ Financial Flexibility（财务灵活性）: {1，0，2}；
  - ➢ Credibility（信誉）: {1，0，2}；
  - ➢ Competitiveness（竞争力）: {1，0，2}；
  - ➢ Operating Risk（经营风险）: {1，0，2}。

类别（1-Bankruptcy（破产），0-Non-Bankruptcy（非破产））：{1,0}。

1．读取数据

读取数据集中的数据，代码如下：

```
A = np.loadtxt('D: \Qualitative_Bankruptcy.data1.txt',dtype='int',
delimiter=',')
B = np.split(A,[6,7],axis=1)
Bankrupt_data = B[0]
Bankrupt_target = B[1]
```

2．切分数据集

切分数据集，其中 80%用于训练，20%用于测试：

```
x_train, x_test, y_train, y_test = train_test_split(Bankrupt_data,\
                       Bankrupt_target, test_size = 0.2,random_state = 0)
```

11.3.2 训练多项式朴素贝叶斯模型

首先导入所需要的库和方法：

```
import numpy as np
from sklearn.cross_validation import train_test_split
from sklearn.naive_bayes import MultinomialNB
from sklearn.metrics import precision_recall_curve
from sklearn.metrics import classification_report
#调用 MultinomialNB 分类器
clf = MultinomialNB().fit(x_train, y_train)
```

然后进行预测，代码如下：

```
doc_class_predicted = clf.predict(x_test)
```

最后显示预测结果，代码如下：

```
precision, recall, thresholds = precision_recall_curve(y_test, clf.predict
(x_test))
answer = clf.predict_proba(x_test)[:,1]
```

数据变量空间如图 11-7 所示。

从图 11-8 输出的测试结果中可以看出，本次所训练的多项式朴素贝叶斯分类器在包含 50 个测试样本上的总预测精度达到了 0.74，其中预测为正类（破产）的样本数为 21 个，精度为 0.60；预测为负类（非破产）的测试样本数为 29 个，精度为 0.85；而召回率正类为 0.86，负类为 0.59，总的召回率为 0.70。正类和负类的 F1 值分别为 0.71 和 0.69，总的 F1 值为 0.70。此次所训练的朴素贝叶斯分类器分类性能比较准确，但还有很大的改进空间。另外，朴素贝叶斯分类算法的执行时间非常短，由此可以验证，朴素贝叶斯分类算法相较于其他分类算法的时间复杂度更低。

Name	Type	Size	Value
A	int32	(250, 7)	array([[1, 1, 0, ..., 0, 1, 0], [2, 2, 0, ..., 0, 2, 0], ...
B	list	3	[Numpy array, Numpy array, Numpy array]
Bankrupt_data	int32	(250, 6)	array([[1, 1, 0, 0, 0, 1], [2, 2, 0, 0, 0, 2],
Bankrupt_target	int32	(250, 1)	array([[0], [0],
answer	float64	(50,)	array([0.58785517, 0.09960671, 0.70112998, ...
doc_class_predicted	int32	(50,)	array([1, 0, 1, ..., 0, 1, 1])
precision	float64	(3,)	array([0.42, 0.6 , 1.])
recall	float64	(3,)	array([1. , 0.85714286, 0.])
report	bool	(50,)	ndarray object of numpy module
thresholds	int32	(2,)	array([0, 1])
x_test	int32	(50, 6)	array([[1, 2, 2, 2, 2, 2], [2, 2, 0, 1, 0, 2],
x_train	int32	(200, 6)	array([[1, 1, 0, 1, 1, 1], [0, 0, 2, 2, 2, 1],
y_test	int32	(50, 1)	array([[1], [0],
y_train	int32	(200, 1)	array([[0], [1],

图 11-7　变量空间

进行代码，输出结果如图 11-8 所示。

```
Python 3.6.4 |Anaconda, Inc.| (default, Jan 16 2018, 10:22:32) [MSC v.1900 64 bit
(AMD64)]
Type "copyright", "credits" or "license" for more information.

IPython 6.2.1 -- An enhanced Interactive Python.

In [1]: runfile('C:/Users/Jiang Tong/Desktop/Bankrupt_NB.py', wdir='C:/Users/Jiang Tong/
Desktop')
0.484
             precision    recall  f1-score   support

        neg       0.85      0.59      0.69        29
        pos       0.60      0.86      0.71        21

avg / total       0.74      0.70      0.70        50

D:\Anaconda3\lib\site-packages\sklearn\cross_validation.py:41: DeprecationWarning: This
module was deprecated in version 0.18 in favor of the model_selection module into which
all the refactored classes and functions are moved. Also note that the interface of the
new CV iterators are different from that of this module. This module will be removed in
0.20.
  "This module will be removed in 0.20.", DeprecationWarning)
D:\Anaconda3\lib\site-packages\sklearn\utils\validation.py:578: DataConversionWarning: A
column-vector y was passed when a 1d array was expected. Please change the shape of y to
(n_samples, ), for example using ravel().
  y = column_or_1d(y, warn=True)

In [2]:
```

图 11-8　代码执行结果

11.4 在 线 学 习

在线学习（Online Learning）是机器学习的模型之一，也可以说它并不是一种模型，而是一种模型的训练方法。Online Learning 能够根据线上反馈数据，实时快速地进行模型调整，使得模型能及时反映线上的变化，提高线上预测的准确率。Online Learning 的流程包括：将模型的预测结果展现给用户，然后收集用户的反馈数据，再用来训练模型，形成闭环的系统。可以再将其细分为线性模型的在线学习和非线性模型的在线学习。

11.4.1 线性模型的在线学习

1. 感知器学习算法

感知器（perceptron）是对一种分类学习机模型的称呼，属于有关机器学习仿生学领域中的问题。感知器是很多复杂算法的基础，其“赏罚概念”（reward-punishment）在机器学习算法中得到了广泛应用：分类正确时，对权重向量 $\boldsymbol{w}$“赏”，即权重向量不变；分类错误时，对权重向量 $\boldsymbol{w}$“罚”，即对其修改，向正确的方向转换。

对于权重向量 $\boldsymbol{w}$，如果某个样本特征向量 $\boldsymbol{x}$ 被错误分类，则 $\boldsymbol{w}^T\boldsymbol{x}_i \leqslant 0$。可以用对所有错分样本的求和来表示对错分样本的惩罚：

$$J_p(\boldsymbol{w}) = \sum_{i\in\Gamma}(-\boldsymbol{w}^T\boldsymbol{x}_i) \tag{11-30}$$

其中，Γ 是超平面错分的样本的下标集，$J_p(\boldsymbol{w})$为风险泛函。当且仅当满足条件：

$$J_p(\boldsymbol{w}^*) = \min J_p(\boldsymbol{w}) = 0 \tag{11-31}$$

该权重 $\boldsymbol{w}^*$是解向量。感知器准则函数的最小化可以使用梯度下降迭代算法求解：

$$\boldsymbol{w}_t = \boldsymbol{w}_{t-1} - \eta\nabla J_p(\boldsymbol{w}) \tag{11-32}$$

其中，t 为迭代次数，$\eta>0$ 为调整的步长。根据式（11-30），可知：

$$\nabla J_p(\boldsymbol{w}) = \frac{\partial J_p(\boldsymbol{w})}{\partial \boldsymbol{w}} = \sum_{i\in\Gamma}(-\boldsymbol{x}_i) \tag{11-33}$$

因此，迭代修正的式（11-32）变为：

$$\boldsymbol{w}_t = \boldsymbol{w}_{t-1} - \eta\sum_{i\in\Gamma}(-\boldsymbol{x}_i) \tag{11-34}$$

即在每一步迭代时把错分的样本按照某个系数叠加到权重向量上。显然，感知器算法是一种赏罚过程，这是机器学习中最早的以在线学习方式实现的算法，可以解决线性可分的问题。感知器的出现推动了机器学习的发展。但当样本线性不可分时，感知器算法不会收敛，这种情况需要使用核感知器算法。

在线学习算法还可以采用二阶信息，即数据的方差信息，进一步提高算法的精度，如二阶感知器和置信加权算法。

二阶感知器是对感知器的直接拓展，其预测的标签值由之前的权重向量、定值单位矩阵与更新增广矩阵之和的逆矩阵与当前样本的乘积获得，其中增广矩阵是将错分的数据以列的形式排放，之前的权重向量则是根据感知器的更新公式进行更新的。

置信加权算法保持每个特征的不同置信度，当权值更新时，具有较低置信度的特征对应的权值更新较激进；具有较高置信度的特征对应的权值更新则较保守。由于其权值假设为高斯分布，因此该模型引入了二阶信息。

2. 在线稀疏解学习算法

随着压缩感知技术的兴起，L 范式最小正则化得到了进一步关注。其中一个著名的模型是 LASSO，可学习出模型的参数并做出特征选择。由于 L 范式最小化时，其最优值仅能在边界上获得（即不会选取某些坐标轴），因此可以获得稀疏解。在批量训练的时候，通常由于整体训练可以获得稀疏解。但是，在线训练采用的随机梯度下降法的每一步很难保证解的稀疏性，因此需要额外的方法获得稀疏解。

获得稀疏解最直接的方法就是梯度截取法，当更新的权重值低于一定的阈值时，则将其权重值设为 0；否则继续更新。梯度截取法一个样本的渐近解与 LASSO 回归是等效的，当特征数目相当大时可以产生稀疏权重向量。相对于随机梯度下降法，梯度截取法在反面情况下对性能的损害更小。另外，梯度截取法的稀疏程度是连续的，可以通过参数实现从无稀疏到全稀疏的控制。

获得稀疏解另一个典型的方法是前进后退分离法。其前进的步骤是根据新来的样本计算其梯度并获得更新的权值，再通过使 L 范式最小化回退获得稀疏解。具体地说就是算法框架分为两个阶段进行更替。每次迭代首先执行一个无约束的梯度下降步骤；然后求解一个样本优化问题，要求正则化项最小化，同时保持与第 1 阶段结果足够近。两个阶段方法当正则化函数与 L 范式相关时产生稀疏解。该理论框架具有很强的拓展性，不仅可用于 L 范式最小化，还可以用于 L2 范式、L2 范式的平方、混合范式最小化等模型。

获得稀疏解另一个不同的方法是正则化对偶平均法。这种方法的目标函数是两凸项之和：首先是学习任务的损失函数；其次是正则化项，如用 L 范式提升稀疏性。对偶平均方法每次迭代的学习变量通过求解一个简单的最小优化问题更新，该问题不只是与损失函数偏梯度有关，而且涉及过去所有损失函数偏梯度的平均值和整个正则化项。在 L 正则化情形下，该方法在获得稀疏解方面特别有效。正则化对偶平均法主要有 3 个步骤：第 1 步，计算损失函数的偏梯度值；第 2 步，求过去所有损失函数偏梯度的平均值；第 3 步，通过学习变量闭式解获得更新权值。该方法的第 3 步由于带有 L 范式，可以获得稀疏解。

上述的后两种在线稀疏解学习算法都可获得 $O(1/\sqrt{T})$的收敛率，其中 T 为运行的次数。算法的特性是低计算复杂性常常与算法的低收敛率联系在一起。

11.4.2 非线性模型的在线学习

非线性模型需要将样本的特征向量 x 映射到高维空间。然而直接寻找非线性映射往往很难，所以使用核函数 $K(x,y)=\langle \Phi(x),\Phi(y),\rangle$ 实现模型的非线性化。核函数可以有效衡量两个样本之间的相似度。使用最多的核函数主要有以下 4 类：

- 线性核；
- 多项式核；
- 径向基核；
- sigmoid 核。

1. 核感知器

核感知器（kernel perceptron）是应用核函数的思想推广的线性感知器算法，构造出基于核函数的非线性感知器，从而有效地提高算法的分类能力。

如果初始的权重向量取为零向量，调整步长值 n=1，那么，Rosenblatt 感知器算法的权重向量 $\boldsymbol{w}$ 在迭代过程中通过加减样本向量来完成其更新，也就是说，最终的权重向量是某些样本向量的线性组合。所以，可以把线性感知器的权重向量等效表示成：

$$\boldsymbol{w}_t=\sum_{i=1}^{t}\beta_i\boldsymbol{x}_i \tag{11-35}$$

其中，$\beta\geqslant 0$（i=1，2, ⋯, t）为反映时刻 i 每个样本在权重向量中所起作用的参数。

由于非线性模型是通过非线性映射 $\boldsymbol{\Phi}$ 把样本的特征向量 $\boldsymbol{x}$ 变换到高维的再生核希尔伯特空间 H，于是：

$$\boldsymbol{w}_t^{\mathrm{H}}=\sum_{i=1}^{t}\beta_i\boldsymbol{\Phi}(\boldsymbol{x}_i) \tag{11-36}$$

$$f_t^{\mathrm{H}}(\boldsymbol{x})=\boldsymbol{w}_t^{\mathrm{H}T}\boldsymbol{\Phi}(\boldsymbol{x})=\sum_{i=1}^{t}\beta_iK(\boldsymbol{x}_i,\boldsymbol{x}) \tag{11-37}$$

$$\hat{y}_t^{\mathrm{H}}(x)=sign(f_{\mathrm{H}}(x))=sign(\sum_{i=1}^{t}\beta_iK(\boldsymbol{x}_i,\boldsymbol{x})) \tag{11-38}$$

由式（11-36）不难看出，t 时刻基于核函数的权重向量的更新与之前所有错分的样本有关。因此，当样本分类出错时，需要将该样本加入支持向量集合 S_t（或称为有效集）；同时，在线学习算法根据当前样本的核函数自动更新有效集中的所有权值系数。

2. 核在线被动-主动算法

非线性模型通常使用核函数实现模型的非线性化。基于核的算法，例如支持向量机在大量批处理问题上取得了非凡的成功。然而这些批处理方法由于是提前得到所有训练数据，所以对实时应用的在线学习方法用处不大。

再生核希尔伯特空间的在线学习，通常是当样本分类出错时，该样本加入支持向量集（或称为有效集）；同时，在线学习算法根据当前样本的核函数自动更新有效集中的所有权值系数。典型的算法除了核感知器外，还有核在线梯度下降法和核在线被动-主动算法。核在线梯度下降法是按照梯度下降法使目标函数最小正则化。随着样本的不断增加，有效集合中核函数的系数以某一常数值衰减。

下面分析基于核的在线被动-主动算法。因为前面讨论的线性预测器的形式为 *sign*（$\boldsymbol{w}^{\mathrm{T}}\boldsymbol{x}$），通过使用核函数，可以很容易地泛化在线被动-主动算法。$\boldsymbol{w}_t$ 可以等效表示为：

$$\boldsymbol{w}_t=\sum_{i=1}^{t-1}\tau_i y_i \boldsymbol{x}_i \tag{11-39}$$

因此：

$$\boldsymbol{w}_t^T\boldsymbol{x}_t=\sum_{i=1}^{t-1}\tau_i y_i(\boldsymbol{x}_t^T\boldsymbol{x}_i) \tag{11-40}$$

式（11-40）右边的 $\boldsymbol{w}_t^T\boldsymbol{x}_t$ 内积形式可以很方便地换成核函数 $\boldsymbol{K}(\boldsymbol{x}_t,\boldsymbol{x}_i)$。在线被动-主动算法由于具有闭式解和理论的支持，而且适用面广，因此不仅可用于解决二类分类问题，还可以解决回归、单类分类和多类分类等问题，在业界得到了广泛应用。

从以上分析可以看出，核在线学习算法存在的一个问题是，随着样本增多，有效集合中支持向量的个数会不断增大。若样本的个数是无穷的，则该集合中支持向量的个数趋于无穷。核在线梯度下降法解决此问题的做法是通过截取法把核系数特别小的值设为 0。此外，学术界特别提出了各种固定缓冲器（fixed budget）的方法来处理这个问题。

11.5　Bandit 在线学习算法

Bandit 算法来源于历史悠久的赌博学，它要解决的问题是这样的：一个赌徒，要去摇老虎机，走进赌场一看，一排老虎机外表一模一样，但是每个老虎机吐钱的概率不一样，他不知道每个老虎机吐钱的概率分布是什么，那么每次选择哪个老虎机可以做到最大化收益呢？这就是多臂赌博机问题（Multi-armed bandit problem）和 K-摇臂赌博机（K-armed bandit）。

怎么解决这个问题呢？最好的办法是去试一试，不是盲目地试，而是有策略地快速试一试，这些策略就是 Bandit 算法。

这个多臂问题，推荐系统里很多问题都与它类似：

假设一个用户对不同类别的内容感兴趣的程度不同，那么推荐系统初次见到这个用户时，怎么快速地知道他对每类内容的感兴趣程度呢？这就是推荐系统的冷启动。

假设有若干广告库存，怎么知道该给每个用户展示哪个广告，从而获得最大的点击收益呢？是每次都挑效果最好的那个吗？那么新广告如何才有出头之日？

如果算法工程师又想出了新的模型，有没有比 A/B test 更快的方法知道它和旧模型相比谁更靠谱呢？

如果只是推荐已知的用户感兴趣的物品，如何才能科学地冒险给他推荐一些新鲜的物品呢？

11.5.1 Bandit 算法与推荐系统

在推荐系统领域里，有两个比较经典的问题常被人提起，一个是 EE 问题，另一个是用户冷启动问题。

什么是 EE 问题？EE 问题又叫 Exploit-Explore 问题。Exploit 就是：对用户比较确定的兴趣，当然要充分利用并深挖，比如已经挣到的钱，当然要花；Explore 就是：一直向用户推荐固定的兴趣范围，用户很快会腻，所以要不断探索用户新的兴趣才行，这就好比虽然有一点钱可以花了，但是还得继续挣钱，不然钱花完了就得喝西北风。用户冷启动问题，也就是面对新用户时，如何能够通过若干次实验，猜出用户的大致兴趣。推荐系统冷启动可以用 Bandit 算法来解决一部分问题。

这两个问题本质上都是如何选择用户感兴趣的主题进行推荐，比较符合 Bandit 算法背后的 MAB 问题。比如，用 Bandit 算法解决冷启动的大致思路如下：用分类或者 Topic 来表示用户的每个兴趣，也就是 MAB 问题中的臂（Arm），可以通过几次试验刻画出新用户心目中对每个 Topic 的感兴趣概率。这里，如果用户对某个 Topic 感兴趣（提供了显式反馈或隐式反馈），就表示得到了收益，如果推给了他不感兴趣的 Topic，推荐系统就表示很遗憾（regret）了。如此经历“选择→观察→更新→选择”的循环，理论上是越来越逼近用户真正感兴趣的 Topic。

11.5.2 常用 Bandit 算法

假设桌上有 5 枚硬币，每次可以选择其中一枚硬币掷出，如果掷出正面，你将得到 100 元奖励。掷硬币的次数有限（比如 10000 次）。显然，如果要拿到最多的利益，你要做的就是尽快找出“能投掷出正面概率最大”的硬币，然后就可以拿它赚钱了。这个问题看似是数学问题，其实在日常生活中也经常遇见类似问题。

1. Random算法

每次随机选择一枚硬币进行投掷。如果不能胜过这个策略，就不必继续了。

2. Naive算法

先给每个硬币一定次数的尝试，比如每个硬币掷 10 次，根据每个硬币正面朝上的次数，选择正面频率最高的那个硬币作为最佳策略。这也是大多数人能想到的方法。

但是这个策略有几个明显问题：

- 10 次尝试真的“靠谱”吗？最差的硬币也有可能在这 10 次内有高于最好硬币的正面次数。
- 假设你选到的这个硬币在投掷次数多了后发生了问题（比如掉屑），改变了其属性，导致其正面的概率大大降低，如果你还用它，那不是吃大亏了？（这是对变量的考虑）
- 就算你给一个硬币 10 次机会，如果硬币很多的情况下，给每个硬币 10 次机会是不是太费时间了呢？

3．Epsilon-Greedy算法

有了前两个做法做“垫背”，可以开始让 Bandit 登场了。Epsilon-Greedy 就是一种很机智的 Bandit 算法：它让每次机会以 ε 的概率去“探索”，1-ε 的概率来“开发”。即如果一次机会落入 ε 中，就随机选择一个硬币来投掷，否则就选择先前探索到正面概率最大的硬币。这个策略有两个好处：

- 它能够应对变化，如果硬币“变质”了，也能及时改变策略。
- Epsilon-Greedy 机制让玩的过程更有趣，有时“探索”，有时“赚钱”。

在此基础上，又能引申出很多值得研究的问题，比如 ε 应该如何设定呢？它应不应该随着时间而变？因为随着探索次数的增多，合适的选择自然显得比较明显了。ε 设定得大则会使得模型有更大的灵活性（能更快地探索到未知，适应变化）；ε 设定得小则会有更好的稳定性（有更多机会去“开发”）。

4．UCB算法

在统计学中，对于一个未知量的估计，总能找到一种量化其置信度的方法。最普遍的分布正态分布就是估计量的期望。比如掷一个标准的 6 面骰子，投掷次数不限，它的平均值是 3.5（（42+3+4+5+6）/6），而如果只掷一次，比如投掷的点数是 2，那么对平均值的估计只能是 2，同时，因为只投掷一次，置信度当然低。投掷次数不限情况下，95%置信区间表示投掷骰子的点数 95%的概率在该区间内。

UCB（Upper Confidence Bound，置信上限）就是以均值的置信上限为代表的预估值。上面是一个例子，其中是对期望的预估，是尝试次数，可以看到对的尝试越多，其预估值与置信上限的差值就越小，也就是越有置信度。

这个策略的好处是，能让没有机会尝试的硬币得到更多尝试的机会，将整个探索+开发的过程融合到一个公式里面，会很完美。

5．Thompson sampling算法

Thompson sampling 算法简单实用，因为它只用一行代码就可以实现。下面简单介绍它的原理，要点如下：

（1）假设每次掷硬币是否产生收益其背后有一个概率分布，产生收益的概率为 p。不断地试验，估计出一个置信度较高的“概率 p 的概率分布”就能近似解决这个问题了。

(2)怎么能估计“概率 p 的概率分布”呢？答案是假设概率 p 的概率分布符合 beta(wins, lose)分布，它有两个参数：wins 和 lose。

（3）每次掷硬币都维护一个 beta 分布的参数。每次试验后，有收益则 wins 增加 1，否则 lose 增加 1。

（4）每次选择硬币的方式是：用每个硬币出现的 beta 分布产生一个随机数 b，选择所有硬币产生的随机数中最大的那个硬币去抛掷。

11.6 Bandit 算法原理及实现

Bandit 算法是在线学习的一种，一切通过数据收集而得到的概率预估任务，都能通过 Bandit 系列算法进行在线优化。这里的“在线”，指的不是互联网意义上的线上，而是指算法模型参数根据观察数据不断演变。

以多臂老虎机问题为例，假设每个臂是否产生收益其背后有一个概率分布，产生收益的概率为 p。只要不断地试验，估计出一个置信度较高的概率 p 的概率分布，就能近似解决这个问题了。

怎么能估计概率 p 的概率分布呢？答案是假设概率 p 的概率分布符合 beta(wins, lose)分布，它有两个参数：wins 和 lose。

每个臂都维护一个 beta 分布的参数。每次试验后，选中一个臂摇一下，如果有收益，该臂的 wins 增加 1，否则，该臂的 lose 增加 1。

beta 参数要在后面的计算中是不断更新的。

beta 分布：对于硬币或者骰子这样的简单实验，事先能很准确地掌握系统成功的概率。然而通常情况下，系统成功的概率是未知的。为了测试系统的成功概率，做 n 次试验，统计出成功的次数 k，于是就可以计算出成功的概率了。然而，由于系统成功的概率是未知的，这个公式计算出的只是系统成功概率的最佳估计。也就是说，实际上也可能是其他值，只是成为其他值的概率较小。

例如，有某种特殊的硬币，事先完全无法确定它出现正面的概率。然后抛 10 次硬币，出现 5 次正面，于是认为硬币出现正面的概率最大可能是 0.5。但是即使硬币出现正面的概率为 0.4，也会出现抛 10 次有 5 次正面的情况。因此并不能完全确定硬币出现正面的概率就是 0.5，所以也是一个随机变量，它符合 beta 分布。

beta 分布是一个连续分布，由于它描述概率的分布，因此其取值范围为 0~1。

连续分布用概率密度函数描述，下面绘制实验 10 次，成功 4 次和 5 次时，系统成功概率的分布情况，如图 11-9 所示。代码如下：

```
import numpy as np
from scipy import stats
```

```
from matplotlib.pyplot import *
n = 10                                                          #实验 10 次
k = 5                                                           #成功 5 次
p = np.linspace(0, 1, 100)
pbeta = stats.beta.pdf(p, k+1, n-k+1)
plot(p, pbeta, label="k=5", lw=2)                               #系统成功 5 次的概率分布情况
k = 4                                                           #成功 4 次
pbeta = stats.beta.pdf(p, k+1, n-k+1)
plot(p, pbeta, label="k=4", lw=2)                               #系统成功 4 次的概率分布情况
xlabel("$p$")
legend(loc="best");
show()
```

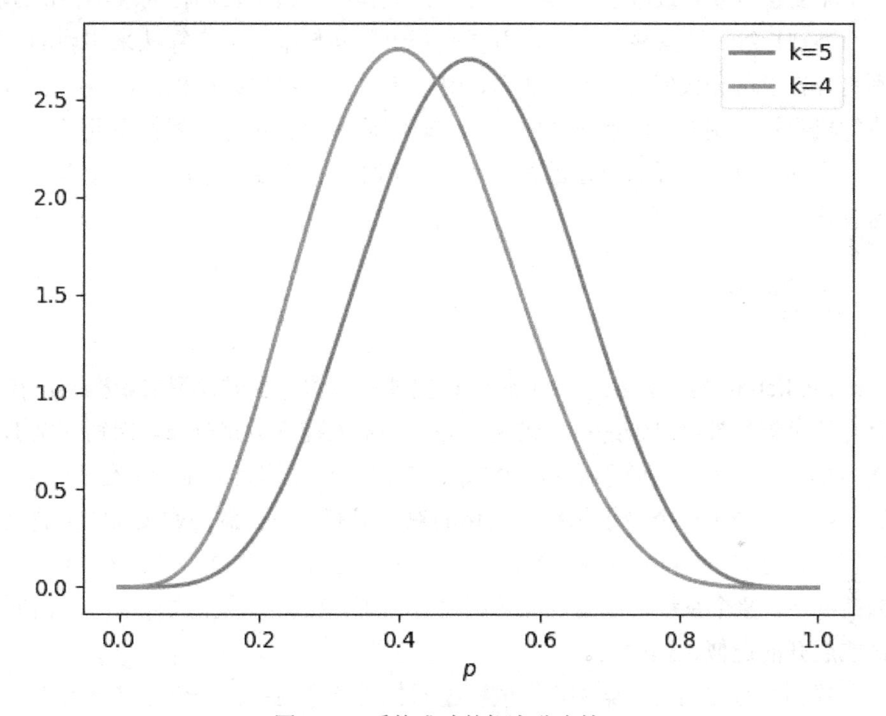

图 11-9　系统成功的概率分布情况

11.7　GAN 网络

自 2014 年 Ian Goodfellow 提出生成对抗网络（GAN）的概念后，生成对抗网络便成为了学术界的一个研究热点，Yann LeCun 更是称之为“过去十年间机器学习领域最让人激动的点子”。生成对抗网络简单介绍如下：

训练一个生成器（Generator，G），从随机噪声或者潜在变量（Latent Variable）中

生成逼真的样本，同时训练一个鉴别器（Discriminator，D）来鉴别真实数据和生成数据，两者同时训练，直到达到一个纳什均衡，生成器生成的数据与真实样本无差别，鉴别器也无法正确地区分生成数据和真实数据。

11.7.1 GAN 产生的背景

深度学习的任务是发现丰富的层次模型，这些模型在人工智能领域里用来表达各种数据的概率分布，例如自然图像，包含语音的音频波形及自然语言语料库中的符号等。到目前为止，在深度学习领域最成功的模型便是判别式模型，通常它们将高维丰富的感知器输入、映射到类别标签。这些显著的成功主要是基于反向传播和丢弃算法来实现的，特别是具有特别良好梯度的分段线性单元。然而，由于在最大似然估计和相关策略中会遇见许多难以解决的概率计算困难，而且在生成上下文时很难利用使用分段线性单元的好处，导致深度生成模型的使用效果没有需求的那么大，这个时候就需要一个新的生成模型估计方法来避开这些难题。

11.7.2 模型结构

Ian J. Goodfellow 等人提出了一个通过对抗过程来估计生成模型的新框架，在这个框架中将会有两个模型被同时训练：生成模型 G——用来捕获数据分布，判别模型 D——用来估计样本是来自训练数据而不是 G 的概率。G 的训练过程目的是最大化 D 产生错误的概率。这个框架相当于一个极小化和极大化的双方博弈。在任意函数 G 和 D 的空间中存在唯一的解，此时 G 恢复训练数据分布，并且 D 处处都等于 1/2。在 G 和 D 由多层感知器构成的情况下，整个系统可以用反向传播进行训练。在训练或生成样本时不需要任何马尔可夫链或展开的近似推理网络。

在本节提到的对抗网络框架中，生成模型对抗着一个对手：一个通过学习去判别样本是来自模型分布还是数据分布的判别模型。生成模型可以被认为是一个伪造团队，试图产生假货并在不被发现的情况下使用它，而判别模型类似于警察，试图检测假币。在这个游戏中，竞争驱使着两个团队不断改进他们的方法，直到真假难分为止。

针对多种模型和优化算法，这个框架可以提供特定的训练方法。在本节中，探讨了生成模型将随机噪声传输到多层感知机来生成样本的特例，同时，判别模型也是通过多层感知机实现的。这个特例称为对抗网络。在这种情况下，可以仅使用非常成熟的反向传播和丢弃算法训练两个模型，生成模型在生成样本时只使用前向传播算法，并且不需要近似推理和马尔可夫链作为前提，如图 11-10 所示。

如图 11-10 所示，有一个一代的 Generator，它能生成一些很差的图片，然后有一个一代的 Discriminator，它能准确地把生成的图片和真实的图片分类，简而言之，这个 Discriminator 就是一个二分类器，对生成的图片输出 0，对真实的图片输出 1。

接着，开始训练出二代的 Generator，它能生成稍好一点的图片，能够让一代的 Discriminator 认为这些生成的图片是真实的图片。然后会训练出一个二代的 Discriminator，它能准确地识别出真实的图片和二代 Generator 生成的图片。依此类推，会有三代、四代，直至 n 代的 Generator 和 Discriminator，最后 Discriminator 无法分辨生成的图片和真实图片，这个网络就拟合了。

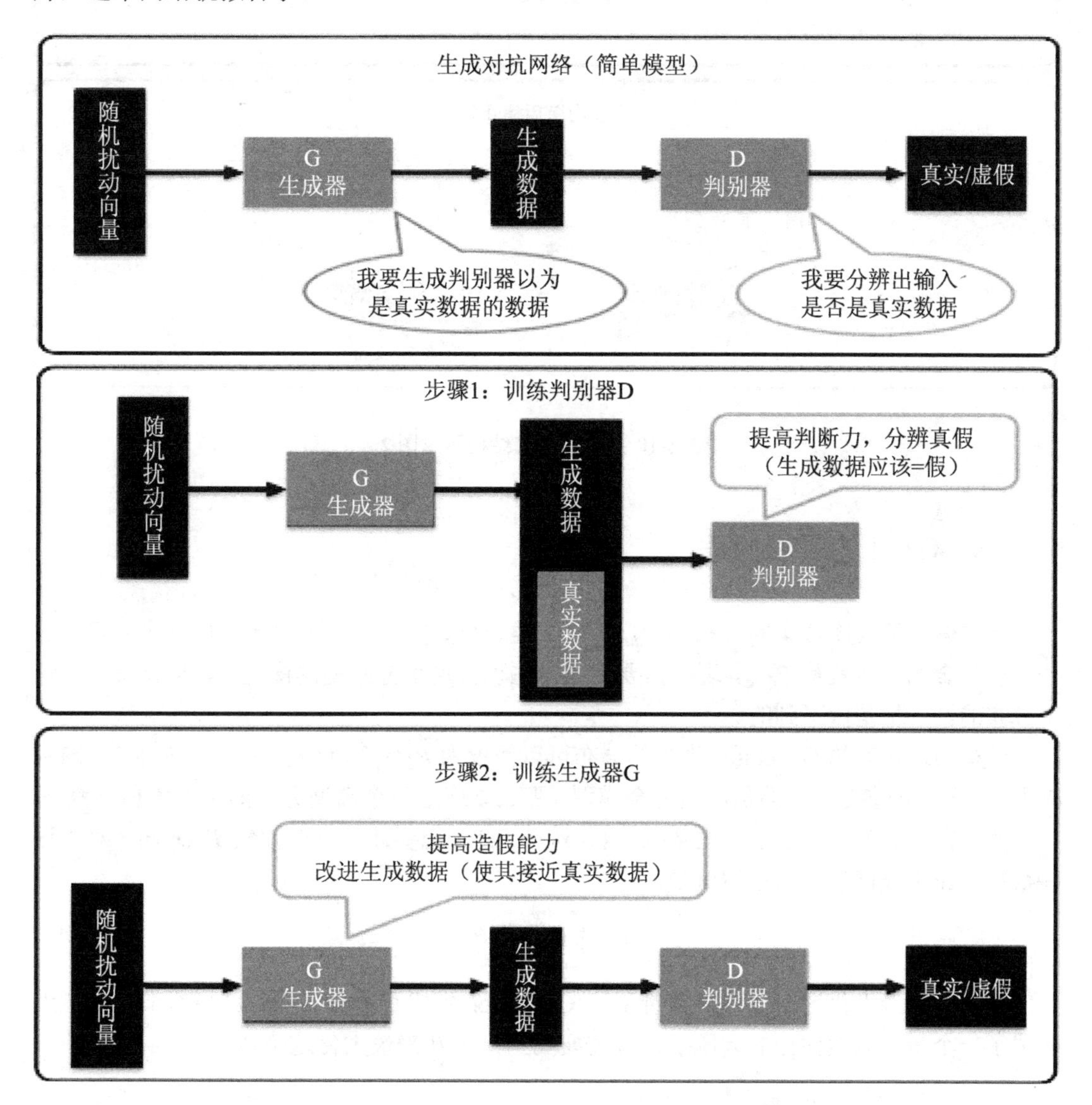

图 11-10　GAN 网络结构示意图 1

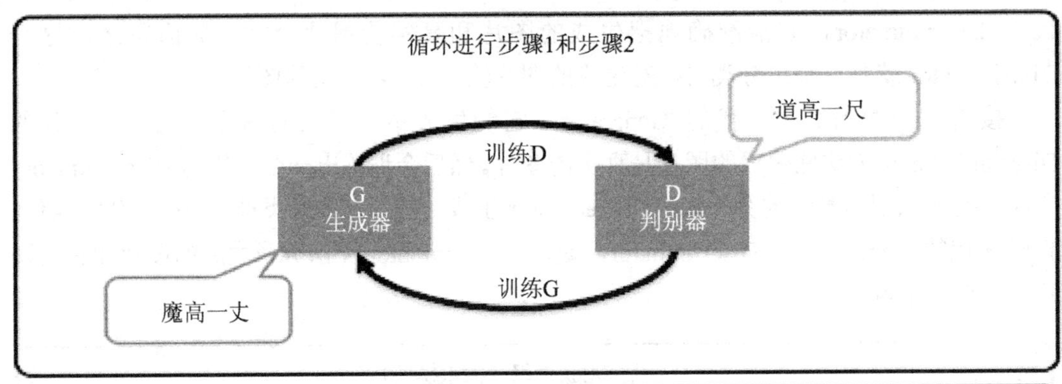

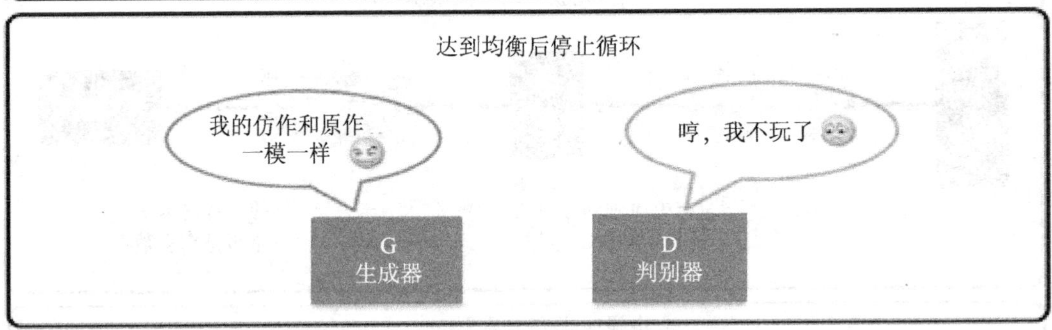

图 11-10　GAN 网络结构示意图 2

11.7.3　GAN 的实现原理

首先假设真实图片集的分布为 $P_{data}(x)$，x 是一个真实图片，可以想象成一个向量，这个向量集合的分布就是 P_{data}。现在需要生成一些也在这个分布内的图片，如果直接就是这个分布的话，怕是做不到的。

结构中现在有的 Generator 生成的分布可以假设为 $P_G(x;\theta)$，这是一个由 θ 控制的分布，θ 是这个分布的参数（如果是高斯混合模型，那么 θ 就是每个高斯分布的平均值和方差）。

假设在真实分布中取出一些数据，$\{x_1,x_2,\cdots,x_m\}$，想要计算一个似然 $P_G(x_i;\theta)$。对于这些数据，在生成模型中的似然就是：

$$L=\prod_{i=1}^{m}P_G(x^i;\theta) \tag{11-41}$$

如果想要最大化这个似然，等价于让 Generator 生成那些真实图片的概率最大。这就变成了一个最大似然估计的问题了，就需要找到一个 θ^* 来最大化这个似然。

$$\theta^*=\arg\max_{\theta}\prod_{i=1}^{m}P_G(x^i;\theta) \tag{11-42}$$

$$= \arg\max_{\theta} \log \prod_{i=1}^{m} P_G(x^i;\theta)$$
$$= \arg\max_{\theta} \sum_{i=1}^{m} \log P_G(x^i;\vartheta)$$
$$\approx \arg\max_{\theta} E_{x\sim P_{data}} [\log P_G(x;\theta)]$$
$$= \arg\max_{\theta} \int_x P_{data}\ (x)\log P_G(x;\theta)\mathrm{d}x - \int_x P_{data}\ (x)\log P_{data}(x)\mathrm{d}x$$
$$= \arg\max_{\theta} \int_x P_{data}\ (x)(\log P_G(x;\theta) - \log P_{data}(x))\mathrm{d}x$$
$$= \arg\min_{\theta} \int_x P_{data}\ (x)\log \frac{P_{data}(x)}{P_G(x;\theta)}\mathrm{d}x$$
$$= \arg\min_{\theta} KL(P_{data}(x) \| P_G(x;\theta))$$

寻找一个 θ^*来最大化这个似然，等价于最大化 log 似然。因为此时这 m 个数据是从真实分布中取的，所以也就约等于真实分布中的所有 x 在 P_G 分布中的 log 似然的期望。

真实分布中的所有 x 的期望，等价于求概率积分，所以可以转化成积分运算，因为减号后面的项和 θ 无关，所以添上之后还是等价的。然后提出共有的项，括号内的反转，max 变 min，就可以转化为 KL divergence 的形式了，KL divergence 描述的是两个概率分布之间的差异。

所以最大化似然，让 Generator 最大概率地生成真实图片，也就是要找一个 θ 让 P_G 更接近于 P_{data}。

那么如何来找这个最合理的 θ 呢？可以假设 $P_G(x;\theta)$是一个神经网络。

首先随机一个向量 z，通过 $G(z)=x$ 这个网络，生成图片 x，那么如何比较两个分布是否相似呢？只要取一组 sample z，这组 z 符合一个分布，那么通过网络就可以生成另一个分布 P_G，然后来比较与真实分布 P_{data}，如图 11-11 所示。

大家都知道，神经网络只要有非线性激活函数，就可以拟合任意的函数，那么分布也是一样的，所以可以一直用正态分布或者高斯分布，取样然后去训练一个神经网络，从而学习到一个很复杂的分布。

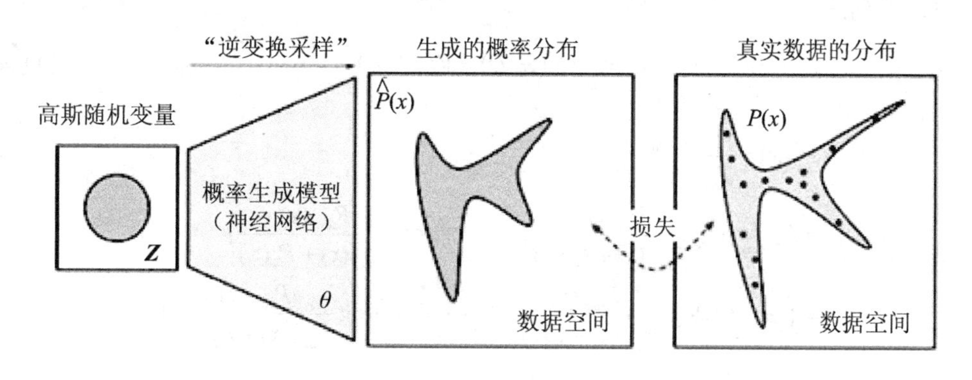

图 11-11　分布生成模型

如何找到更接近的分布，就是 GAN 的贡献了。先给出 GAN 的公式：

$$G^{*}=\arg\min_{G}\max_{D}V(G,D) \tag{11-43}$$

表面上看的意思是，D 要让这个式子尽可能地大，也就是对于 x 是真实分布中，$D(x)$ 要接近于 1，对于 x 来自于生成的分布，$D(x)$要接近于 0；然后 G 要让式子尽可能地小，让来自于生成分布中的 x，$D(x)$尽可能地接近 1。

现在先固定 G，来求解最优的 D：

$$\begin{aligned}V&=E_{x\sim P_{data}}[\log D(x)]+E_{x\sim P_{data}}[\log(1-D(x))]\\&=\int_{x}P_{data}\log D(x)+\int_{x}P_{G}\log(1-D(x))\mathrm{d}x\\&=\int_{x}[P_{data}(x)\log D(x)+P_{G}\log(1-D(x))\mathrm{d}x\end{aligned} \tag{11-44}$$

$$P_{data}(x)\log D(x)+P_{G}(x)\log(1-D(x)) \tag{11-45}$$

$$\frac{\mathrm{d}f(D)}{\mathrm{d}D}=a\times\frac{1}{D}+b\times\frac{1}{1-D}\times(-1)=0 \tag{11-46}$$

$$a\times\frac{1}{D^{*}}=B\times\frac{1}{1-D^{*}}$$

$$a\times(1-D^{*})=b\times D^{*}$$

$$a-aD^{*}=bD^{*}$$

$$D^{*}=\frac{a}{a+b}$$

$$D^{*}(x)=\frac{P_{data}(x)}{P_{data}(x)+P_{G}(x)}$$

对于一个给定的 x，得到最优的 D 如上，范围在(0,1)内，把最优的 D 带入：

$$\max_{D}V(G,D) \tag{11-47}$$

可以得到：

$$\max_{D}V(G,D)=V(G,D^{*}) \tag{11-48}$$

$$\begin{aligned}D^{*}(x)&=\frac{P_{data}(x)}{P_{data}(x)+P_{G}(x)}\\&=E_{x\sim P_{data}}[\log\frac{P_{data}(x)}{P_{data}(x)+P_{G}(x)}]+E_{x\sim PG}[\log\frac{P_{data}(x)}{P_{data}(x)+P_{G}(x)}]\\&=\int_{x}P_{data}(x)\log\frac{P_{data}(x)}{P_{data}(x)+P_{G}(x)}\mathrm{d}x+\int_{x}P_{G}(x)\log\frac{P_{data}(x)}{P_{data}(x)+P_{G}(x)}\mathrm{d}x\end{aligned} \tag{11-49}$$

$$JSD(P\|Q)=\frac{1}{2}D(P\|M)+\frac{1}{2}D(Q\|M) \tag{11-50}$$

$$M = \frac{1}{2}(P+Q) \tag{11-51}$$

$$\begin{aligned} D^*(x) &= \frac{P_{data}(x)}{P_{data}(x)+P_G(x)} \\ &= -2\log 2 + \int_x P_{data}(x)\log\frac{P_{data}(x)}{(P_{data}(x)+P_G(x))/2}\mathrm{d}x + \int_x P_G(x)\log\frac{P_{data}(x)}{(P_{data}(x)+P_G(x))/2}\mathrm{d}x \\ &= -2\log 2 + KL\left(P_{data}(x)\middle\|\frac{P_{data}(x)+P_G(x)}{2}\right) + KL\left(P_G(x)\middle\|\frac{P_{data}(x)+P_G(x)}{2}\right) \\ &= -2\log 2 + 2JSD(P_{data}(x)\|P_G(x)) \end{aligned} \tag{11-52}$$

JS divergence 是 KL divergence 的对称平滑版本，表示两个分布之间的差异，这个推导就表明了上面所说的固定 G。

$$\max_D V(G,D) \tag{11-53}$$

表示两个分布之间的差异，最小值是−2log2，最大值为 0。

现在需要找个 G 来最小化式（11-53）。

观察式（11-53），当 $P_G(x)=P_{data}(x)$时，G 是最优的。

有了上面推导的基础之后，就可以开始训练 GAN 了。结合开头说的两个网络交替训练，可以在开始时有一个 G_0 和 D_0，先训练 D_0 找到：

$$\max_D V(G_0,D_0) \tag{11-54}$$

然后固定 D_0 开始训练 G_0，训练的过程都可以使用 gradient desce。依此类推，训练 $D1$，$G1$，$D2$，$G2$，…。

但是这里有个问题就是，可能在 D_0^*的位置取到了：

$$\max_D V(G_0,D_0) = V(G_0,D_0^*) \tag{11-55}$$

然后更新 G_0 为 G_1，可能：

$$V(G_1,D_0^*) < V(G_0,D_0^*) \tag{11-56}$$

但是并不保证会出现一个新的点 D_1^*使得

$$V(G_1,D_1^*) > V(G_0,D_0^*) \tag{11-57}$$

这样更新 G 就没达到原来应该要的效果，如图 11-12 所示。

避免上述情况发生的方法就是更新 G 的时候，更新幅度不要过大。

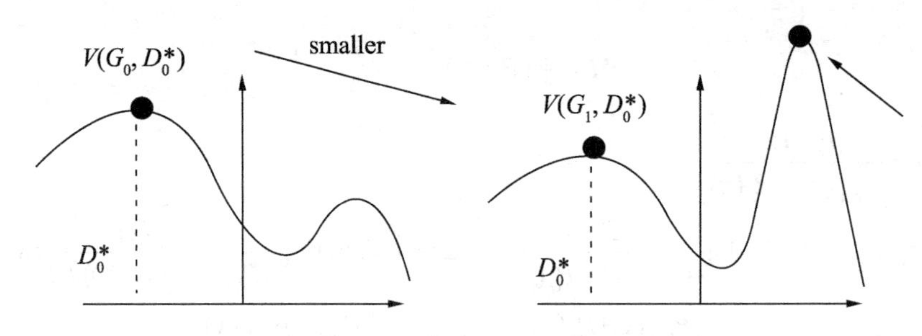

图 11-12　G 网络梯度下降示意图

11.8　DCGAN 网络

DCGAN 的原理和 GAN 是一样的，在上一节已经说明，所以这里不再赘述。二者的区别在于 DCGAN 只是把经典 GAN 中的 G 和 D 换成了两个卷积神经网络（CNN）。但是，并不是直接替换就可以，DCGAN 对卷积神经网络的结构也做了一些改变，以提高样本的质量和收敛的速度。具体有哪些改变，下面将具体介绍。

11.8.1　模型结构

历史上尝试在模型图像上使用 CNN 扩展 GAN 没有取得成功。这激发了 LAPGAN（拉普拉斯金字塔生成对抗网络）的作者开发了一种其他的方法，去迭代高档低分辨率生成图像，使得建模更加稳定。起初在试图使用这种通常在监督学习领域应用的 CNN 框架去扩展 GAN 时也遇到了困难。不过，广泛的模型探索确认了一类能够在一系列的数据集上得到稳定训练及能够训练更高分辨率和更深的生成模型的架构。

GAN 无须特定的 cost function 的优势和学习过程也可以学习到很好的特征表示，但是 GAN 训练起来非常不稳定，经常会使得生成器产生没有意义的输出。而该框架的贡献在于：

- 为 CNN 的网络拓扑结构设置了一系列的限制来使得它可以稳定地训练。
- 使用得到的特征表示来进行图像分类，得到比较好的效果来验证生成的图像特征表示的表达能力。
- 对 GAN 学习到的 filter 进行了定性的分析。
- 展示了生成的特征表示的向量计算特性。
- 相对于 GAN 网络来说，DCGAN 模型结构上需要做如下几点变化：
- 将 pooling 层以 convolutions 替代，其中，在 Discriminator 上用 strided convolutions 替代，在 Generator 上用 fractional-strided convolutions 替代。
- 在 Generator 和 Discriminator 上都使用 batchnorm。解决初始化差的问题，帮助梯度传播到每一层，防止 Generator 把所有的样本都收敛到同一个点。直接将 BN 应用到所有层会导致样本震荡和模型不稳定，通过在 Generator 输出层和 Discriminator 输入层不采用 BN 可以防止这种现象。

- 移除全连接层，global pooling 增加了模型的稳定性，但伤害了收敛速度。
- 在 Generator 的除了输出层外的所有层使用 ReLU，输出层采用 tanh。
- 在 Discriminator 的所有层上使用 LeakyReLU。

DCGAN 的 Generator 网络结构，如图 11-13 所示。

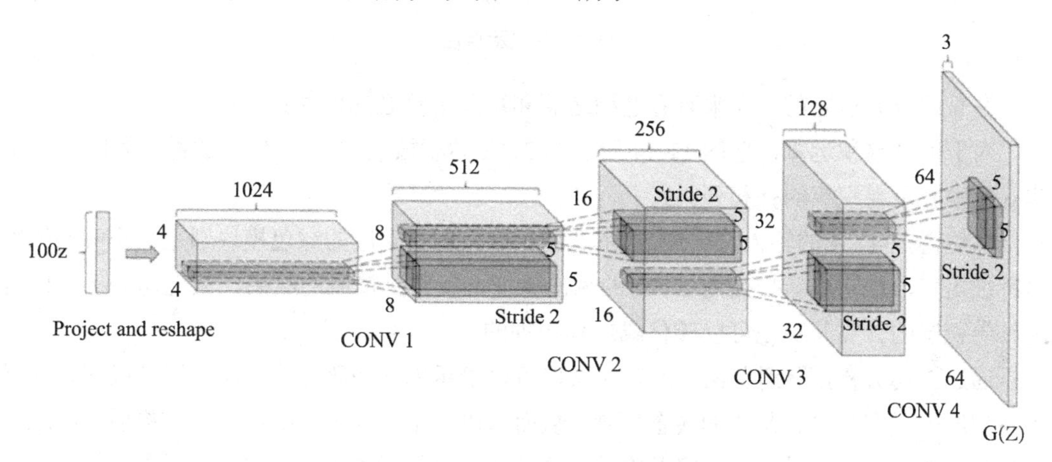

图 11-13　Generator 网络结构

其中，图中的 CONV 层叫做 four fractionally-strided convolution，在其他的资料中也有被称为 Deconvolution（反卷积，关于反卷积的知识将会在下一节详细介绍）。

11.8.2　反卷积

反卷积（Deconvolution）的概念第一次出现是 Zeiler 在 2010 年发表的论文 *Deconvolutional networks* 中，但是并没有指定反卷积这个名字，反卷积这个术语正式被使用是在其之后的工作中（Adaptive deconvolutional networks for mid and high level feature learning）。随着反卷积在神经网络可视化上的成功应用，其被越来越多的工作所采纳，比如场景分割和生成模型等。其中，反卷积也有很多其他的叫法，比如 Transposed Convolution、Fractional Strided Convolution 等。

反卷积，顾名思义是卷积操作的逆向操作。为了方便理解，假设卷积前为图片，卷积后为图片的特征。

1. 卷积与反卷积的关系

卷积，是输入图片，输出图片的特征，理论依据是统计不变性中的平移不变性（translation invariance），起到降维的作用，如下图 11-14 所示。

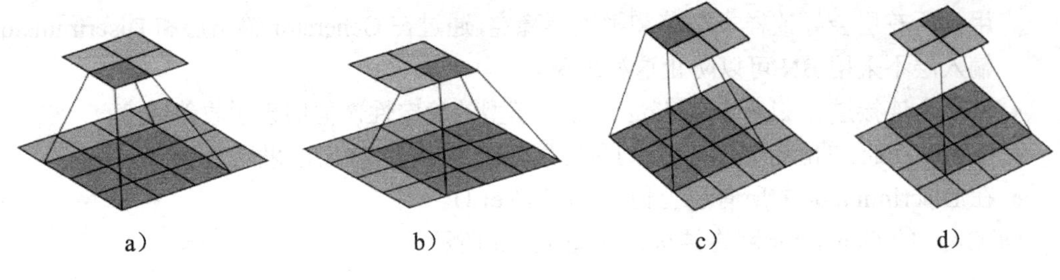

11-14 卷积示意图

在介绍反卷积之前，先来看看卷积运算和矩阵运算之间的关系。

对于上述卷积运算，把图 11-14 所示的 3×3 卷积核展成一个[4,16]的稀疏矩阵，其中非 0 元素表示卷积核的行和列。

然后再把 4×4 的输入特征展成[16,1]的矩阵，那么上层的绿色模块则是一个[4,1]的输出特征矩阵，把它重新排列为 2×2 的输出特征，就得到最终的结果，从上述分析可以看出，卷积层的计算其实是可以转化成矩阵相乘的。

通过上述分析，得到卷积层的前向操作可以表示为和矩阵相乘，那么可以很容易地得到卷积层的反向传播就是和的转置相乘。从而可以看出，其实卷积层的前向传播过程就是反卷积层的反向传播过程，卷积层的反向传播过程就是反卷积层的前向传播过程。所以它们的前向传播和反向传播刚好交换过来。

2. 反卷积的模型

反卷积，是输入图片的特征，输出图片，起到还原的作用。目前使用得最多的 deconvolution 有 2 种：第一种是 full 卷积，完整的卷积可以使得原来的定义域变大；第二种是记录 pooling index，然后扩大空间，再用卷积填充。full 卷积如图 11-15 所示。

图 11-15 中底层左侧蓝色区域为原图像，白色为对应卷积所增加的 padding，通常全部为 0，绿色是卷积后的图片。图 11-15 中卷积的滑动是从卷积核右下角与图片左上角重叠开始进行卷积，滑动步长为 1，卷积核的中心元素对应卷积后图像的像素点。可以看到卷积后的图像是 4×4，比原图 2×2 大了。上一节中的一维卷积前大小是 4×4，卷积后大小是 2×2；这里原图是 2×2，卷积核 3×3，卷积后的结果是 4×4，与一维完全对应起来了。

这里，可以总结出 full、same 和 valid 这 3 种卷积后图像大小的计算公式：

- full 卷积：滑动步长为 1，图片大小为 $N1\times N1$，卷积核大小为 $N2\times N2$，卷积后图像大小为 $N1+N2-1\times N1+N2-1$。如图 11-6 所示，滑动步长为 1，图片大小为 2×2，卷积核大小为 3×3，卷积后图像大小为 4×4；
- same 卷积：滑动步长为 1，图片大小为 $N1\times N1$，卷积核大小为 $N2\times N2$，卷积后图像大小为 $N1\times N1$；

- valid 卷积：滑动步长为 S，图片大小为 $N1 \times N1$，卷积核大小为 $N2 \times N2$，卷积后图像大小为 $(N1-N2)/S+1 \times (N1-N2)/S+1$。

记录 pooling index 卷积，如图 11-16 所示。

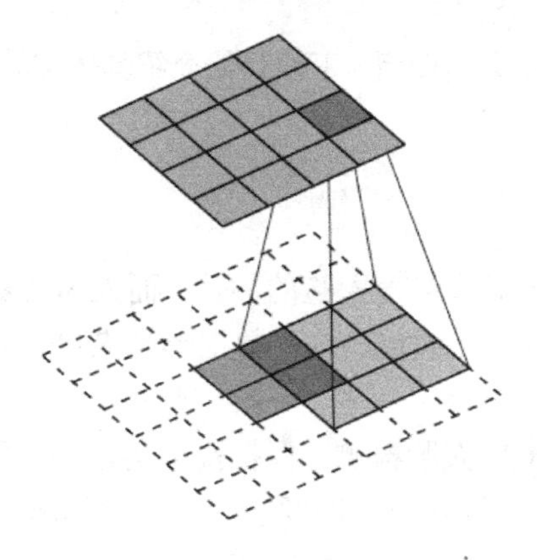

图 11-15　Full 卷积

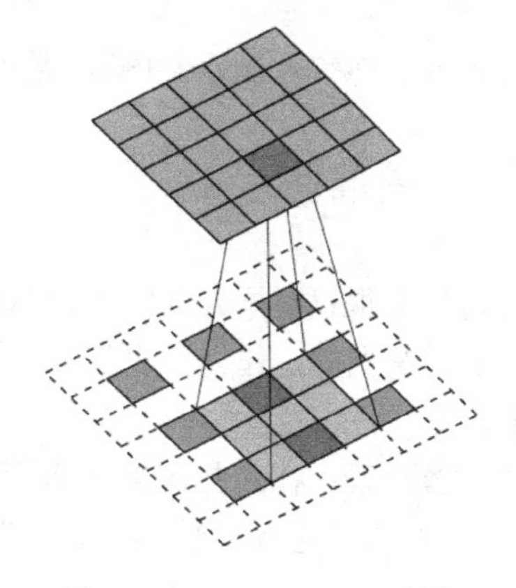

图 11-16　pooling index 卷积

如图 11-16 所示，假设原图是 3×3，首先使用上采样让图像变成 7×7，可以看到图像多了很多空白的像素点。使用一个 3×3 的卷积核对图像进行滑动步长为 1 的 valid 卷积，得到一个 5×5 的图像，使用上采样扩大图片，使用反卷积填充图像内容，使得图像内容变得丰富，这也是 CNN 输出 end to end 结果的一种方法。韩国作者 Hyeonwoo Noh 使用 VGG16 层 CNN 网络后面加上对称的 16 层反卷积与上采样网络实现了 end to end 输出，其不同层上采样与反卷积变化效果如图 11-17 所示。

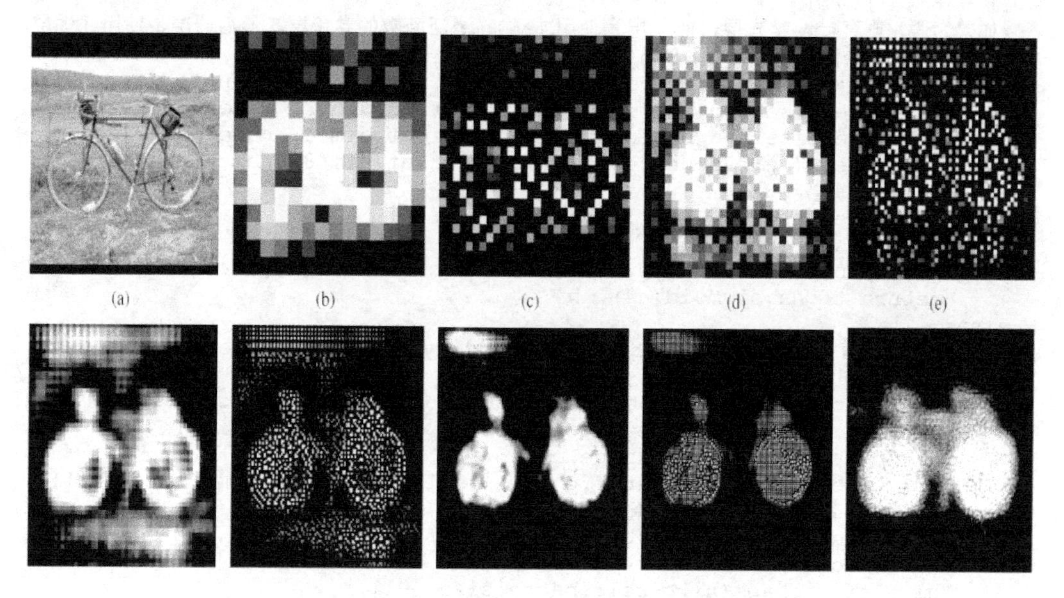

图 11-17　上采样与反卷积变化效果图

11.9 DCGAN 人脸生成

本节将通过 DCGAN 网络来训练数据，从而产生人脸图像。下面开始介绍具体实验过程。

11.9.1 实验准备

数据源的获取：根据人名随机地从网页图片上抓取包含人脸的图片。而人名的获取是从 Dbpedia 上得到的，作为一个标准，他们都是出生在现代。这个数据集是来自 1 万个人的 20 万图像。

数据的预处理：在这些图像上运行一个 OpenCV 人脸检测，保持高分辨率的检测，给了接近 35 万个人脸框图，使用这些人脸框图作为训练数据。图像没有用到数据增强。

11.9.2 关键模块的实现

判别模块代码如下：

```
def discriminator(self, image, y=None, reuse=False):
  with tf.variable_scope("discriminator") as scope:
#在一个作用域 scope 内共享一些变量
    if reuse:
      scope.reuse_variables()
if not self.y_dim:
#如果为假，则直接设置 5 层，前 4 层为使用 lrelu 激活函数的卷积层，最后一层是使用线性层，
最后返回 h4 和 sigmoid 处理后的 h4
      h0 = lrelu(conv2d(image, self.df_dim, name='d_h0_conv'))
      h1 = lrelu(self.d_bn1(conv2d(h0, self.df_dim*2, name='d_h1_conv')))
      h2 = lrelu(self.d_bn2(conv2d(h1, self.df_dim*4, name='d_h2_conv')))
      h3 = lrelu(self.d_bn3(conv2d(h2, self.df_dim*8, name='d_h3_conv')))
      print("h3",h3)
      bb=tf.reshape(h3, [self.batch_size, -1])
      print("h3_reshape",bb)
      h4 = linear(tf.reshape(h3, [self.batch_size, -1]), 1, 'd_h3_lin')
      return tf.nn.sigmoid(h4), h4
else:
#如果为真，则首先将 Y_dim 变为 yb，然后利用 ops.py 文件中的 conv_cond_concat 函数，
连接 image 与 yb 得到 x，然后设置 4 层网络
#前 3 层是使用 lrelu 激励函数的卷积层，最后一层是线性层，最后返回 h3 和 sigmoid 处理后的 h3
      yb = tf.reshape(y, [self.batch_size, 1, 1, self.y_dim])
      x = conv_cond_concat(image, yb)
      h0 = lrelu(conv2d(x, self.c_dim + self.y_dim, name='d_h0_conv'))
      h0 = conv_cond_concat(h0, yb)
      h1 = lrelu(self.d_bn1(conv2d(h0, self.df_dim + self.y_dim, name=
      'd_h1_conv')))
      h1 = tf.reshape(h1, [self.batch_size, -1])
      h1 = concat([h1, y], 1)
```

```
        h2 = lrelu(self.d_bn2(linear(h1, self.dfc_dim, 'd_h2_lin')))
        h2 = concat([h2, y], 1)
        h3 = linear(h2, 1, 'd_h3_lin')
        return tf.nn.sigmoid(h3), h3
```

生成模块代码如下：

```
def generator(self, z, y=None):
  with tf.variable_scope("generator") as scope:
#如果为假：首先获取输出的宽和高，然后根据这一值得到更多不同大小的高和宽的对
#然后获取 h0 层的噪音 z、权值 w 和偏置值 b，然后利用 relu 激励函数
    if not self.y_dim:
      s_h, s_w = self.output_height, self.output_width
      s_h2, s_w2 = conv_out_size_same(s_h, 2), conv_out_size_same(s_w, 2)
      s_h4, s_w4 = conv_out_size_same(s_h2, 2), conv_out_size_same(s_w2, 2)
      s_h8, s_w8 = conv_out_size_same(s_h4, 2), conv_out_size_same(s_w4, 2)
      s_h16, s_w16 = conv_out_size_same(s_h8, 2), conv_out_size_same(s_w8, 2)
      #重定义大小
      self.z_, self.h0_w, self.h0_b = linear(
          z, self.gf_dim*8*s_h16*s_w16, 'g_h0_lin', with_w=True)
      self.h0 = tf.reshape(
          self.z_, [-1, s_h16, s_w16, self.gf_dim * 8])
#h1 层，首先对 h0 层解卷积得到本层的权值和偏置值，然后利用 relu 激励函数
#h2、h3 等同于 h1。h4 层，解卷积 h3，然后直接返回使用 tanh 激励函数后的 h4
      h0 = tf.nn.relu(self.g_bn0(self.h0))
      self.h1, self.h1_w, self.h1_b = deconv2d(
          h0, [self.batch_size, s_h8, s_w8, self.gf_dim*4], name='g_h1',
          with_w=True)
      h1 = tf.nn.relu(self.g_bn1(self.h1))
      h2, self.h2_w, self.h2_b = deconv2d(
          h1, [self.batch_size, s_h4, s_w4, self.gf_dim*2], name='g_h2',
          with_w=True)
      h2 = tf.nn.relu(self.g_bn2(h2))
      h3, self.h3_w, self.h3_b = deconv2d(
          h2, [self.batch_size, s_h2, s_w2, self.gf_dim*1], name='g_h3',
          with_w=True)
      h3 = tf.nn.relu(self.g_bn3(h3))
      h4, self.h4_w, self.h4_b = deconv2d(
          h3, [self.batch_size, s_h, s_w, self.c_dim], name='g_h4', with
          w=True)
      return tf.nn.tanh(h4)
else:
#如果为真：首先也是获取输出的高和宽，根据这一值得到更多不同大小的高和宽的对。然后获取
yb 和噪音 z。h0 层，使用 relu 激励函数，并与 1 连接
#h1 层对线性全连接后使用 relu 激励函数，并与 yb 连接
#h2 层，对解卷积后使用 relu 激励函数，并与 yb 连接。最后返回解卷积、sigmoid 处理后的 h2
      s_h, s_w = self.output_height, self.output_width
      s_h2, s_h4 = int(s_h/2), int(s_h/4)
      s_w2, s_w4 = int(s_w/2), int(s_w/4)
      yb = tf.reshape(y, [self.batch_size, 1, 1, self.y_dim])
      z = concat([z, y], 1)
      h0 = tf.nn.relu(
          self.g_bn0(linear(z, self.gfc_dim, 'g_h0_lin')))
      h0 = concat([h0, y], 1)
      h1 = tf.nn.relu(self.g_bn1(
          linear(h0, self.gf_dim*2*s_h4*s_w4, 'g_h1_lin')))
      h1 = tf.reshape(h1, [self.batch_size, s_h4, s_w4, self.gf_dim * 2])
```

```
        h1 = conv_cond_concat(h1, yb)
        h2 = tf.nn.relu(self.g_bn2(deconv2d(h1,
           [self.batch_size, s_h2, s_w2, self.gf_dim * 2], name='g_h2')))
        h2 = conv_cond_concat(h2, yb)
        return tf.nn.sigmoid(
           deconv2d(h2, [self.batch_size, s_h, s_w, self.c_dim], name='g_h3'))
```

这个文件就是 DCGAN 模型定义的函数，调用了 utils.py 文件和 ops.py 文件。整体步骤如下：

（1）定义 conv_out_size_same(size, stride)函数、大小和步幅。

（2）定义 DCGAN 类。剩余代码都是在写 DCGAN 类中，所以下面几个步骤都是在这个类里进行定义的。

（3）定义类的初始化函数 init( )。主要是对一些默认的参数进行初始化，包括 session、crop、批处理大小 batch_size、样本数量 sample_num、输入与输出的高和宽、各种维度、生成器与判别器的批处理、数据集名字、灰度值和构建模型函数。需要注意的是，要判断数据集的名字是否是 MNIST，如果是，就直接用 load_mnist()函数加载数据，否则，需要从本地 data 文件夹中读取数据，并将图像读取为灰度图。

（4）定义构建模型函数 build_model(self)。首先判断 y_dim，然后用 tf.placeholder 占位符定义并初始化 y。判断 crop 是否为真，如果是，就进行测试，图像维度是输出图像的维度；否则是输入图像的维度。利用 tf.placeholder 定义 inputs，是真实数据的向量。定义并初始化生成器用到的噪音 z 和 z_sum。再次判断 y_dim，如果为真，用噪音 z 和标签 y 初始化生成器 G、用输入 inputs 初始化判别器 D 和 D_logits、样本，用 G 和 y 初始化 D_和 D_logits；如果为假，跟上面一样初始化各种变量，只不过都没有标签 y。将 D、D_和 G 分别放在 d_sum、d__sum 和 G_sum 中。定义 sigmoid 交叉熵损失函数 sigmoid_cross_entropy_with_logits(x, y)，都是调用 tf.nn.sigmoid_cross_entropy_with_logits 函数，只不过一个是训练，y 是标签；另一个是测试，y 是目标。定义各种损失值：真实数据的判别损失值 d_loss_real、虚假数据的判别损失值 d_loss_fake、生成器损失值 g_loss 和判别器损失值 d_loss。定义训练的所有变量 t_vars，定义生成和判别的参数集，最后是保存。

（5）定义训练函数 train(self, config)。定义判别器优化器 d_optim 和生成器优化器 g_optim。变量初始化。分别将关于生成器和判别器有关的变量各合并到一个变量中，并写入事件文件中。初始化噪音 z。根据数据集是否为 MNIST 的判断，进行输入数据和标签的获取。这里使用到了 utils.py 文件中的 get_image 函数。定义计数器 counter 和起始时间 start_time。加载检查点，并判断加载是否成功。开始 for epoch in xrange(config.epoch)循环训练，先判断数据集是否是 MNIST，获取批处理的大小。开始 for idx in xrange(0, batch_idxs)循环训练，判断数据集是否是 MNIST，来定义初始化批处理图像和标签。定义初始化噪音 z。判断数据集是否是 MNIST，来更新判别器网络和生成器网络，这里就不管 MNIST 数据集是怎么处理的了，其他数据集是运行生成器和优化器各两次，以确保判别器损失值不会变为 0，然后是判别器真实数据损失值和虚假数据损失值、生成器损失值。

输出本次批处理中训练参数的情况，首先是第几个 epoch、第几个 batch，训练时间，判别器损失值，生成器损失值。每 100 次 batch 训练后，根据数据集是否是 MNIST 的不同，获取样本、判别器损失值、生成器损失值，调用 utils.py 文件的 save_images 函数，保存训练后的样本，并以 epoch 和 batch 的次数命名文件。然后打印判别器损失值和生成器损失值。每 500 次 batch 训练后，保存一次检查点。

（6）定义判别器函数 discriminator(self, image, y=None, reuse=False)。利用 with tf.variable_scope("discriminator") as scope，在一个作用域 scope 内共享一些变量。对 scope 利用 reuse_variables()进行重利用。如果为假，则直接设置 5 层，前 4 层为使用 lrelu 激活函数的卷积层，最后一层是使用线性层，最后返回 h4 和 sigmoid 处理后的 h4；如果为真，则首先将 Y_dim 变为 yb，然后利用 ops.py 文件中的 conv_cond_concat 函数，连接 image 与 yb 得到 x，然后设置 4 层网络，前 3 层是使用 lrelu 激励函数的卷积层，最后一层是线性层，最后返回 h3 和 sigmoid 处理后的 h3。

（7）定义生成器函数 generator(self, z, y=None)。利用 with tf.variable_scope("generator") as scope，在一个作用域 scope 内共享一些变量。根据 y_dim 是否为真，进行判别网络的设置。如果为假，首先获取输出的宽和高，然后根据这一值得到更多不同大小的高和宽的对。然后获取 h0 层的噪音 z、权值 w 和偏置值 b，再利用 relu 激励函数。h1 层首先对 h0 层解卷积得到本层的权值和偏置值，然后利用 relu 激励函数，h2、h3 层等同于 h1 层。h4 层解卷积 h3，然后直接返回使用 tanh 激励函数后的 h4。如果为真，首先也是获取输出的高和宽，根据这一值得到更多不同大小的高和宽的对，然后获取 yb 和噪音 z。h0 层使用 relu( )激励函数，并与 1 连接。h1 层对线性全连接后使用 relu( )激励函数，并与 yb 连接。h2 层，对解卷积后使用 relu( )激励函数，并与 yb 连接。最后返回解卷积、sigmoid 处理后的 h2。

（8）定义 sampler(self, z, y=None)函数。

① 利用 tf.variable_scope("generator") as scope，在一个作用域 scope 内共享一些变量。

② 对 scope 利用 reuse_variables()进行重利用。

③ 根据 y_dim 是否为真，进行判别网络的设置。接下来是与生成器类似的操作，不再赘述。

（9）定义 load_mnist(self)函数。这个主要是针对 MNIST 数据集设置的，所以暂且不考虑。

（10）定义 model_dir(self)函数。返回数据集名字、batch 大小、输出的高和宽。

（11）定义 save(self, checkpoint_dir, step)函数，保存训练好的模型。创建检查点文件夹，如果路径不存在则创建，然后将其保存在这个文件夹下。

（12）定义 load(self, checkpoint_dir)函数。读取检查点，获取路径，重新存储检查点，并且计数。如果读取成功，打印成功读取的提示；如果没有路径，则打印失败的提示。

11.9.3　实验结果展示

部分训练数据如图 11-18 所示。

图 11-18 部分训练数据

部分生成数据：第一次迭代产生的数据如图 11-19 所示。

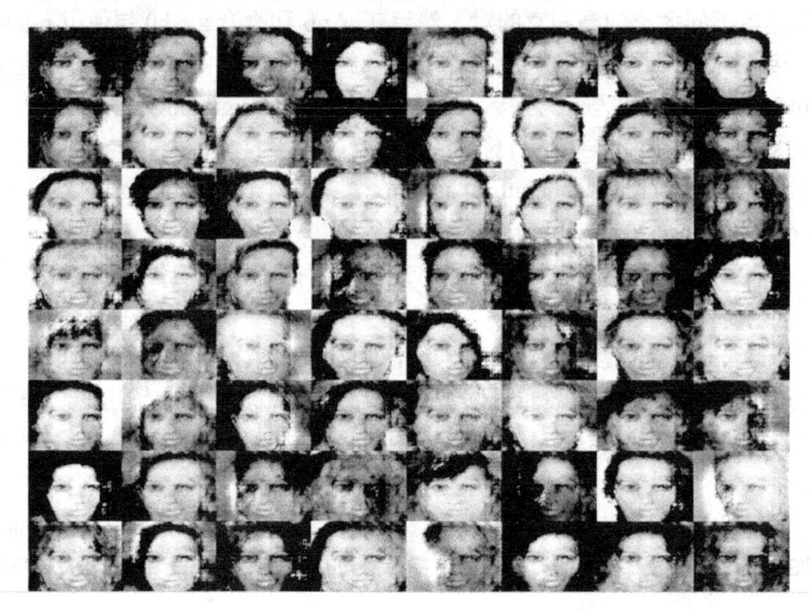

图 11-19 第一次迭代产生的数据

本次产生的数据是第一次输出的结果，图片虽然模糊，但基本已经可以看出人脸轮廓了。以下是最后一次迭代产生的数据，如图 11-20 所示。

图 11-20　最后一次迭代产生的数据

本次产生的数据是最后一次输出的结果，可以看出大部分生成的人脸都是清晰可见的，但其中还是有几幅图像的生成效果并不理想。

11.10　本章小结

本章主要介绍了贝叶斯分类器的分类方法，着重介绍了朴素贝叶斯分类器的基本概念及用 Python 实现朴素贝叶斯分类器的一些方法。最后在一个真实数据集上执行了朴素贝叶斯分类器的训练预测并取得了理想的效果。

在围绕实时大数据流分析这一需求展开的研究中，在线机器学习算法是解决该难题的有效方案。本章主要对在线学习 Bandit 算法的概念、产生背景及应用意义进行了介绍，并对在线学习的基础及在线学习所提供的一些算法进行了说明和介绍；最后对在线学习 Bandit 算法进行了详细的讲解，并使用 Python 予以实验，分析实验结果。

本章还对生成对抗网络（GAN）进行了讲解。GAN 是一种深度学习模型，是近年来复杂分布上无监督学习最具前景的方法之一。最后还介绍了 DCGAN 网络模型，并且使用 DCGAN 网络进行人脸生成实验。

附录 A　机器学习常见试题

机器学习是一门理论性和实践性都比较强的技术学科。为了帮助大家对这些知识点进行梳理和理解，以便能够更好地应对招聘单位所出的机器学习方面的面试题，笔者准备了一些这方面的试题，希望能够对大家有所帮助。

一、单选题

1．印度电影《宝莱坞机器人之恋》中的机器人七弟采用的智能算法最有可能是以下哪一种？（　　）

A．神经网络　　B．遗传算法　　C．模拟退火　　D．穷举算法

2．Nave Bayes 是一种特殊的 Bayes 分类器，特征变量是 X，类别标签是 C，它的一个假定是（　　）。

A．各类别的先验概率 $P(C)$是相等的

B．以 0 为均值，sqr(2)/2 为标准差的正态分布

C．特征变量 X 的各个维度是类别条件独立的随机变量

D．$P(X|C)$是高斯分布

3．SPSS 的界面中，以下是主窗口的是（　　）。

A．语法编辑窗口　　B．数据编辑窗口

C．结果输出窗口　　D．脚本编辑窗口

4．在 SPSS 的基础分析模块中，作用是“以行列表的形式揭示数据之间的关系”的是（　　）。

A．数据描述　　B．相关　　C．交叉表　　D．多重相应

5．下面有关序列模式挖掘算法的描述，错误的是（　　）。

A．AprioriAll 算法和 GSP 算法都属于 Apriori 类算法，都要产生大量的候选序列

B．FreeSpan 算法和 PrefixSpan 算法不生成大量的候选序列，以及不需要反复扫描原数据库

C．在时空的执行效率上，FreeSpan 比 PrefixSpan 更优

D．和 AprioriAll 相比，GSP 的执行效率比较高

6．某监狱人脸识别准入系统用来识别待进入人员的身份，此系统一共包括识别 4 种不同的人员，分别是狱警、小偷、送餐员、其他人员，下面哪种学习方法最适合此种应用

需求？（　　）

A．二分类问题　　B．多分类问题

C．层次聚类问题　　D．回归问题

7．下列属于无监督学习的是（　　）。

A．k-means　　B．SVM　　C．最大熵　　D．CRF

8．已知一组数据的协方差矩阵 $\boldsymbol{P}$，下面关于主分量说法错误的是（　　）。

A．主分量分析的最佳准则是对一组数据进行按一组正交基分解，在只取相同数量分量的条件下，以均方误差计算截尾误差最小

B．在经主分量分解后，协方差矩阵成为对角矩阵

C．主分量分析就是 K-L 变换

D．主分量是通过求协方差矩阵的特征值得到的

9．以下哪个是常见的时间序列算法模型？（　　）

A．RSI　　B．MACD　　C．ARMA　　D．KDJ

10．深度学习是当前很热门的机器学习算法。在深度学习中，涉及大量矩阵相乘，现在需要计算 3 个稠密矩阵 $\boldsymbol{A}$，$\boldsymbol{B}$，$\boldsymbol{C}$ 的乘积 $\boldsymbol{ABC}$，假设 3 个矩阵的尺寸分别为 $m\times n$，$n\times p$，$p\times q$，且 $m<n<p<q$，以下计算顺序效率最高的是（　　）。

A．$\boldsymbol{A}(\boldsymbol{BC})$　　B．$(\boldsymbol{AB})\boldsymbol{C}$　　C．$(\boldsymbol{AC})\boldsymbol{B}$　　D．所有效率都相同

11．以下几种模型方法属于判别式模型的是（　　）。

（1）混合高斯模型　（2）条件随机场模型　（3）区分度训练　（4）隐马尔可夫模型

A．1，4　　B．3，4　　C．2，3　　D．1，2

12．输入图片大小为 200×200，依次经过一层卷积（kernel size 5×5，padding 1，stride 2），pooling（kernel size 3×3，padding 0，stride 1），又一层卷积（kernel size 3×3，padding 1，stride 1）之后，输出特征图大小为（　　）。

A．95　　B．96　　C．97　　D．98

13．关于 logit 回归和 SVM 不正确的是（　　）。

A．Logit 回归目标函数是最小化后验概率

B．Logit 回归可以用于预测事件发生概率的大小

C．SVM 目标是结构风险最小化

D．SVM 可以有效避免模型过拟合

14．有两个样本点，第一个点为正样本，它的特征向量是(0,−1)；第二个点为负样本，它的特征向量是(2,3)，以这两个样本点组成的训练集构建一个线性 SVM 分类器的分类面方程是（　　）。

A．$2x+y=4$　　B．$x+2y=5$　　C．$x+2y=3$　　D．以上都不对

15．解决隐马尔可夫模型中预测问题的算法是（　　）。

A．前向算法　　B．后向算法

C．Baum-Welch 算法　　D．维特比算法

16. 在 Logistic Regression 中，如果同时加入 L1 和 L2 范数，会产生什么效果？（　　）

A. 可以做特征选择，并在一定程度上防止过拟合

B. 能解决维度灾难问题

C. 能加快计算速度

D. 可以获得更准确的结果

17. 下面有关分类算法的准确率、召回率和 *F*1 值的描述，错误的是（　　）。

A. 准确率是检索出相关文档数与检索出的文档总数的比率，衡量的是检索系统的查准率

B. 召回率是指检索出的相关文档数和文档库中所有的相关文档数的比率，衡量的是检索系统的查全率

C. 正确率、召回率和 F 值取值都在 0 和 1 之间，数值越接近 0，查准率或查全率就越高

D. 为了解决准确率和召回率冲突问题，引入了 *F*1 分数

18. 在其他条件不变的前提下，以下哪种做法容易引起机器学习中的过拟合问题？（　　）

A. 增加训练集量

B. 减少神经网络隐藏层节点数

C. 删除稀疏的特征 S

D. SVM 算法中使用高斯核/RBF 核代替线性核

19. 以下哪些方法不可以直接对文本分类？（　　）

A. Kmeans　　B. 决策树　　C. 支持向量机　　D. KNN

20. 下列时间序列模型中，哪一个模型可以较好地拟合波动性的分析和预测？（　　）

A. AR 模型　　B. MA 模型

C. ARMA 模型　　D. GARCH 模型

21. 在 HMM 中，如果已知观察序列和产生观察序列的状态序列，那么可用以下哪种方法直接进行参数估计？（　　）

A. EM 算法　　B. 维特比算法

C. 前向后向算法　　D. 极大似然估计

22. 下列哪一项不属于 CRF 模型对于 HMM 和 MEMM 模型的优势？（　　）

A. 特征灵活　　B. 速度快

C. 可容纳较多上下文信息　　D. 全局最优

23. 在回归模型中，下列哪一项在权衡欠拟合（under-fitting）和过拟合（over-fitting）中影响最大？（　　）

A. 多项式阶数

B. 更新权重 $\boldsymbol{w}$ 时，使用的是矩阵求逆还是梯度下降

C. 使用常数项

24. 关于支持向量机 SVM，下列说法错误的是（　　）。

A. L2 正则项的作用是最大化分类间隔，使得分类器拥有更强的泛化能力

B. Hinge 损失函数的作用是最小化经验分类错误

C．分类间隔为 $1/\|\boldsymbol{w}\|$，$\|\boldsymbol{w}\|$代表向量的模

D．当参数 C 越小时，分类间隔越大，分类错误越多，趋于欠学习

25．如果说“线性回归”模型完美地拟合了训练样本（训练样本误差为 0），则下面哪个说法是正确的？（　　）

A．测试样本误差始终为 0

B．测试样本误差不可能为 0

C．以上答案都不对

26．下列关于线性回归分析中的残差（Residuals）说法正确的是（　　）。

A．残差均值总是为 0　　B．残差均值总是小于 0

C．残差均值总是大于 0　　D．以上说法都不对

27．下列关于异方差（Heteroskedasticity）说法正确的是（　　）。

A．线性回归具有不同的误差项　　B．线性回归具有相同的误差项

C．线性回归误差项为 0　　D．以上说法都不对

28．为了观察测试 Y 与 X 之间的线性关系，X 是连续变量，使用下列哪种图形比较适合？（　　）

A．散点图　　B．柱形图　　C．直方图　　D．以上都不对

29．一般来说，下列哪种方法常用来预测连续独立变量？（　　）

A．线性回归　　B．逻辑回顾

C．线性回归和逻辑回归都行　　D．以上说法都不对

30．个人健康和年龄的相关系数是-1.09。根据这个你可以告诉医生哪个结论？（　　）

A．年龄是健康程度很好的预测器

B．年龄是健康程度很糟的预测器

C．以上说法都不对

31．假如你在训练一个线性回归模型，有下面两句话：

（1）如果数据量较少，容易发生过拟合。

（2）如果假设空间较小，容易发生过拟合。关于这两句话，下列说法正确的是（　　）。

A．1 和 2 都错误　　B．1 正确，2 错误

C．1 错误，2 正确　　D．1 和 2 都正确

二、多选题

1．统计模式分类问题中，当先验概率未知时，可以使用（　　）。

A．最小最大损失准则　　B．最小误判概率准则

C．最小损失准则　　D．N-P 判决

2．机器学习中做特征选择时，可能用到的方法有（　　）。

A．卡方　　B．信息增益　　C．平均互信息　　D．期望交叉熵

3．以下描述错误的是（　　）。

A. SVM 是这样一个分类器，它寻找具有最小边缘的超平面，因此经常被称为最小边缘分类器（minimal margin classifier）

B. 在聚类分析当中，簇内的相似性越大，簇间的差别越大，聚类的效果就越差

C. 在决策树中，随着树中节点数变得太大，即使模型的训练误差还在继续减低，但是检验误差开始增大，这是出现了模型拟合不足的问题

D. 聚类分析可以看作是一种非监督的分类

4. 下列哪些方法可以用来对高维数据进行降维？（　　）

A. LASSO　　B. 主成分分析法

C. 聚类分析　　D. 小波分析法

E. 线性判别法　　F. 拉普拉斯特征映射

5. 以下说法中正确的是（　　）。

A. SVM 对噪声（如来自其他分布的噪声样本）鲁棒

B. 在 AdaBoost 算法中，所有被分错的样本的权重更新比例相同

C. Boosting 和 Bagging 都是组合多个分类器投票的方法，二者都是根据单个分类器的正确率决定其权重

D. 给定 n 个数据点，如果其中一半用于训练，一半用于测试，则训练误差和测试误差之间的差别会随着 n 的增加而减少

6. 机器学习中 L1 正则化和 L2 正则化的区别是（　　）。

A. 使用 L1 可以得到稀疏的权值　　B. 使用 L1 可以得到平滑的权值

C. 使用 L2 可以得到稀疏的权值　　D. 使用 L2 可以得到平滑的权值

7. 下面哪些是基于核的机器学习算法？（　　）

A. EM 算法　　B. 径向基核函数

C. 线性判别分析　　D. 支持向量机

8. 隐马尔可夫模型三个基本问题及相应的算法，说法正确的是（　　）。

A. 评估—前向后向算法　　B. 解码—维特比算法

C. 学习—Baum-Welch 算法　　D. 学习—前向后向算法

9. 影响聚类算法效果的主要原因有（　　）。

A. 特征选取　　B. 模式相似性测度

C. 分类准则　　D. 已知类别的样本质量

10. 在分类问题中，经常会遇到正负样本数据量不等的情况，比如正样本为 10 万条数据，负样本只有 1 万条数据，以下最合适的处理方法是（　　）。

A. 将负样本重复 10 次，生成 10 万条样本量，打乱顺序参与分类

B. 直接进行分类，可以最大限度利用数据

C. 从 10 万条正样本中随机抽取 1 万条参与分类

D. 将负样本每个权重设置为 10，正样本权重为 1，参与训练过程

11. 在统计模式识分类问题中，当先验概率未知时，可以使用（　　）。

A．最小损失准则　　B．N-P 判决

C．最小最大损失准则　　D．最小误判概率准则

12．以下（　　）属于线性分类器最佳准则。

A．感知准则函数　　B．贝叶斯分类

C．支持向量机　　D．Fisher 准则

13．数据清理中，处理缺失值的方法是（　　）。

A．估算　　B．整例删除　　C．变量删除　　D．成对删除

14．下列哪些假设是推导线性回归参数时遵循的？（　　）

A．X 与 Y 有线性关系（多项式关系）

B．模型误差在统计学上是独立的

C．误差一般服从 0 均值和固定标准差的正态分布

D．X 是非随机且测量没有误差的

三、参考答案（单选题）

1．正确答案：A

解析：七弟在经过简单学习之后就有了完全可以通过图灵测试的能力，算是比较典型的学习型人工智能。神经网络作为一种运算模型，而其网络自身通常都是对自然界某种算法或者函数的逼近，也可能是对一种逻辑策略的表达。遗传算法作为一种最优搜索算法，对于一个最优化问题，一定数量的候选解（称为个体）的抽象表示（称为染色体）的种群向更好的解进化。

2．正确答案：C

解析：朴素贝叶斯的条件就是每个变量相互独立。

3．正确答案：B

解析：SPSS（Statistical Product and Service Solutions），即“统计产品与服务解决方案”软件。它是 IBM 公司推出的一系列用于统计学分析运算、数据挖掘、预测分析和决策支持任务的软件产品及相关服务的总称。SPSS 的主窗口是数据编辑窗口。

4．正确答案：C

解析：SPSS 中交叉分析主要用来检验两个变量之间是否存在关系，或者说是否独立，其零假设为两个变量之间没有关系。在实际工作中，经常用交叉表来分析比例是否相等。例如，分析不同的性别对不同的报纸的选择有什么不同。

5．正确答案：C

解析：Apriori 类算法包括 AprioriAll 和 GSP 等。在序列模式挖掘中，FreeSpan 和 PrefixSpan 是两个常用的算法。其中，PrefixSpan 是从 FreeSpan 中推导演化而来的。这两个算法都比传统的 Apriori-like 的序列模式挖掘算法（GSP）有效。而 PrefixSpan 又比 FreeSpan 更有效。这是因为 PrefixSpan 的收缩速度比 FreeSpan 更快些。

6．正确答案：B

解析：多分类问题。针对不同的属性训练几个不同的弱分类器，然后将它们集成为一个强分类器。这里狱警、小偷、送餐员及他人，分别根据他们的特点设定依据，然后进行区分识别。

7．正确答案：A

解析：基于已知类别的样本调整分类器的参数，使其达到所要求性能的过程，称为监督学习；对没有分类标记的训练样本进行学习，以发现训练样本集中的结构性知识的过程，称为非监督学习。其中，k-means 是最为经典的基于划分的无监督学习聚类方法。

8．正确答案：C

解析：K-L 变换与 PCA 变换是不同的概念，PCA 的变换矩阵是协方差矩阵，K-L 变换的变换矩阵可以有很多种（二阶矩阵、协方差矩阵、总类内离散度矩阵等）。当 K-L 变换矩阵为协方差矩阵时，等同于 PCA。

9．正确答案：C

解析：回归滑动平均模型（Auto-Regressive and Moving Average Model，ARMA）是研究时间序列的重要方法，由自回归模型（简称 AR 模型）与滑动平均模型（简称 MA 模型）为基础“混合”构成。

10．正确答案：B

解析：$a\times b$，$b\times c$ 两矩阵相乘效率为 $a\times c\times b$，$\boldsymbol{ABC}=(\boldsymbol{AB})\boldsymbol{C}=\boldsymbol{A}(\boldsymbol{BC})$，$(\boldsymbol{AB})\boldsymbol{C}=m\times n\times p+m\times p\times q$，$\boldsymbol{A}(\boldsymbol{BC})=n\times p\times q+m\times n\times q$。$m\times n\times p<m\times n\times q$，$m\times p\times q<n\times p\times q$，所以 $(\boldsymbol{AB})\boldsymbol{C}$ 最小。

11．正确答案：C

解析：常见生成式模型有判别式分析、朴素贝叶斯、K 近邻（KNN）、混合高斯模型、隐马尔可夫模型（HMM）和深度信念网络（DBN）；常见判别式模型有线性回归、神经网络、支持向里机（SVM）、高斯过程（Gaussian Process）和条件随机场（CRF）。

12．正确答案：C

解析：输出尺寸=（输入尺寸−filter 尺寸+2×padding）/stride+1，结果是 97。

13．正确答案：A

解析：Logit 回归主要是用来计算一个事件发生的概率，即该事件发生的概率与该事件不发生的概率的比值。而最小化后验概率是朴素贝叶斯算法要做的，不要混淆了概念。

14．正确答案：C

解析：SVM 分类面即是最大分割平面，求斜率：$-1/[(y1-y2)/(x1-x2)]=-1/[(3-(-1))/(2-0)]=-1/2$。求中点：$((x1+x2)/2，(y1+y2)/2)=((0+2)/2，(-1+3)/2)=(1，1)$。最后表达式：$x+2y=3$。

15．正确答案：D

解析：A、B 选项，前向、后向算法解决的是一个评估问题，即给定一个模型，求某特定观测序列的概率，用于评估该序列最匹配的模型；C 选项，Baum-Welch 算法解决的是一个模型训练问题，即参数估计，是一种无监督的训练方法，主要通过 EM 迭代实现；D 选项，维特比算法解决的是给定一个模型和某个特定的输出序列，求最可能产生这个输出的状态序列。例如通过海藻变化（输出序列）来观测天气（状态序列），是预测问题和通信中的解码问题。

16．正确答案：A

解析：L1 范数是指向量中各个元素绝对值之和，用于特征选择；L2 范数是指向量各元素的平方和然后求平方根，用于防止过拟合，提升模型的泛化能力。

17．正确答案：C

解析：对于二类分类问题常用的评价指标是精准度（precision）与召回率（recall）。通常以关注的类为正类，其他类为负类，分类器在测试数据集上的预测或正确或不正确，4 种情况出现的总数分别记作：

TP——将正类预测为正类数；

FN——将正类预测为负类数；

FP——将负类预测为正类数；

TN——将负类预测为负类数。

由此：

精准率定义为 $P=TP/(TP+FP)$

召回率定义为 $R=TP/(TP+FN)$

$F1$ 值定义为 $F1=2PR/(P+R)$

精准率、召回率和 $F1$ 的取值都在 0~1 之间，精准率和召回率高，$F1$ 值也会高，不存在数值越接近 0 越高的说法，应该是数值越接近 1 越高。

18．正确答案：D

解析：一般认为，增加隐含层数可以降低网络误差（也有文献认为不一定能有效降低），提高精度，但也使网络复杂化，从而增加了网络的训练时间和出现“过拟合”的倾向，SVM 高斯核函数比线性核函数模型更复杂，容易过拟合。

19．正确答案：A

解析：A 选项，Kmeans 是聚类方法，是典型的无监督学习方法。分类是监督学习方法，B、C、D 选项都是常见的分类方法。

20．正确答案：D

解析：AR 模型是自回归模型，是一种线性模型；MA 模型是移动平均法模型，其中使用趋势移动平均法建立直线趋势的预测模型；ARMA 模型是自回归滑动平均模型，拟合较高阶模型；GARCH 模型是广义回归模型，对误差的方差建模，适用于波动性的分析和预测。

21．正确答案：D

解析：EM 算法，只有观测序列，无状态序列时来学习模型参数，即 Baum-Welch 算法；维特比算法，用动态规划解决 HMM 的预测问题，不是参数估计；前向后向算法，用来算概率极大似然估计，即观测序列和相应的状态序列都存在时的监督学习算法，用来估计参数。

22．正确答案：B

解析：CRF 的优点是特征灵活，可以容纳较多的上下文信息，能够做到全局最优；CRF 的缺点是速度慢。

23．正确答案：A

解析：选择合适的多项式阶数非常重要。如果阶数过大，模型就会更加复杂，容易发生过拟合；如果阶数较小，模型就会过于简单，容易发生欠拟合。

24．正确答案：C

解析：C 错误。间隔应该是 $2/\|\boldsymbol{w}\|$，向量的模通常指的就是其二范数。

25．正确答案：C

解析：根据训练样本误差为 0，无法推断测试样本误差是否为 0。值得一提的是，如果测试样本很大，则很可能发生过拟合，模型不具备很好的泛化能力。

26．正确答案：A

解析：线性回归分析中，目标是残差最小化。残差平方和是关于参数的函数，为了求残差极小值，令残差关于参数的偏导数为 0，会得到残差和为 0，即残差均值为 0。

27．正确答案：A

解析：异方差性是相对于同方差（Homoskedasticity）而言的。所谓同方差，是为了保证回归参数估计量具有良好的统计性质，经典线性回归模型的一个重要假定是，总体回归函数中的随机误差项满足同方差性，即它们都有相同的方差。如果这一假定不满足，即随机误差项具有不同的方差，则称线性回归模型存在异方差性。通常来说，奇异值的出现会导致异方差性增大。

28．正确答案：A

解析：散点图反映了两个变量之间的相互关系，在测试 Y 与 X 之间的线性关系时，使用散点图最为直观。

29．正确答案：A

解析：线性回归一般用于实数预测，逻辑回归一般用于分类问题。

30．正确答案：C

解析：因为相关系数的范围是[-1,1]之间，所以-1.09 不可能存在。

31．正确答案：B

解析：先来看第 1 句话，如果数据量较少，容易在假设空间找到一个模型对训练样本的拟合度很好，容易造成过拟合，该模型不具备良好的泛化能力。再来看第 2 句话，如果假设空间较小，包含的可能的模型就比较少，也就不太可能找到一个模型能够对样本拟合得很好，容易造成高偏差、低方差，即欠拟合。

四、参考答案（多选题）

1．正确答案：AD

解析：A 选项，考虑 $p(wi)$变化的条件下，风险最小；B 选项，最小误判概率准则，就是判断 $p(w1|\boldsymbol{x})$和 $p(w2|\boldsymbol{x})$哪个大，$\boldsymbol{x}$ 为特征向量，$w1$ 和 $w2$ 为两分类，根据贝叶斯公式，需要用到先验知识；C 选项，最小损失准则，在 B 选项的基础之上，还要求出 $p(w1|\boldsymbol{x})$和 $p(w2|\boldsymbol{x})$的期望损失，因为 B 选项需要先验概率，所以 C 选项也需要先验概率；D 选项，*N-P* 判决，即限定一类错误率条件下使另一类错误率为最小的两类决策，即在一类错误率固定的条件下，求另一类错误率的极小值的问题，直接计算 $p(\boldsymbol{x}|w1)$和 $p(\boldsymbol{x}|w2)$的比值，不需要用到贝叶斯公式。

2．正确答案：ABCD

解析：在文本分类中，首先要对数据进行特征提取。特征提取中又分为特征选择和特征抽取两大类，在特征选择算法中有平均互信息、文档频率、信息增益、卡方检验及期望交叉熵。以文本分类为例子，期望交叉熵用来度量一个词对于整体的重要程度。在 ID3 决策树中，也使用信息增益作为特征选择的方法，在 C4.5 决策树中，使用信息增益比作为特征选择的方法，在 CART 中，使用基尼指数作为特征选择的方法。

3．正确答案：ABC

解析：第一，SVM 的策略就是最大间隔分类器。第二，簇内的相似性越大，簇间的差别越大，聚类的效果就越好。分类或者聚类效果的好坏其实就看同一类中样本的相似度，当然是越高越好，说明分类更准确。第三，训练误差减少与测试误差逐渐增大，是明显的过拟合的特征。

4．正确答案：ABCDEF

解析：以上所有算法都可以达到降维的目的。

5．正确答案：BD

解析：SVM 并不是对噪声鲁棒的，soft-margin 就是针对数据集中存在一些特异点，引入松弛变量得出的。所以当来自其他分布的噪声较多时，将不再鲁棒；Bagging 中每个基分类器的权重都是相同的；Adaboost 与 Bagging 的区别有：采样方式上，Adaboost 是错误分类的样本权重较大时，在实际情况中每个样本还会使用；Bagging 采用有放回的随机采样；基分类器的权重系数方面，Adaboost 中错误率较低的分类器权重较大；Bagging 中采用投票法，所以每个基分类器的权重系数都是一样的。Bias-variance 权衡方面，Adaboost 更加关注 bias，即总分类器的拟合能力更好；Bagging 更加关注 variance，即总分类器对数据扰动的承受能力更强。

6．正确答案：AD

解析：L1 正则化偏向于稀疏，它会自动进行特征选择，去掉一些没用的特征，也就是将这些特征对应的权重置为 0；L2 正则化主要功能是为了防止过拟合，当要求参数越小时，说明模型越简单，而模型越简单则越趋向于平滑，从而防止过拟合。

7．正确答案：BCD

解析：EM 算法是聚类算法，不是基于核的机器学习算法。

8．正确答案：ABC

解析：针对 3 个问题，人们提出了相应的算法，这 3 个问题是：（1）评估问题——前向算法；（2）解码问题——Viterbi 算法；（3）学习问题——Baum-Welch 算法（向前向后算法）。

9．正确答案：ABC

解析：D 选项之所以不正确，是因为聚类是对无类别的数据进行聚类，不使用已经标记好的数据。

10．正确答案：ACD

解析：解决这类问题主要分重采样、欠采样、调整权值。

11．正确答案：BC

解析：在贝叶斯决策中，对于先验概率 $p(y)$，分为已知和未知两种情况。$p(y)$已知，直接使用贝叶斯公式求后验概率即可；$p(y)$未知，可以使用聂曼-皮尔逊决策（N-P 决策）来计算决策面。而最大最小损失规则主要就是使用解决最小损失规则时先验概率未知或难以计算的问题的。

12．正确答案：ACD

解析：线性分类器 3 种最优准则中，（1）Fisher 准则是根据两类样本一般类内密集、类间分离的特点，寻找线性分类器最佳的法线向量方向，使两类样本在该方向上的投影满足类内尽可能密集、类间尽可能分开。这种度量通过类内离散矩阵 ***Sw*** 和类间离散矩阵 ***Sb*** 实现。（2）感知准则函数：准则函数以使错分类样本到分界面距离之和最小为原则。其优点是通过错分类样本提供的信息对分类器函数进行修正，这种准则是人工神经元网络多层感知器的基础。（3）支持向量机：基本思想是在两类线性可分条件下，所设计的分类器界面使两类之间的间隔为最大，它的基本出发点是使期望泛化风险尽可能小。

13．正确答案：ABCD

解析：由于调查、编码和录入误差，数据中可能存在一些无效值和缺失值，需要给予适当的处理。常用的处理方法有估算、整例删除、变量删除和成对删除。

14．正确答案：ABCD

解析：在进行线性回归推导和分析时，已经默认 A 至 D 选项的 4 个条件是成立的。

附录B 数学基础

B.1 常用符号

i	-1的平方根
$f(x)$	函数f在自变量x处的值
$exp(x)$	在自变量x处的指数函数值，常被写作e^x
a^x	a的x次方
ax	同a^x
$\ln x$	$\exp(x)$的反函数
$\log_b a$	以b为底a的对数；$b\log_b a=a$
$\sin x$	在自变量x处的正弦函数值
$\cos x$	在自变量x处余弦函数的值
$\tan x$	其值等于$\sin x/\cos x$
$\cot x$	余切函数的值或$\cos x/\sin x$
$\sec x$	正割函数的值，其值等于$1/\cos x$
$\csc x$	余割函数的值，其值等于$1/\sin x$
$\mathrm{asin}\, x$	y，正弦函数反函数在x处的值，即$x=\sin y$
$\mathrm{acos}\, x$	y，余弦函数反函数在x处的值，即$x=\cos y$
$\mathrm{atan}\, x$	y，正切函数反函数在x处的值，即$x=\tan y$
θ	角度的一个标准符号
$\boldsymbol{i}, \boldsymbol{j}, \boldsymbol{k}$	分别表示x、y、z方向上的单位向量
(a, b)	以a、b为元素的向量
(a, b, c)	以a、b、c为元素的向量
$\boldsymbol{a}\times\boldsymbol{b}$	$\boldsymbol{a}$、$\boldsymbol{b}$向量的外积/叉乘
$\boldsymbol{a}\cdot\boldsymbol{b}$	$\boldsymbol{a}$、$\boldsymbol{b}$向量的内积/点乘
$\lvert\boldsymbol{v}\rvert$	向量$\boldsymbol{v}$的模
$\lvert x\rvert$	数x的绝对值
Σ	表示求和，通常是某项指数
$\boldsymbol{M}$	表示一个矩阵或数列或其他
$\lvert\boldsymbol{v}\rangle$	列向量，即元素被写成列或可被看成$k\times1$阶矩阵的向量
$\langle\boldsymbol{v}\rvert$	行向量，即元素被写成行或可被看成$1\times k$阶矩阵的向量

（续）

i	−1 的平方根
dx	变量x的一个无穷小变化
ds	长度的微小变化
ρ	变量$\frac{1}{2}(x^2+y^2+z^2)$或球面坐标系中到原点的距离
R	变量$\frac{1}{2}(x^2+y^2)$或三维空间或极坐标中到z轴的距离
$\lvert M\rvert$	矩阵$\boldsymbol{M}$的行列式，其值是矩阵的行和列决定的平行区域的面积或体积
$\lVert \boldsymbol{M}\rVert$	矩阵M的行列式的值，为一个面积、体积或超体积
detM	M的行列式
$\boldsymbol{M}^{-1}$	矩阵$\boldsymbol{M}$的逆矩阵
θ_{vw}	向量$\boldsymbol{v}$和$\boldsymbol{w}$之间的夹角
A•$B\times C$	标量三重积，以A、B、C为列的矩阵的行列式
df	函数f的微小变化，足够小以至适合于所有相关函数的线性近似
df/dx	f关于x的导数，同时也是f的线性近似斜率
f'	函数f关于相应自变量的导数，自变量通常为x
$f''(x)$	f关于x的二阶导数
$\mathrm{d}^2f/\mathrm{d}x^2$	f关于x的二阶导数
$f^{(k)}(x)$	f关于x的第k阶导数，$f^{(k-1)}(x)$的导数
$\partial f/\partial x$	f关于x的偏导数
$(\partial f/\partial x)\rvert r,z$	保持r和z不变时，f关于x的偏导数
$grad\,f$	f的梯度
k	曲线的曲率
g	重力常数
X	输入空间
Y	输出空间
H	希尔伯特空间
$T=\{(x1,y1),(x2,y2),\cdots,(xN,yN)\}$	训练数据集
N	样本容量
(xi,yi)	第i个训练数据点
F	假设空间
$\boldsymbol{w}$	权值向量
b	偏置
L	损失函数，拉格朗日函数
η	学习率
$K(x,z)$	核函数

（续）

i	−1 的平方根
$sign(x)$	符号函数
S	分离超平面
$\|\cdot\|_1$	$L1$范数
$\|\cdot\|_2$	$L2$范数
$J(f)$	模型的复杂度

B.2 数学基础知识

B.2.1 线性代数

1．向量：是指具有 n 个互相独立性质（维度）的对象的表示，向量常使用字母+箭头的形式表示，也可以使用几何坐标来表示向量。

$$\vec{a}\cdot\vec{b}=\left|\vec{a}\right|*\left|\vec{b}\right|*\cos\theta$$

2．矩阵：描述线性代数中线性关系的参数，即矩阵是一个线性变换，可以将一些向量转换为另外一些向量。$\boldsymbol{Y}$=$\boldsymbol{AX}$ 表示的是向量 $\boldsymbol{X}$ 和 $\boldsymbol{Y}$ 的一种映射关系，其中 A 是描述这种关系的参数。直观表示：

$$\boldsymbol{A}=\begin{bmatrix} a_{11} & a_{12} & \cdots & a_{1n} \\ a_{21} & a_{21} & \cdots & a_{21} \\ \cdots & \cdots & \cdots & \cdots \\ a_{n1} & a_{n1} & \cdots & a_{n1} \end{bmatrix}$$

3．行列式：通常用到的行列式是一个数，行列式是数学中的一个函数，可以看作在几何空间中，一个线性变换对“面积”或“体积”的影响。

$$\boldsymbol{A}=\begin{vmatrix} a_{11} & a_{12} & \cdots & a_{1n} \\ a_{21} & a_{21} & \cdots & a_{21} \\ \cdots & \cdots & \cdots & \cdots \\ a_{n1} & a_{n1} & \cdots & a_{n1} \end{vmatrix}$$

4．方阵行列式：n 阶方阵 $\boldsymbol{A}$ 的方阵行列式表示为$|\boldsymbol{A}|$或者 $det(\boldsymbol{A})$。

5．代数余子式：对行列式 $\boldsymbol{A}$，划去 a_{ij} 所在的行和列所得的行列式称为 a_{ij} 的余子式，记为 M_{ij}。

$$|A| = \sum_{i=1}^{n} a_{ij} \cdot (-1)^{i+j} M_{ij}$$

6．伴随矩阵：如果矩阵可逆，那么它的逆矩阵和它的伴随矩阵之间只差一个系数，记为 $\boldsymbol{A}^*$。

$$\boldsymbol{A} \cdot \boldsymbol{A}^* = |\boldsymbol{A}| \cdot \boldsymbol{E}$$

7．方阵的逆：$\boldsymbol{AB}=\boldsymbol{BA}=\boldsymbol{E}$，那么称 $\boldsymbol{B}$ 为 $\boldsymbol{A}$ 的逆矩阵，而 $\boldsymbol{A}$ 被称为可逆矩阵或非奇异矩阵。如果 $\boldsymbol{A}$ 不存在逆矩阵，那么 $\boldsymbol{A}$ 称为奇异矩阵。$\boldsymbol{A}$ 的逆矩阵记作：$\boldsymbol{A}^{-1}$。

$$\boldsymbol{A}^{-1} = \frac{\boldsymbol{A}^*}{|\boldsymbol{A}|}$$

8．矩阵的初等变换：矩阵的初等列变换与初等行变换统称为初等变换。

9．等价：如果矩阵 $\boldsymbol{A}$ 经过有限次初等变换变成矩阵 $\boldsymbol{B}$，就称 $\boldsymbol{A}$ 与 $\boldsymbol{B}$ 等价，记做 $\boldsymbol{A} \sim \boldsymbol{B}$。

10．向量组：有限个相同维数的行向量或列向量组合成的一个集合就叫做向量组。

$$\boldsymbol{A} = (\vec{\boldsymbol{a}}_1, \vec{\boldsymbol{a}}_2, \vec{\boldsymbol{a}}_3, \cdots \vec{\boldsymbol{a}}_n \cdots)$$

11．向量的线性表示：

$$\beta = \lambda_1 \alpha_1 + \lambda_2 \alpha_2 + \cdots + \lambda_n \alpha_n$$

12．转化为方程组为：

$$\boldsymbol{A}x = \beta(\boldsymbol{A} = [\alpha_1, \alpha_2, \cdots, \alpha_n])$$

13．线性相关：存在不全为 0 的数 $k_1, k_2, ..., k_m$，使得 $k_1\alpha_1 + k_2\alpha_2 + ... + k_m\alpha_m = 0$

14．线性无关：不存在不全为 0 的数 $k_1, k_2, ..., k_m$，使得 $k_1\alpha_1 + k_2\alpha_2 + ... + k_m\alpha_m = 0$

15．特征值和特征向量：$\boldsymbol{A}$ 为 n 阶矩阵，若数 λ 和 n 维非 0 列向量 $\boldsymbol{x}$ 满足 $\boldsymbol{Ax}=\lambda\boldsymbol{x}$，那么数 λ 称为 $\boldsymbol{A}$ 的特征值，$\boldsymbol{x}$ 称为 $\boldsymbol{A}$ 的对应于特征值 λ 的特征向量。

16．可对角化矩阵：如果一个矩阵与一个对角矩阵相似，我们就称这个矩阵可经相似变换对角化，简称可对角化。

$$\boldsymbol{P}^{-1}\boldsymbol{AP} = \wedge$$

17．正定矩阵：对于 n 阶方阵 $\boldsymbol{A}$，若任意 n 阶向量 $\boldsymbol{x}$，都有 $\boldsymbol{X}^{\mathrm{T}}\boldsymbol{AX} > 0$，则称矩阵 $\boldsymbol{A}$ 为正定矩阵。

18．正交矩阵：若 n 阶方阵 $\boldsymbol{A}$ 满足 $\boldsymbol{A}^{\mathrm{T}}\boldsymbol{A}=\boldsymbol{E}$，则称 $\boldsymbol{A}$ 为正交矩阵，简称正交阵（复数域上称为酉矩阵）。$\boldsymbol{A}$ 是正交阵的充要条件：$\boldsymbol{A}$ 的列或行向量都是单位向量，且两两正交。

19．向量的导数：$\boldsymbol{A}$ 为 $m*n$ 的矩阵，$\boldsymbol{x}$ 为 $n*1$ 的列向量，则 $\boldsymbol{Ax}$ 为 $m*1$ 的列向量，向量的导数即为：

$$\frac{\partial \boldsymbol{A}\vec{\boldsymbol{x}}}{\partial \vec{\boldsymbol{x}}} = \begin{pmatrix} a_{11} & a_{21} & \cdots & a_{m1} \\ a_{12} & a_{22} & \cdots & a_{m1} \\ \cdots & \cdots & \cdots & \cdots \\ a_{1n} & a_{2n} & \cdots & a_{mn} \end{pmatrix}$$

B.2.2 概率论

1．**随机变量**：随机变量可以随机地取不同值的变量。通常用小写字母来表示随机变量本身，而用带数字下标的小写字母来表示随机变量能够取到的值。例如，x_1 和 x_2 都是随机变量 X 可能的取值。随机变量可以是离散的或者连续的。

2．**概率分布**：给定某随机变量的取值范围，概率分布就是导致该随机事件出现的可能性。从机器学习的角度来看，概率分布就是符合随机变量取值范围的某个对象属于某个类别或服从某种趋势的可能性。

3．**条件概率**：很多情况下，指某个事件在给定其他事件发生时出现的概率，这种概率叫条件概率。

我们将给定 $X=x$ 时 $Y=y$ 发生的概率记为 $P(Y=y|X=x)$，这个概率可以通过下面的公式来计算：

$$P(Y=y \mid X=x)=\frac{P(Y=y, X=x)}{P(X=x)}$$

4．**贝叶斯公式**：大事件 A 已经发生的条件下，分割中的小事件 B_i 发生的概率。

$$P(B_i \mid A)=\frac{P(A \mid B_i) \cdot P(B_i)}{\sum_{i=1}^{N} P(A \mid B_i) \cdot P(B_i)}$$

5．**期望**：在概率论和统计学中，数学期望是试验中每次可能结果的概率乘以其结果的总和。它是最基本的数学特征之一，反映随机变量平均值的大小。

假设 X 是一个离散随机变量，则其数学期望被定义为：

$$\mathrm{E}(x)=\sum_{k=1}^{n} x_k P(x_k)$$

假设 X 是一个连续型随机变量，其概率密度函数为 $P(x)$，则其数学期望被定义为：

$$\mathrm{E}(x)=\int_{-\infty}^{+\infty} x f(x) \mathrm{d} x$$

6．方差：用来衡量随机变量与其数学期望之间的偏离程度；统计中的方差为样本方差，是各个样本数据分别与其平均数之差的平方和的平均数。

$$Var(x)=E(x^2)-[E(x)]^2$$

7．**0-1 分布**：是单个二值型离散随机变量的分布，其概率分布函数为：

$$P(X=1)=p \quad P(X=1)=1-p$$

8．**几何分布**：是离散型概率分布，其定义是在 n 次伯努利试验中，试验 k 次才得到第一次成功的机率，即前 k-1 次皆失败，第 k 次成功的概率。其概率分布函数为：

$$P(X=k)=(1-p)^{k-1} p$$

9．二项分布：即重复 n 次伯努利试验，各次试验之间都相互独立，并且每次试验中只有两种可能的结果，而且这两种结果发生与否相互对立。如果每次试验时，事件发生的概率为 p，不发生的概率为 $1-p$，则 n 次重复独立试验中发生 k 次的概率为：

$$P(X=k)=C_n^k p^k (1-p)^{n-k}$$

10．高斯分布：高斯分布又叫正态分布，其曲线呈钟型，两头低，中间高，左右对称。若随机变量 X 服从一个位置参数为 μ、尺度参数为 σ 的概率分布，其概率密度函数为：

$$f(x)=\frac{1}{\sqrt{2\pi}\sigma}\exp(-\frac{(x-\mu)^2}{2\sigma^2})$$

11．指数分布：是事件的时间间隔的概率，它的一个重要特征是无记忆性。指数分布可以用来表示独立随机事件发生的时间间隔，比如旅客进机场的时间间隔。

12．泊松分布：泊松分布的参数 λ 是单位时间（或单位面积）内随机事件的平均发生次数。泊松分布适合于描述单位时间内随机事件发生的次数。泊松分布的概率函数为：

$$P(X=k)=\frac{\lambda^k}{k!}\mathrm{e}^{-\lambda}$$

B.2.3 信息论

1．熵：在信息论中，熵是接收的每条消息中包含的平均信息量，又被称为信息熵、信源熵或平均自信息量。熵定义为信息的期望值。熵实际是对随机变量的比特量和顺次发生概率相乘再计算总和的数学期望。

如果一个随机变量 X 的可能取值为 $X=\{x_1,x_2,...,x_n\}$，其概率分布为 $P(X=x_i)=p_i$，则随机变量 X 的熵定义为：

$$H(X)=-\sum_{i=1}^{n}P(x_i)\log P(x_i)=\sum_{i=1}^{n}P(x_i)\frac{1}{\log P(x_i)}$$

2．联合熵：两个随机变量 X 和 Y 的联合分布可以形成联合熵，定义为联合自信息的数学期望，它是二维随机变量 XY 的不确定性的度量，用 $H(X,Y)$表示：

$$H(X,Y)=-\sum_{i=1}^{n}\sum_{j=1}^{n}P(x_i,y_i)\log P(x_i,y_i)$$

3．条件熵：在随机变量 X 发生的前提下，随机变量 Y 发生新带来的熵，定义为 Y 的条件熵，$H(Y|X)$表示：

$$H(Y\mid X)=-\sum_{x,y}P(x,y)\log P(y\mid x)$$

条件熵用来衡量在已知随机变量 X 的条件下，随机变量 Y 的不确定性。实际上，熵、联合熵和条件熵之间存在以下关系：

$$H(Y\mid X)=H(X,Y)-H(X)$$

4．相对熵：又称互熵、交叉熵、KL 散度或信息增益，是描述两个概率分布 P 和 Q 差异的一种方法，记为 $D(P||Q)$。在信息论中，$D(P||Q)$表示当用概率分布 Q 来拟合真实分布 P 时，产生的信息损耗，其中 P 表示真实分布，Q 表示 P 的拟合分布。对于一个离散随机变量的两个概率分布 P 和 Q 来说，它们的相对熵定义为：

$$D(P\|Q)=\sum_{i=1}^{n}P(x_i)\log\frac{P(x_i)}{Q(x_i)}$$

5．互信息：两个随机变量 X、Y 的互信息定义为 X、Y 的联合分布和各自独立分布乘积的相对熵称为互信息，用 $I(X,Y)$表示。互信息是信息论里一种有用的信息度量方式，它可以看成是一个随机变量中包含的关于另一个随机变量的信息量，或者说是一个随机变量由于已知的另一个随机变量而减少的不肯定性。

$$I(X,Y)=\sum_{x\in X}\sum_{y\in Y}P(x,y)\log\frac{P(x,y)}{P(x)P(y)}$$

互信息、熵和条件熵之间存在以下关系：

$$H(Y|X)=H(Y)-I(X,Y)$$

6．最大熵模型：最大熵原理是概率模型学习的一个准则，它认为学习概率模型时，在所有可能的概率分布中，熵最大的模型是最好的模型。通常用约束条件来确定模型的集合，所以最大熵模型原理也可以表述为：在满足约束条件的模型集合中选取熵最大的模型。

前面我们知道，若随机变量 X 的概率分布是 $P(x_i)$，则其熵定义如下：

$$H(X)=-\sum_{i=1}^{n}P(x_i)\log P(x_i)=\sum_{i=1}^{n}P(x_i)\frac{1}{\log P(x_i)}$$

熵满足下列不等式：

$$0\leqslant H(X)\leqslant\log|X|$$

式中，$|X|$是 X 的取值个数，当且仅当 X 的分布是均匀分布时，右边的等号成立。也就是说，当 X 服从均匀分布时，熵最大。

参 考 文 献

[1] 范淼，李超．Python 机器学习及实践：从零开始通往 Kaggle 竞赛之路[M]．北京：清华大学出版社，2016．

[2] Eric Matthes．Python 编程：从入门到实践[M]．袁国忠译．北京：人民邮电出版社，2016．

[3] Robert Layton．Python 数据挖掘入门与实践[M]．杜春晓译．北京：人民邮电出版社，2016．

[4] Peter Harrington．机器学习实战[M]．李锐，李鹏，曲亚东，等译．北京：人民邮电出版社，2013．

[5] Jiawei Han，Micheline Kamber．Data Mining Concepts and Techniques[M]．北京：机械工业出版社，2012．

[6] 张良均，王路，谭立云，苏剑林，等．Python 数据分析与挖掘实践[M]．北京：机械工业出版社，2016．